水星科学探索

耿 言 魏 勇 张荣桥 等 编著

中国宇航出版社
·北 京·

图书在版编目（CIP）数据

水星科学探索 / 耿言等编著 . -- 北京 : 中国宇航出版社, 2024. 3

ISBN 978-7-5159-2270-6

Ⅰ. ①水…　Ⅱ. ①耿…　Ⅲ. ①水星—行星探索　Ⅳ. ①P185. 1

中国国家版本馆 CIP 数据核字(2023)第 156749 号

责任编辑　张丹丹　　**封面设计**　王晓武

出　版
发　行　中国宇航出版社

社　址　北京市阜成路 8 号　**邮　编**　100830
(010)68768548

网　址　www.caphbook.com

经　销　新华书店

发行部　(010)68767386　(010)68371900
(010)68767382　(010)88100613 (传真)

零售店　读者服务部　(010)68371105

承　印　北京中科印刷有限公司

版　次　2024 年 3 月第 1 版
2024 年 3 月第 1 次印刷

规　格　787 × 1092

开　本　1/16

印　张　11　**彩　插**　16 面

字　数　292 千字

书　号　ISBN 978-7-5159-2270-6

定　价　78.00 元

本书如有印装质量问题，可与发行部联系调换

航天科技图书出版基金简介

航天科技图书出版基金是由中国航天科技集团公司于2007年设立的，旨在鼓励航天科技人员著书立说，不断积累和传承航天科技知识，为航天事业提供知识储备和技术支持，繁荣航天科技图书出版工作，促进航天事业又好又快地发展。基金资助项目由航天科技图书出版基金评审委员会审定，由中国宇航出版社出版。

申请出版基金资助的项目包括航天基础理论著作，航天工程技术著作，航天科技工具书，航天型号管理经验与管理思想集萃，世界航天各学科前沿技术发展译著以及有代表性的科研生产、经营管理译著，向社会公众普及航天知识、宣传航天文化的优秀读物等。出版基金每年评审1～2次，资助20～30项。

欢迎广大作者积极申请航天科技图书出版基金。可以登录中国航天科技国际交流中心网站，点击“通知公告”专栏查询详情并下载基金申请表；也可以通过电话、信函索取申报指南和基金申请表。

网址：http：//www.ccastic.spacechina.com

电话：（010）68767205，68767805

《水星科学探索》编写组成员

（按姓氏笔画排序）

王　燕　王一尘　刘建军　汤灿辉　许　睿
李　杨　李佳威　肖智勇　张广良　张立华
张志刚　张荣桥　林玉峰　林红磊　尚海滨
周继时　钟　俊　秦　琳　耿　言　顾　浩
徐长仪　崔　峻　鄢建国　魏　勇

前　言

航天科技的发展，为人类探索太空提供了新手段和新视角。太空探索的一系列新发现，深刻改变了人类对宇宙的认知。我国以火星探测为起点，开启了中国人的行星探测之路，对星辰大海的探索不会止步。

在民用航天十四五“金星/水星探测顶层设计与关键技术研究”项目资助下，我们组织国内相关领域和学科的专家，以水星、金星为研究对象，面向重大科学问题，开展了广泛调研、系统整理、深入分析等工作，梳理了人类对水星和金星研究取得的成果，同时在现有认知基础上，探讨提出了水星和金星未来探测中的前沿科学问题、重点研究方向。

本书共7章。第1章基本物理量和轨道运动，简要描述了水星基本物理参数、运动特征，及其临近小天体的基本参数。第2章空间环境，系统整理了常见的水星空间环境探测手段、探测历史，描述了水星磁层结构及动力学、等离子体环境、外逸层环境。第3章热环境，介绍了内太阳系行星际空间热辐射环境、水星表面热环境。第4章地质学特征，描述了水星表面物质组成、表面物理特性、地形地貌和地质过程、地质演化。第5章内禀磁场，介绍了水星磁场观测典型任务、磁场模型、磁场发电机模型。第6章重力场与分层结构，介绍了水星重力场模型构建方法、分层结构、壳层密度与厚度。第7章内部结构和动力学，介绍了水星内部结构的观测约束、内部结构和成分、内部动力学。每一章结尾提出了前沿科学问题及未来研究方向。

希望本书能为从事行星探测事业的科学家和工程技术人员提供有益参考，为日后持之以恒地寻微探深带来一些启发。基于有限的认识，书中难免会有错误和疏漏，恳请读者和专家批评指正。

在编写本书过程中，得到高艾、谢良海、卢三、廖世勇、戎昭金、闫昊明、黄金水等专家的指导和帮助，在此表示诚挚谢意！

目　录

第 1 章　基本物理量和轨道运动

掌握行星的基本物理量和轨道运动情况是开展行星探测的基本前提，时间系统和坐标系统是描述天体及航天器运动的基础。本章首先对水星的基本物理参数、轨道运动参数及其岁差与章动特性进行了详细介绍，然后介绍了几种常用的时间系统、坐标系统及其转换关系，最后根据小天体数据库的信息统计了水星的临近小天体，为水星科学探索活动提供信息支撑。

1.1　基本物理参数

水星是八大行星中距离太阳最近的行星，没有卫星，它的基本参数见表 1－1。

表 1－1　水星的基本物理参数及其与地球基本物理参数的比较

基本参数	水星	地球
近日距	0.307 499 AU	0.983 AU
远日距	0.466 697 AU	1.017 AU
轨道半长轴	0.387 098 AU	1 AU
公转周期	87.969 1 地球日	365.26 地球日
自转周期	58.646 日	0.997 3 日
自转轴倾角	2.11′ ± 0.1′	23°27′
平均轨道速度	47.87 km/s	29.783 km/s
轨道偏心率	0.205 630	0.017
轨道倾角	7.005°(以黄道为基准)	0°
赤道半径	2 440.5 km	6 378 km
扁率	0.000 9	0.003 35
质量	3.302 2×10^{23} kg	5.98×10^{24} kg
与地球的质量比	0.055 3	1
与地球的体积比	0.056 2	1
平均密度	5.427 g/cm^3	5.5 g/cm^3
重力加速度	3.7 m/s^2	9.75 m/s^2
逃逸速度	4.25 km/s	11.2 km/s
太阳辐射度	9 082.7 W/m^2	1 361.0 W/m^2
反照率	0.142(几何)	0.434(几何)
	0.068(球面)	0.306(球面)

续表

基本参数	水星	地球
平均温度	167 ℃	15 ℃
磁场强度	0.002 5～0.007 Gs(表面)	0.24～0.66 Gs(表面)
天然卫星数	0	1

1.2 轨道运动

将水星看作全部质量集中在质心的质点，将水星的轨道运动看作质点围绕太阳做的平面椭圆轨道运动。

1.2.1 水星的轨道特性

水星的轨道特性见表 1-2。

表 1-2 水星的轨道特性

特性	参数
远日点	69 817 900 km(0.466 697 AU)
近日点	46 001 200 km(0.307 499 AU)
半长轴	57 909 100 km(0.387 098 AU)
偏心率	0.205 630
轨道周期	87.969 1 日(0.240 846 年;0.5 水星太阳日)
会合周期	115.88 天
平均轨道速度	47.87 km/s
平近点角	174.796°
轨道倾角	7.005°(以黄道为基准)
	3.38°(以太阳赤道为基准)
	6.34°(以不变平面为基准)
升交点黄经	48.331°
近心点幅角	29.124°
已知卫星	无

水星是太阳系所有行星中偏心率最大的行星，它的偏心率约为 0.21，这使得水星与太阳的距离在 4 600 万 km 至 7 000 万 km 的范围之间变动。水星绕太阳公转的周期为 87.969 1 地球日。水星与太阳距离的变化结合水星绕着自转轴的自转轨道共振，造成了其表面温度的复杂变化。这种共振使得一个水星日的长度是一个水星年的两倍，即水星日约为 176 个地球日。

水星的轨道平面与地球的轨道平面（黄道）之间存在 7°的夹角，这导致水星越过太阳前方的凌日现象只在水星穿越黄道平面且位于地球和太阳之间时才会发生。水星凌日的周期平均约为 7 年。

水星的自转轴倾角非常小，最佳测量值小于 0.027°，远小于自转轴倾角第二小的行星——木星（3.1°）。这意味着，位于水星极点的观测者看到的太阳中心点的高度始终不高于地平线上 2.1′。

在水星表面上的某些点，观测者可以看见太阳上升到半途时反转回去日落，然后再度日出，这些都发生在同一个水星日内。这是因为在近日点前大约 4 个地球日时，水星轨道的角速度几乎与水星的自转速度相同，所以太阳的视运动会停滞；在近日点时，水星轨道的角速度超过水星自转的角速度，因此水星上的观测者会看到明显的太阳逆行；通过近日点 4 天之后，在这些点上观测到的太阳视运动又恢复正常了。

水星与地球内合（最靠近地球）的平均周期是 116 地球日，但是由于水星轨道的偏心率较大，这个周期从 105 日至 129 日不等。水星与地球的距离可以近到 7 730 万 km，但在公元 28622 年之前不会接近至 8 000 万 km 以内，最近的接近是在公元 2679 年的 8 210 万 km，然后是公元 4487 年的 8 200 万 km。从地球可以看见它逆行的时间大约是在内合前后的 8～15 天。

1.2.2　水星的自转

水星每绕太阳公转 1 圈，自转 1.5 圈，因此完整的公转两周之后，水星同一个半球再度被照亮。在 1965 年的雷达观测任务中，美国天文学家测量出水星自转的精确周期是 58.646 天，证明水星公转与自转的周期比为 3∶2，即每公转 2 圈自转 3 圈。水星轨道的大偏心率使得此共振稳定——在近日点，太阳的潮汐力最强，也会出现在最靠近水星的天空。

早期天文学家认为水星自转被同步锁定的原因是，当水星在适合观测的位置上时，通常也是在 3∶2 共振的相同位置上，因此呈现相同的面貌。这是因为水星自转周期正好是水星与地球会合周期的一半，即 1 个恒星日（自转周期）约等于 59 地球日。由于水星公转与自转的周期比为 3∶2，因此 1 个太阳日（太阳两次过中天的时间间隔）约等于 176 地球日。

数值仿真显示水星轨道的偏心率是混沌的，在数百万年的时间内会因为其他行星的摄动在接近 0（圆形）至超过 0.45 之间变动。通常认为这一特性可以解释水星的 3∶2 自转轨道共振（而非更常见的 1∶1），因为这种状态在大偏心率轨道时期是可能发生的。数值仿真显示未来长期轨道共振与木星的交互作用会造成水星近日点距离增大，在未来的 50 亿年内会有 1%的概率与金星碰撞。

1.2.3　近日点进动

1859 年，法国数学家和天文学家奥本·勒维耶（Urbain Jean Joseph Le Verrier）报告水星环绕太阳的轨道有着牛顿力学和现有已知的行星摄动理论不能完满解释的缓慢进动。他建议用“另一颗行星（或一系列更微小天体）位于比水星更靠近太阳的轨道上”来处理这些摄动（其他解释包括太阳形状略微扁平等）。利用天王星轨道受到扰动发现海王星的成功案例使天文学家对这个解释充满了信心，这颗假设存在的行星被命名为“祝融星”，但是人类始终未能发现这颗行星。

水星相对于地球的近日点进动是每世纪 5 600″（1.555 6°），也可以描述为相对于 ICRF 每世纪 574.10″±0.65″；但牛顿力学考虑了来自其他行星的所有影响，预测的进动只有每世纪 5 557″（1.543 6°）。在 20 世纪初期，爱因斯坦的广义相对论为观测到的进动提供了解释。相对论效应导致的进动非常小：水星近日点的相对论进动是每世纪 42.98″，正好是观测值与牛顿力学预测值的偏差量。然而，在经历 1 200 万次的公转后，仍然会出现较小的偏差。其他行星也有类似情况，但相对论效应导致的偏差量较小：金星是每世纪 8.62″，地球是 3.84″，火星是 1.35″，伊卡洛斯（1 566 Icarus）是 10.05″。

1.2.4 水星凌日

当水星运行到太阳和地球之间时，在太阳圆面上会看到一个小黑点穿过，这种现象称为水星凌日。其原理和日食类似，不同的是水星离地球比月亮远，视直径仅为太阳的 190 万分之一。水星凌日每 100 年平均发生 13.4 次。在 20 世纪末发生过一次水星凌日，具体时间为 1999 年 11 月 16 日 5 时 42 分。在人类历史上，第一次预告水星凌日的人是“行星运动三大定律”的发现者——德国天文学家开普勒。他在 1629 年预言：1631 年 11 月 7 日将发生稀奇天象——水星凌日。当日，法国天文学家加桑迪在巴黎亲眼见证到有个小黑点（水星）在日面上由东向西徐徐移动。从 1631 年至 2003 年，共出现 50 次水星凌日。其中，发生在 11 月的有 35 次，发生在 5 月的仅有 15 次。

1.3 岁差与章动

行星极的空间运动直接依赖于行星的岁差和章动。行星的岁差和章动一方面可用理论模拟，另一方面则需要由空间探测获得的观测资料来分析。对行星极运动的观测值与理论值进行比较是检验行星动力学模型的重要手段，也是为改进行星的岁差和章动理论提供依据的有效途径。

某一行星的岁差通常由“日月”岁差和行星岁差两部分组成。一般情况下，“日月”岁差是由太阳、行星的卫星对行星椭球的引力作用引起的，可通过基于地面或空间探测器的观测求得；而行星岁差则是由太阳系其他行星对该行星公转运动的摄动引起的。与地球岁差不同的是，水星没有卫星，即“日月”岁差仅由太阳引起。

在对行星运动方程进行求解后，通常可以得到对应长期运动的项和对应周期运动的项，前者即传统意义上的岁差，后者即章动。

由于测量数据尚不充分，根据不同理论分析得到的岁差和章动相关数据有较大差异，读者可自行查阅相关文献资料。

1.4　时间系统

在广义相对论框架下，参考系表示为四维时空。在以不同参考系对空间进行描述时，相应的时间变量由于局部引力场的不同也会产生差异。在处理任何动力学问题时，都需要有一个准确的时间系统来对所研究的动力学过程进行描述。

时间系统规定了时间测量的参考标准，包括时刻的参考标准和时间间隔的尺度标准。时间系统也称为时间基准或时间标准。频率基准规定了“秒长”的尺度，任何一种时间基准都必须建立在某个频率基准的基础上，因此，时间基准又称为时间频率基准。时间系统框架是在某一区域或全球范围内，通过守时、授时和时间频率测量技术，实现和维持统一的时间系统。

现行常用时间系统的定义及各时间系统之间的相互转换关系如下：

（1）动力学时

在太阳系内，最重要的惯性参考系有两个：一个参考系的原点在太阳系质心，相对于遥远类星体定向，叫做太阳系质心参考系，通常称为质心天球参考系 BCRS（Barycentric Celestial Reference System），所有太阳系天体的运动都与它相联系；另一个参考系的原点在地球质心，叫做地心参考系，通常称为地心天球参考系 GCRS（Geocentric Celestial Reference System），包括地面观测者在内所有地球物体的运动都与它相联系。在上述两个参考系中，用作历表和动力学方程的时间变量基准分别是质心动力学时 TDB（Barycentric Dynamical Time）和地球动力学时 TDT（Terrestrial Dynamical Time），1991 年后改名为地球时 TT（Terrestrial Time）。两种动力学时的差别 TDB－TT 是由相对论效应引起的，它们之间的转换关系由引力理论确定。对实际应用而言，2000 年国际天文学联合会（IAU）决议给出了两者之间的转换公式

$$\mathrm{TDB}=\mathrm{TT}+0.001\ 657^{\mathrm{s}}\sin g+0.000\ 022^{\mathrm{s}}\sin(L-L_J)$$

式中，g 是地球绕日运行轨道的平近点角；$L-L_J$ 是太阳平黄经与木星平黄经之差，各由下式计算

$$\begin{cases} g=357.53^\circ+0.985\ 002\ 8^\circ t \\ L-L_J=246.00^\circ+0.902\ 517\ 92^\circ t \end{cases}$$

$$t=\mathrm{JD}(t)-2\ 451\ 545.0$$

这里的 $\mathrm{JD}(t)$ 是时刻 t 对应的儒略（Julian）日。上式的适用时段为 1980—2050 年，误差不超过 30 μs。在地面附近，如果精确到毫秒量级，则近似地有

$$\mathrm{TDB}\approx\mathrm{TT}$$

在动力学中常常会遇到历元的取法以及几种年的长度问题。一种是贝塞耳（Bessel）年，或称假年，其长度为平回归年的长度，即 365.242 198 8 平太阳日。常用的贝塞耳历元是指太阳平黄经等于 280°的时刻，例如 1950.0，并不是 1950 年 1 月 1 日 0 时，而是世界时 1949 年 12 月 31 日 22 h 09 min 42 s，相应的儒略日为 2 433 282.423 4。另一种是儒

略年，其长度为 365.25 平太阳日。儒略历元中一年的开始，例如 1950.0 即 1950 年 1 月 1 日 0 时。显然，使用儒略年较为方便。因此，从 1984 年起，贝塞耳年被儒略年代替。与上述两种年的长度对应的回归世纪和儒略世纪的长度分别为 36 524.22 平太阳日和 36 525 平太阳日。

为了使用方便并增加有效字长，常使用修正儒略日 MJD（Modified Julian Date）代替儒略日计时，修正儒略日定义为

$$\mathrm{MJD}=\mathrm{JD}-2\ 400\ 000.5$$

例如 1950.0 对应的儒略日与修正儒略日分别为 JD2 433 282.5 与 MJD33 282.0。

（2）原子时

由于受相对论效应影响，动力学时难以精确测量，具体实现地球时 TT 的是原子时 TAI（法文 Temps Atomique International 缩写，Atomic Time）。用原子振荡周期作为计时标准的原子钟出现于 1949 年，1967 年第十三届国际度量衡会议规定铯 133 原子基态的两个超精细能级在零磁场下跃迁辐射振荡 9 192 631 770 周所持续的时间为一个国际制秒，作为计时的基本尺度，其零点为 1958 年 1 月 1 日世界时 0 时。从 1971 年起，原子时由设在法国巴黎的国际度量局根据遍布世界各地的 50 多个国家计时实验室的 200 多座原子钟的测量数据加权平均得到并发布，原子时和地球时只有原点之差，两者的换算关系为

$$\mathrm{TT}=\mathrm{TAI}+32.184^{\mathrm{s}}$$

原子时是当今最均匀的计时基准，其精度已接近 10^{-16} s，10 亿年内的误差不超过 1 s①。

（3）恒星时

在地球上研究各种天体与各类探测器的运动问题，既需要一个反映天体运动过程的均匀时间尺度，又需要一个反映地面观测站位置的测量时间系统，这个系统应能够反映地球自转的情况。采用原子时 TAI 作为计时基准前，地球自转曾长期作为这两种时间系统的统一基准。但由于地球自转的不均匀性和测量精度的不断提高，问题也愈发复杂化，既要有一个均匀时间基准，又要与地球自转相协调，还需要同天体的测量相联系。因此，除均匀的原子时 TAI 计时基准外，还需要一个与地球自转相关联的时间系统，以及解决两种时间系统之间的协调机制。

恒星时 ST（Sidereal Time）系统将春分点连续两次过中天的时间间隔称为一个恒星日，相应的恒星时 ST 就是春分点对应的时角，它的数值等于上中天恒星的赤经 α，即

$$S=\alpha$$

在由本初子午线定义的经度系统中，若上述恒星时为经度 λ 处的恒星时，则格林尼治恒星时可以通过如下方法计算

$$S_G=S-\lambda$$

恒星时由地球自转所确定，那么地球自转的不均匀性就可通过它与均匀时间尺度的差

① 不同原子钟精度不同，随着科技发展，原子钟精度仍在不断提高。

别来测定。由于格林尼治恒星时有真恒星时 GST（Greenwich Sidereal Time）与平恒星时 GMST（Greenwich Mean Sidereal Time）之分，它们之间的转换关系为

$$\theta_{GST} = \theta_{GMST} + \Delta\Phi\cos\sigma$$

式中，θ_{GST} 为真恒星时 GST；θ_{GMST} 为平恒星时 GMST；$\Delta\Phi$ 为黄经章动角；σ 为真黄赤交角。

（4）世界时

世界时 UT（Universal Time）与恒星时类似，也是根据地球自转测定的时间，它以平太阳日为单位，1/86 400 平太阳日为秒长。根据天文观测直接测定的世界时，记为 UT0，它对应于瞬时极的子午圈。加上引起测站子午圈位置变化的地极移动的修正，就得到对应平均极的子午圈的世界时，记为 UT1，即

$$UT1 = UT0 + \Delta\lambda$$

式中，$\Delta\lambda$ 是极移改正量。

由于地球自转的不均匀性，UT1 并不是均匀的时间尺度。而地球自转不均匀性呈现三种特性：长期慢变化，每百年使日长增加 1.6 ms；周期变化，主要是季节变化，一年里日长约有 0.001 s 的变化，除此之外还有一些影响较小的周期变化；不规则变化。这三种变化不易修正，只有周年变化可用根据多年实测结果给出的经验公式进行改正，改正值记为 ΔT_s，由此引进世界时 UT2

$$UT2 = UT1 + \Delta T_s$$

相对而言，这是一个比较均匀的时间尺度，但它仍包含着地球自转的长期变化和不规则变化，特别是不规则变化，其物理机制尚不清楚，至今无法改正。

周期项 ΔT_s 的振幅并不大，而 UT1 又直接与地球瞬时位置相关联，因此，对于过去一般精度要求不太高的问题，就用 UT1 作为统一的时间系统。而对于高精度问题，即使 UT2 也不能满足，必须寻求更均匀的时间尺度，这正是引进原子时 TAI 作为计时基准的必要性。国际原子时 TAI 作为计时基准的起算点靠近 1958 年 1 月 1 日的 UT2 零时，有

$$(TAI - UT2)_{1958.0} = -0.0039^{s}$$

因原子时 TAI 是在地心参考系中定义的具有国际单位制秒长的坐标时间基准，从 1984 年起，它就取代历书时 ET（Ephemeris Time）正式作为动力学中所要求的均匀时间尺度。由此引入地球时 TT 与原子时 TAI 的关系，它们之间的转化关系根据 1977 年 1 月 1 日 00 h 00 min 00 s（TAI）对应 TDT 为 1977 年 1 月 1.000 372 5 日而来，此起始历元的差别就是该时刻历书时与原子时的差别，这样定义起始历元就便于用地球时 TT 系统代替历书时 ET 系统。

（5）协调世界时

有了均匀的时间系统地球时 TT 与原子时 TAI，只能满足对精度日益增高的历书时的要求，也就是时间间隔对尺度的均匀要求，但它无法代替与地球自转相连的不均匀的时间系统，如世界时 UT。必须建立两种时间系统的协调机制，这就引进了协调世界时 UTC（Coordinated Universal Time）。尽管会带来一些麻烦，且国际上一直有各种争议，但至今仍无定论，结果仍是保留两种时间系统，各有各的用途。

在 1958 年 1 月 1 日世界时零时，上述两种时间系统 TAI 与 UT1 之差约为零

$$(\mathrm{UT1}-\mathrm{TAI})_{1958.0}=+0.0039^{s}$$

如果不加处理，由于地球自转长期变慢，这一差别将越来越大，会导致一些不便之处。针对这种现状，为了兼顾世界时时刻和原子时秒长两种需要，国际时间局引入第三种时间系统，即协调世界时 UTC。该时间系统仍旧是一种均匀时间系统，其秒长与原子时秒长一致，而在时刻上则要求尽量与世界时接近。从 1972 年起规定两者的差值保持在 $\pm 0.9^{s}$ 以内。为此，可能在每年的年中或年底对 UTC 做一整秒的调整，即拨慢 1 s，也叫闰秒，具体调整由国际时间局根据天文观测资料做出规定，可以在 EOP（Earth Orientation Data）数据中得到最新的相关调整信息。至今已调整 37 s，故有

$$\mathrm{TAI}=\mathrm{UTC}+37^{s}$$

由 UTC 到 UT1 的换算过程需要先从 IERS 网站下载最新的 EOP 数据。对于过去距离现在超过一个月的时间，采用 B 报数据；对于其他时间，则采用 A 报数据。之后通过插值得到 ΔUT，然后按下式计算即可得到 UT1

$$\mathrm{UT1}=\mathrm{UTC}+\Delta\mathrm{UT}$$

通常给出的测量数据对应的时刻 t ，如不加以说明，则均为协调世界时 UTC，这是国际惯例。

1.5 坐标系统

1.5.1 基准参考系

当前的观测数据，如太阳系行星历表等，都是在国际天球参考系（International Celestial Reference System，ICRS）中描述的，该参考系的坐标原点在太阳系质心，其坐标轴的指向由一组精确观测的河外射电源的坐标确定，称作国际天球参考架（ICRF），而具体实现方法是使其基本平面和基本方向尽可能靠近 J2000.0 平赤道面和平春分点。由河外射电源确定的 ICRS，坐标轴相对于空间固定，所以与太阳系动力学和地球的岁差、章动无关，也脱离了传统意义上的赤道、黄道和春分点，因此更接近惯性参考系。引入 ICRS 和河外射电源定义参考架之前，基本天文参考系是由动力学定义并考虑了恒星运动学修正的 FK5 动力学参考系，基于对亮星的观测和 IAU1976 天文常数系统，参考系的基本平面是 J2000.0 的平赤道面，X 轴指向 J2000.0 平春分点。很明显，这样定义的动力学参考系是与历元相关的。最新的动力学参考系的定义仍建立在 FK5 的基础上，相应的动力学参考系即 J2000.0 平赤道参考系，通常就称其为 J2000.0 平赤道坐标系。考虑到参考系的延续性，ICRS 的坐标轴与 FK5 参考系在 J2000.0 历元需尽量地保持接近。ICRS 的基本平面由 VLBI 观测确定，它的极与动力学参考系的极之间的偏差大约为 20 毫角秒。ICRS 的参考系零点的选择也是任意的，为了实现 ICRS 和 FK5 的连接，选择 23 颗射电源的平均赤经零点作为 ICRS 的零点。ICRS 和 FK5 动力学参考系的关系由三个参数决定，分别是天极的偏差 ξ_0 和 η_0，以及经度零点差 $d\alpha_0$。它们的值分别为

$$\begin{cases}\xi_0 = -0.016\ 617'' \pm 0.000\ 010'' \\ \eta_0 = -0.006\ 819'' \pm 0.000\ 010'' \\ \mathrm{d}\alpha_0 = -0.014\ 6'' \pm 0.000\ 5''\end{cases}$$

于是 ICRS 和 J2000.0 平赤道坐标系的关系可以写为

$$\begin{cases}\vec{r}_{\mathrm{J2000.0}} = B\vec{r}_{\mathrm{ICRS}} \\ \boldsymbol{B} = R_x(-\eta_0)R_y(\xi_0)R_z(\mathrm{d}\alpha_0)\end{cases}$$

式中，$\vec{r}_{\mathrm{J2000.0}}$ 和 $\vec{r}_{\mathrm{ICRS}}$ 是同一个矢量在不同参考系中的表示；常数矩阵 $\boldsymbol{B}$ 称为参考架偏差矩阵，由三个小角度旋转组成。

J2000.0 平赤道坐标系是普遍采用的一种地心天球参考系（GCRS），如无特殊要求，上述参考架偏差就不再提及。但在高精度动力学问题中需要详细考虑上述转换关系。

1.5.2　地球坐标系

为了更清楚地刻画天球参考系与地球参考系之间的联系，首先明确中间赤道的概念。天轴是地球自转轴的延长线，交天球于天极。由于进动运动，地球自转轴在天球参考系（CRS）中的指向随时间而变化，具有瞬时的性质，从而天极和天赤道也具有同样的性质。为了区别，IAU2003 规范特称现在所说的这种具有瞬时性质的天极和天赤道为中间赤道和天球中间极（Celestial Intermediate Pole，CIP）。

为了在天球参考系中进行度量，需要在中间赤道上选取一个相对于天球参考系没有转动的点作为零点，称其为天球中间零点（Celestial Intermediate Origin，CIO）。同样地，为了在地球参考系中进行度量，需要在中间赤道上选取一个相对于地球参考系没有转动的点作为零点，称其为地球中间零点（Terrestrial Intermediate Origin，TIO）。CIO 是根据名为天球参考架的一组类星体选定的，接近国际天球参考系的赤经零点（春分点），TIO 则是根据名为地球参考架的一组地面测站选定的，接近国际地球参考系的零经度方向或本初子午线方向，又称为格林尼治方向。

在天球参考系中观察时，中间赤道与 CIO 固连，称为天球中间赤道，TIO 沿赤道逆时针方向运动，周期为 1 恒星日。反之，在地球参考系中观察时，中间赤道与 TIO 固连，称为地球中间赤道，CIO 以同样周期沿赤道顺时针方向运动。这两种观察所反映的都是地球绕轴自转的运动，CIO 和 TIO 之间的夹角是地球自转角度的度量，称为地球自转角（Earth Rotating Angle，ERA）。

通过 GCRS、CIO 与 ERA，可以定义常用的地心坐标系。

（1）地心天球坐标系

此坐标系实为历元（J2000.0）地心天球坐标系，即前面提到的 J2000.0 平赤道参考系，简称地心天球坐标系。其坐标原点 O 是地心，XY 坐标面是历元 J2000.0 时刻的平赤道面，X 轴指向该历元的平春分点，它是历元 J2000.0 的平赤道与该历元时刻的瞬时黄道的交点。这是一个消除了坐标轴因地球赤道面摆动引起转动的惯性坐标系，它可以将不同时刻运动天体轨道放在同一个坐标系中来表达，便于比较和体现天体轨道的实际变化，已是国内外习惯采用的空间坐标系。

(2) 地固坐标系

地固坐标系即地球参考系(Terrestrial Reference System, TRS),是一个跟随地球自转一起旋转的空间参考系。在这个坐标系中,与地球固体表面连接的测站的位置坐标几乎不随时间改变,仅仅由于构造或潮汐变形等地球物理效应而有很小的变化。与 ICRS 要由 ICRF 具体实现一样,地球参考系也要由地球参考框架(TRF)实现。地球参考框架是一组在指定的附着于 TRS 中具有精密确定坐标的地面物理点。最早的地球参考框架是国际纬度局(International Latitude Service)根据 1900—1905 年的观测提出的国际习用原点 CIO 以及第三轴的指向,即地球平均地极指向。

在上述定义下,地固坐标系的原点 O 是地心,XY 坐标面接近 1900.0 平赤道面,X 轴指向接近参考平面与格林尼治子午面交线方向,即本初子午线方向,亦可称其为格林尼治子午线方向。各种地球引力场模型及其参考椭球体也都是在这种坐标系中确定的,它们应该是一个自洽系统。目前所使用的地固坐标系通常符合 WGS 84(World Geodetic System)标准。对于该系统,有

$$GE = 398\ 600.441\ 8\ \text{km}^3/\text{s}^2$$

$$a_e = 6\ 837.137\ \text{km}, \quad \frac{1}{f} = -298.257\ 223\ 563$$

式中,GE 是地心引力常数;a_e 是参考椭球体的赤道半径;f 是该参考椭球体的几何扁率。在地固坐标系中,测站坐标矢量 $\vec{R}_e(H, \lambda, \varphi)$ 的三个直角坐标分量 X_e, Y_e, Z_e 与球坐标分量 (H, λ, φ) 之间的关系为

$$\begin{cases} X_e = (N + H)\cos\varphi\cos\lambda \\ Y_e = (N + H)\cos\varphi\sin\lambda \\ Z_e = [N(1 - f)^2 + H]\sin\varphi \end{cases}$$

式中

$$\begin{aligned} N &= a_e [\cos^2\varphi + (1 - f)^2 \sin^2\varphi]^{-1/2} \\ &= a_e [1 - 2f(1 - f/2)\sin^2\varphi]^{-1/2} \end{aligned}$$

球坐标的三个分量 (H, λ, φ) 分别为测站的大地高、大地经度和大地纬度(亦称测地纬度),有

$$\tan\lambda = Y_e/X_e, \quad \sin^2\varphi = Z_e/[N(1 - f)^2 + H]$$

(3) 地心黄道坐标系

地心黄道坐标系的原点 O 是地心,XY 坐标面是历元 J2000.0 时刻的黄道面,X 轴方向与上述天球坐标系的指向一致,即该历元的平春分点方向。该坐标系和日心黄道坐标系是平移关系。

(4) 地平坐标系

地平坐标系即站心地平坐标系,坐标原点为测站中心,参考平面为过站心与地球参考球体相切的平面,即地平面,其主方向是地平面中朝北的方向,即天球上的北点方向,该

坐标系的 Z 轴方向即天球上的天顶方向。

若在地平、地心赤道和地心黄道坐标系中，将天体的坐标矢量各记为 $\vec{\rho}$，$\vec{r}$，$\vec{R}$ ，则相应轨道力学算法的球坐标分别为 ρ，A，h ，r，α，δ 和 R，λ，β 。式中，ρ，r，R 分别为天体到坐标原点的距离；A 为地平经度，沿地平经圈上的北点向东点顺时针方向计量；α 为赤经，从春分点方向沿赤道向东计量；δ 是赤纬；λ 是黄经，从春分点方向 γ 沿黄道向东计量；β 是黄纬。在各自对应的直角坐标系中，有下列关系

$$\vec{\rho}=\rho\begin{bmatrix}\cos h\cos A\\ -\cos h\sin A\\ \sin h\end{bmatrix},\quad \vec{r}=r\begin{bmatrix}\cos\delta\cos\alpha\\ -\cos\delta\sin\alpha\\ \sin\delta\end{bmatrix},\quad \vec{R}=R\begin{bmatrix}\cos\beta\cos\lambda\\ -\cos\beta\sin\lambda\\ \sin\beta\end{bmatrix}$$

站心赤道坐标系和地心黄道坐标系中的位置矢量用 $\vec{r}\,'$ 和 $\vec{R}\,'$ 表示，相应的表达式分别与 $\vec{r}$ 和 $\vec{R}$ 相同，只需将 r 改为 r' ，R 改为 R' ，α，δ 和 λ，β 应理解为站心赤道坐标和地心黄道坐标。

上述几种坐标系之间的转换关系是简单的，仅涉及平移和旋转，有

$$\vec{r}\,'=R_z(\pi-S)R_y\left(\frac{\pi}{2}-\varphi\right)\vec{\rho}$$

$$\vec{r}=\vec{r}\,'+\vec{r}_A$$

$$\vec{R}\,'=R_z(\varepsilon)\vec{r}$$

$$\vec{R}=\vec{R}\,'+\vec{R}_E$$

式中，$S=\alpha+t$ 是春分点的时角，即测站的地方恒星时；φ 是测站的天文纬度；$\vec{r}_A$ 是测站的地心坐标矢量；ε 是黄赤交角；$\vec{R}_E$ 是地心的日心坐标矢量。

上述坐标转换中涉及的旋转矩阵由下式表达

$$\boldsymbol{R}_x(\theta)=\begin{bmatrix}1 & 0 & 0\\ 0 & \cos\theta & \sin\theta\\ 0 & -\sin\theta & \cos\theta\end{bmatrix}$$

$$\boldsymbol{R}_y(\theta)=\begin{bmatrix}\cos\theta & 0 & -\sin\theta\\ 0 & 1 & 0\\ \sin\theta & 0 & \cos\theta\end{bmatrix}$$

$$\boldsymbol{R}_z(\theta)=\begin{bmatrix}\cos\theta & \sin\theta & 0\\ -\sin\theta & \cos\theta & 0\\ 0 & 0 & 1\end{bmatrix}$$

由于测控和上注下传等需求，工程任务中还需要使用其他地球坐标系。表 1－3 给出了常用的地球坐标系。

表 1-3　各种地心坐标系的定义

坐标系名称	坐标原点	基本平面	X 轴
J2000.0 地心系	地球质心	J2000.0 地球平赤道面	J2000.0 平春分点
瞬时平赤道坐标系	地球质心	瞬时地球平赤道面	瞬时平春分点
瞬时真赤道坐标系	地球质心	瞬时地球真赤道面	瞬时真春分点
准地固坐标系	地球质心	瞬时地球真赤道面	格林尼治子午圈
地固坐标系	地球质心	与原点和 CIO 的连线垂直	格林尼治子午圈
地心黄道坐标系	地球质心	J2000.0 黄道面	J2000.0 平春分点
站心地平坐标系	测站中心	站心地平面	正北方向

1.5.3　水星坐标系

对于水星附近的工程任务，通常采用以水星为中心的坐标系进行描述，这里主要介绍水星赤道惯性坐标系和水星固连坐标系。

水星赤道惯性坐标系的原点位于水星质心，X 轴指向 ICRF 地球赤道面与水星赤道面的升交点，Z 轴为水星自转轴，Y 轴与 X 轴、Z 轴组成右手直角坐标系。

水星固连坐标系的原点位于水星质心，X 轴指向水星赤道面与水星本初子午线的交点，Z 轴为水星极轴，垂直于水星赤道面，Y 轴与 X 轴、Z 轴组成右手直角坐标系。该坐标系随水星的自转而转动。

国际天文学联合会使用行星自转轴指向的赤经与赤纬定义行星极轴；使用行星表面的特殊地标定义行星本初子午线。对于大多数可观测到的刚性表面的天体，经度系统是通过参考表面特征（如火山口）来定义的。文献（Archinal，2018）给出了关于国际天球参考架（ICRF）的旋转参数的近似表达式。

北极是位于太阳系固定平面北侧的旋转极点。它的方向由赤经 α_0 和赤纬 δ_0 的值决定。天体赤道在 ICRF 赤道上的两个节点位于 $\alpha_0 \pm 90°$。如图 1-1 所示，节点 Q 被定义在 $\alpha_0 + 90°$ 的位置。本初子午线与赤道的交点定义为 B。B 的位置由 W 的值来决定，其中 W 是从 Q 点到 B 点沿着天体赤道向东测量的角度值。行星赤道与天体赤道的夹角是 $90° - \delta_0$。只要行星均匀旋转，W 几乎随时间线性变化。由于行星或卫星的旋转轴的进动，参数 α_0、δ_0 和 W 可能随时间而变化。如果 W 随时间增加，则行星是正转（或前进）；如果 W 随时间减少，则旋转称为逆行。

角度 W 指定了本初子午线的星历位置，W_0 是 W 在 J2000.0 处的值（有时是在一些其他指定的历元处的值，如彗星）。对于没有精确观测到固定表面特征的行星或卫星，W 的表达式定义了本初子午线，因此不需要进行修正。旋转速率可以通过一些其他的物理性质（例如，观察物体磁场的旋转）来重新定义。当本初子午线的位置由一个可观测的特征定义时，选择 W 的表达式使得星历表的位置尽可能地跟随该特征的运动。当完成更高精度

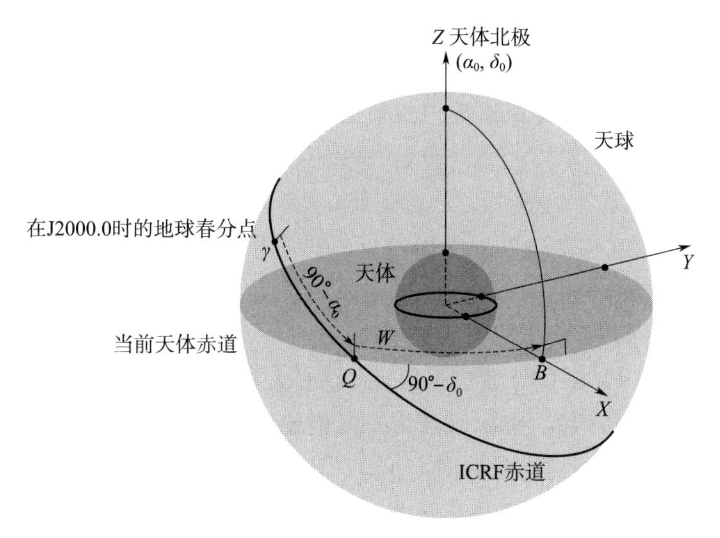

图 1-1　用来确定行星及其卫星方向的参考系

的映射或得到 W 的新值时，必须保持定义特征的经度不变。水星的本初子午线定义为 Hun Kal 陨石坑中心点以东 20°的经线，其推荐值见表 1-4。

表 1-4　水星的本初子午线的推荐值

	本初子午线的推荐值
水星	$\alpha_0 = 281.0103 - 0.0328T$ $\delta_0 = 61.4155 - 0.0049T$ $W = 329.5988 \pm 0.0037 + 6.1385108\,d$ $+0.01067257^\circ \sin M_1$ $-0.00112309^\circ \sin M_2$ $-0.00011040^\circ \sin M_3$ $-0.00002539^\circ \sin M_4$ $-0.00000571^\circ \sin M_5$ 其中，$M_1 = 174.7910857^\circ + 4.092335^\circ d$ $M_2 = 349.5821714^\circ + 8.184670^\circ d$ $M_3 = 164.3732571^\circ + 12.277005^\circ d$ $M_4 = 339.1643429^\circ + 16.369340^\circ d$ $M_5 = 153.9554286^\circ + 20.461675^\circ d$

注：α_0、δ_0 ——历元 J2000.0 的 ICRF 赤道坐标。

不变平面的北极的近似坐标为 $\alpha_0 = 273.85^\circ$，$\delta_0 = 66.99^\circ$。

d——从标准历元开始的天数间隔。

标准历元为 JD 2 451 545.0，即 2000 年 1 月 1 日 12 小时 TDB。

1.5.4　星体坐标系

为了便于描述探测器围绕水星的运动，这里定义几个坐标原点在卫星上的星体坐标系。

1）卫星轨道坐标系：坐标原点为卫星质心，Z 轴由卫星质心指向地心，Y 轴指向轨道面的负法向，X 轴在轨道面内与 Z 轴垂直指向卫星运动方向，X、Y、Z 轴成右手系。

2）卫星惯性坐标系：坐标原点为卫星质心，坐标轴指向与地心赤道惯性坐标系保持平行。

3）地心-太阳坐标系：坐标原点为卫星质心，以卫星-地球-太阳平面为坐标平面，Z 轴在此平面内并指向地心，X 轴在此平面内与 Z 轴垂直并朝向太阳，Y 轴与 X、Z 轴满足右手正交关系且与太阳方向垂直。

4）太阳-黄道坐标系：坐标原点为卫星质心，以太阳黄道面为坐标平面，Y 轴指向太阳中心，Z 轴指向黄极，Y 轴位于黄道平面且与 X、Z 轴满足右手正交关系。

5）卫星星箭对接坐标系：坐标原点为对接框中心，X 轴过坐标原点，垂直于星箭分离面，沿卫星纵轴方向，指向三舱方向为正，Z 轴过坐标原点，位于星箭分离面内，指向对接面板方向为正，Y 轴位于星箭分离面内，与 X 、Z 轴构成右手系。

6）卫星质心坐标系：坐标原点为卫星质心，三轴平行于整星机械坐标系的对应轴。

1.6　临近小天体

临近小天体包括小行星、彗星、流星体等。根据国际天文学联合会运营的小天体数据中心网站[①]公布的轨道数据，截至 2022 年年底，有观测记录的小行星共有 123.3 万（1 232 961）颗，其中与水星轨道相交的有 1 508 颗。有观测记录的彗星共有 959 颗，其中与水星轨道相交的有 20 颗。

① https://www.minorplanetcenter.net/data

参考文献

[1] Archinal B A, Acton C H, A'Hearn M F, et al. Report of the IAU Working Group on Cartographic Coordinates and Rotational Elements: 2015 [J]. Celestial Mechanics and Dynamical Astronomy, 2018, 130 (3): 22. DOI: 10.1007/s10569-017-9805-5.

第2章　空间环境

围绕行星，受行星引力场、磁场和电磁辐射等所控制的空间范围内的环境，叫作行星空间环境。行星空间环境主要由引力场、中性大气、等离子体、宇宙线、太阳电磁辐射和流星体等构成，大多数行星空间环境还包含磁场以及辐射带（被磁场捕获的高能粒子构成的）和电场。类地行星的空间环境探测对研究行星宜居性、地质结构、内部演化具有至关重要的作用。除了地球，类地行星中只有水星具有明显的全球性磁场，研究水星空间环境对于了解太阳系起源与演化、认知磁场的产生原理具有重要意义。未来，水星空间环境仍将是人类空间探测的一个重要目标。

2.1　探测意义

水星探测起始于20世纪70年代水手10号（Mariner 10）。该飞行器于1974年和1975年三次近距离飞掠水星，其中两次穿越水星-太阳风相互作用区，发现了水星具有类似地球的内禀偶极磁场（Ness，et al.，1974）。虽然磁场强度仅为地球的1%，但仍能把太阳风阻挡在水星表面以上，形成类似地球的磁层结构。限于探测数据量，接下来几十年，对水星空间环境的认知主要停留于理论研究。21世纪初，美国国家航空航天局（NASA）重返水星——信使号（MESSENGER）探测计划。信使号于2011年3月入轨水星，成为首颗环绕水星的探测卫星，在轨探测持续至2015年4月，为认识和理解水星空间环境提供了丰富的观测数据。

当前，信使号探测给出了更为精确的水星磁偶极矩，即（195±10）nT・R_M^3（1 R_M = 2 440 km，水星半径），约为地球的千分之五，同时发现磁偶极轴几乎与自转轴平行（夹角小于3°），而偶极中心向北偏移（484±11）km（Anderson，et al.，2011）。水星轨道处强太阳风驱动和弱行星磁场的相互作用，形成太阳系中尺度最小且动力学特征最活跃的行星磁层。磁层尺度仅为地球的5%，通常情况下，日下点附近磁层顶的高度约为0.5R_M（Winslow，et al.，2013）。尽管水星磁层结构和地球类似，具有明显的磁层顶边界层、极尖区、磁尾等离子体片及尾瓣等结构，但其动力学过程时间尺度比地球小1个数量级（Slavin，et al.，2008；Slavin，et al.，2009）。辐射带、电离层、等离子层及大气层等明显消失，只有微弱的外逸层，行星内核感应效应较为明显，构成“太阳风-磁层-外逸层/星体”的耦合系统（Milillo，et al.，2005）。由此导致水星空间环境与地球显著不同（图2-1）。

水星是太阳系中距离太阳最近的行星，其表面温度极高，使水星探测任务充满了挑战性。迄今为止，因为对水星的探测项目较少，导致我们对水星的认识在类地行星中最为缺乏。在类地行星中，水星最小，密度最高，拥有最为古老的行星表面，其表面温度的日变

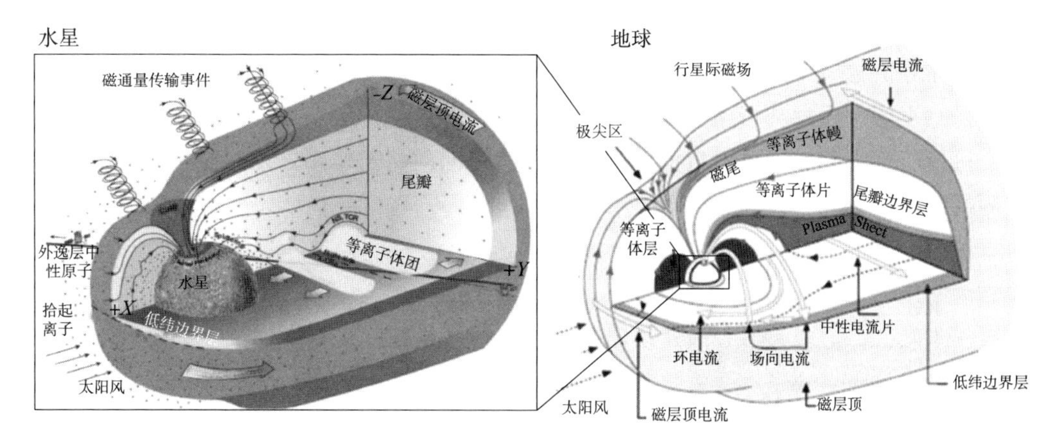

图 2-1　水星与地球空间环境对比

化最大，只有水星和地球拥有全球性的偶极磁场，具有最极端的特性。通过探测水星磁场及空间环境，我们可以更好地认识和研究地球磁场。这是认识太阳风向弱磁层空间传输能量和物质一般规律的重要途径，为研究太阳风与其他小尺度磁场（如磁化小行星、月球磁异常等）的相互作用提供参考。同时，也可以帮助我们认识太阳系行星的演化规律。

2.2　探测手段

对水星空间环境的探测主要包括卫星就位探测和地基遥感探测。就位探测主要针对磁场、空间等离子体、外逸层中性原子等。其中，中性原子还可以通过遥感探测获取粒子种类和空间分布等相关信息。

2.2.1　地基遥感探测

20 世纪前，人们通过地基遥感观测对水星有了一些了解，但知之甚少。在夜间利用望远镜对于水星的观测是十分困难的，又由于水星距离太阳很近，正午无法对水星进行观测。因此，地基观测只能在日出前和日落后的几个小时内对水星进行观测。自 20 世纪 90 年代以来，科学技术的发展使得人们能够利用太阳望远镜对水星进行长时间的日间观测，从而研究水星的短时变化。目前对于水星的地基遥感探测主要是使用位于特内里费岛（西班牙加那利群岛）的 THEMIS 太阳望远镜。THEMIS 太阳望远镜有一个 0.9 m 的主镜（焦距 15.04 m），它可以在每天用几个小时对水星进行成像。

2.2.2　卫星就位探测

（1）等离子体探测

行星空间等离子体探测一般使用静电分析仪系统。信使号探测等离子体的仪器 FIPS 是一种全新的传感器，专为信使号水星任务而设计（Andrews, et al., 2007）。该传感器用于测量 0.05～20 keV/Q 能量范围内的电离物质，其创新点之一是新的静电分析仪

(ESA) 系统几何形状，可实现较大的瞬时（约 1.4π 球面度）视场。这个想法最初是在太阳探测器任务的提案中提出的，但信使号携带了第一个完全集成的飞行传感器，具有相对较大的瞬时视野。通过分析这些粒子的质谱与能谱，可以了解它们的成分、能量、流量和来源，从而研究太阳系行星附近的空间环境和行星间的相互作用。水星空间典型的等离子体探测结果如图 2-2 所示。

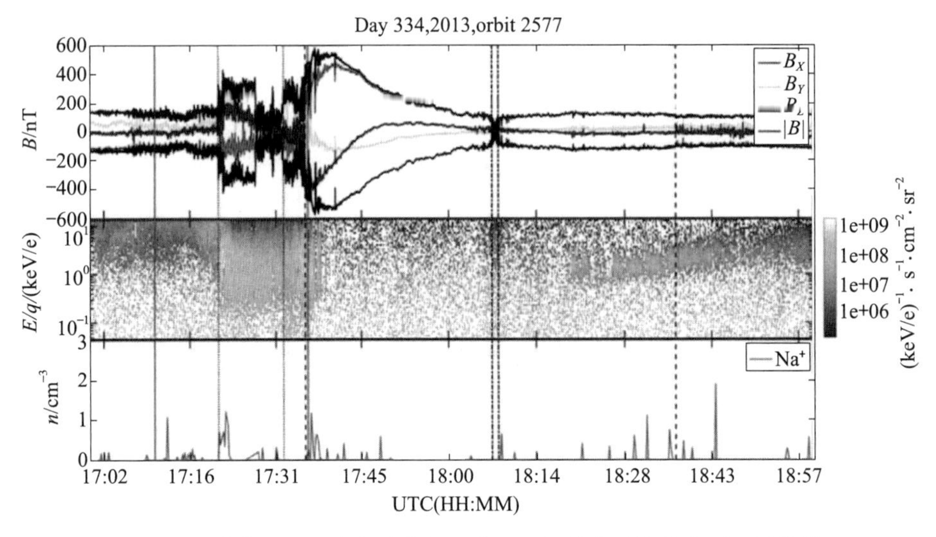

图 2-2 信使号在一个轨道期间对水星空间等离子体的典型探测结果
（自上及下分别为磁场、离子能谱、行星钠离子密度）（见彩插）

对于高能电子，信使号采用独立的伽马射线谱仪（GRS）和中子谱仪（NS）传感器，对电子 $E>50$ keV 分别以 1 s 和 10 ms 的时间分辨率进行测量（Goldsten，et al.，2007）。GRS 传感器被低温冷却处理，用于测量的伽马射线能量范围为 50 keV 至10 MeV。2012 年 6 月，低温冷却器在达到预期寿命后失效。GRS 传感器在锗探测器周围加入了一个硼酸塑料屏蔽层（ACS）。ACS 对能量从约 50 keV 到几十万电子伏的电子敏感。从 2013 年 2 月 25 日开始，锗探测器的遥测技术被重新分配给 ACS 系统，以便它能够以 10 ms 的时间分辨率提供高能电子的几乎连续测量。NS 主要对 20 ～ 40 keV 能量范围内的入射电子产生响应，时间分辨率为 1 s。信使号高能电子探测结果显示水星空间的确存在高能电子爆发事件。这些高能电子的观测显示出明显的空间分布规律（图 2-3）。

（2）中性原子探测

探测中性原子的探测器一般是中子谱仪，它是一种专门用于探测中性粒子的仪器，可以测量中性原子的能量、角度和质量等参数，从而获得有关行星表面和大气层的信息，以更好地理解水星外逸层、太阳风与水星相互作用的物理过程等。信使号和贝皮·科伦坡水星行星轨道器均携带此探测器。此外，贝皮·科伦坡水星行星轨道器还搭载了寻找外大气层填充和释放的自然丰度实验装置（SERENA）。该装置包含中性粒子相机，可以探测覆盖从水星表面释放的中性粒子的高能谱；中性粒子光谱仪可以原位测量中低能中性粒子的组成和密度。搭载的紫外光外逸层探测装置（PHEBUS），拥有监测外逸层的组成、源的

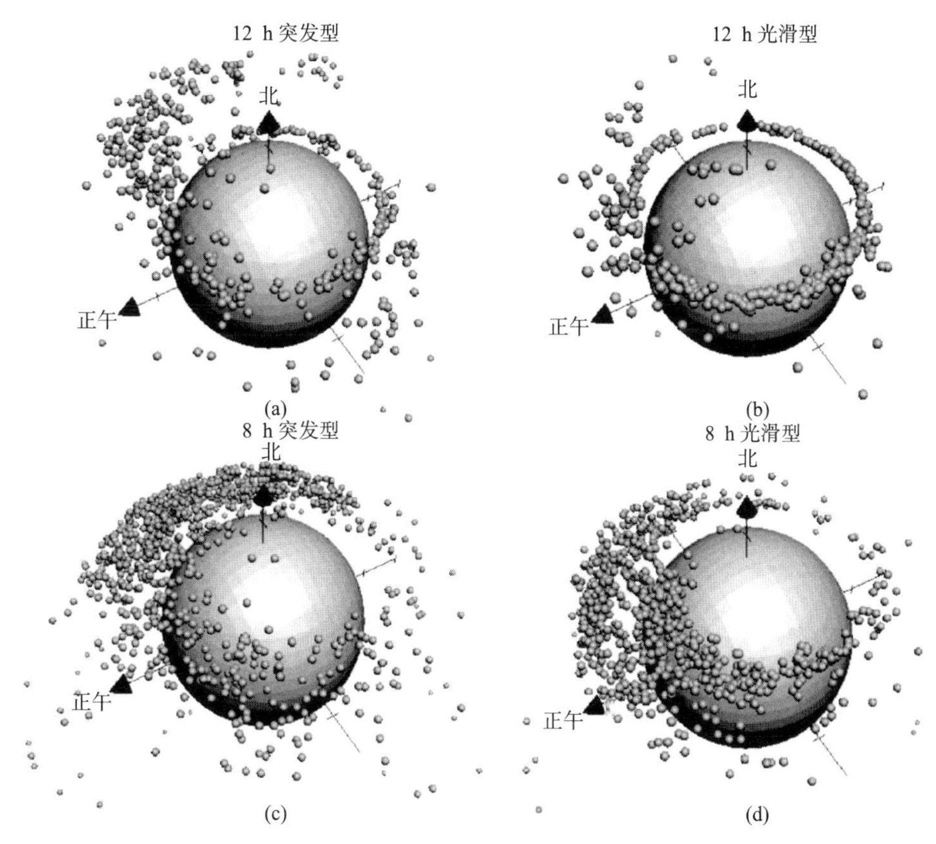

图 2-3　信使号伽马射线谱仪和中子谱仪观测到水星空间高能电子爆发事件的空间分布

识别、动力学的探测能力。

(3) 磁场探测

行星空间磁场探测一般使用磁强计（MAG），信使号和贝皮·科伦坡水星行星轨道器均携带此探测器。信使号的 MAG 传感器安装在 3.6 m 吊杆上，可以收集 50 ms 到1 s 间隔的磁场样本（Anderson，et al.，2007）。其对水星磁场展开了长时间高精度的详细观测，进而确定了水星磁场强度及其变化规律（信使号一个轨道内对水星磁场的探测如图 2-2 所示）。研究水星磁场有助于深入理解地球磁场与太阳的相互作用。即将入轨的贝皮·科伦坡号将对水星磁场进行更深入的探测，届时我们将会更进一步了解水星磁层结构以及动力学过程。

2.3　探测历史

水星探测计划发现水星具有类似地球的行星空间结构。美国 NASA 于 2004 年发射的信使号是第一个对水星进行绕轨探测的卫星计划，对水星空间环境进行了普查式探索，使我们对水星空间环境有了较为全面的认识。目前，由欧空局和日本联合的水星探测计划贝皮·科伦坡号处于巡航阶段，两次飞掠水星。若计划成功，高精度、高质量的双星联合探测将促使对水星空间环境进行全球性深入研究。

（1）水手 10 号

水手 10 号是第一个进行水星探测的卫星计划，创造了多个深空探测的第一。其探测目标包括：探测水星、金星的环境、大气、表面及星体特征；在行星际介质中进行实验，并获得双行星引力助推任务的经验。该飞行器于 1974 年和 1975 年三次近距离飞掠水星，其中两次穿越水星-太阳风相互作用区（图 2-4）。为探究水星空间环境，携带的探测仪器包括：1）紫外大气、掩星光谱仪——探测水星周围可能的大气；2）三轴磁通门磁强计——探测水星、金星周围磁场；3）静电分析仪；4）电子能谱仪等。

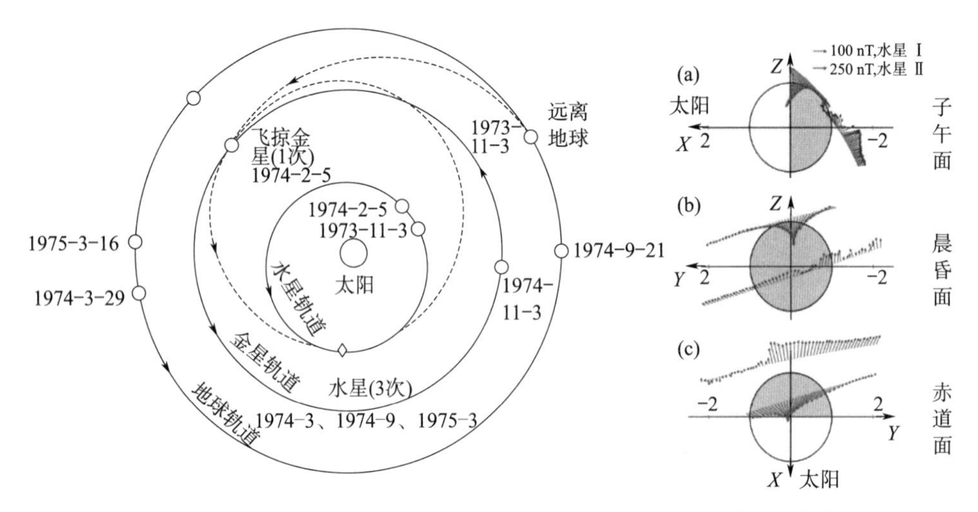

图 2-4　水手 10 号巡航轨道设计（左）、第一次（蓝色）、第三次（红色）飞掠期间观测到的水星磁场（右）（见彩插）

探测器提供的数据极大地促进了人类对水星空间环境的认知，其中，最为重要的发现是水星的全球性磁场（Ness，et al.，1974）。磁场探测数据（图 2-4）表明，一个占主导地位的偶极内部磁场，从行星的自转轴约倾斜 10°～20°，等效偶极矩为 136～350 nT · R_{M}^3，其中 R_{M} 是水星的半径（2 440 km）（Connerney，Ness，1988）。由于探测数据的缺乏，以及外部电流系统（即行星表面上方的电流源）贡献场的不确定性，无法准确地获得内部磁场的大小以及内部场中非偶极子的贡献。但可以确定的是，水星弱磁场仍能把太阳风阻挡在水星表面以上，形成类似地球的磁层结构（图 2-5）。

除了全球性磁场的发现之外，水手 10 号任务的另一个重要发现是，水星“迷你”磁层存在高能（>35 keV）带电粒子能量强烈爆发的现象（Simpson，et al.，1974）。遗憾的是，仪器问题导致不能确定这些高能粒子爆发事件的粒子种类、通量和能谱。如果是电子，电子如何在水星“迷你”磁层短时间内被迅速加速到相对论能量的问题引起了学术界广泛的关注和争议（Zelenyi，et al.，2008）。

（2）信使号

信使号是第一个对水星进行绕轨探测的卫星计划。该卫星是美国 NASA 于 2004 年发射的，在经历三次飞掠水星（2008 年 1 月、10 月和 2009 年 9 月）后，于 2011 年 3 月正

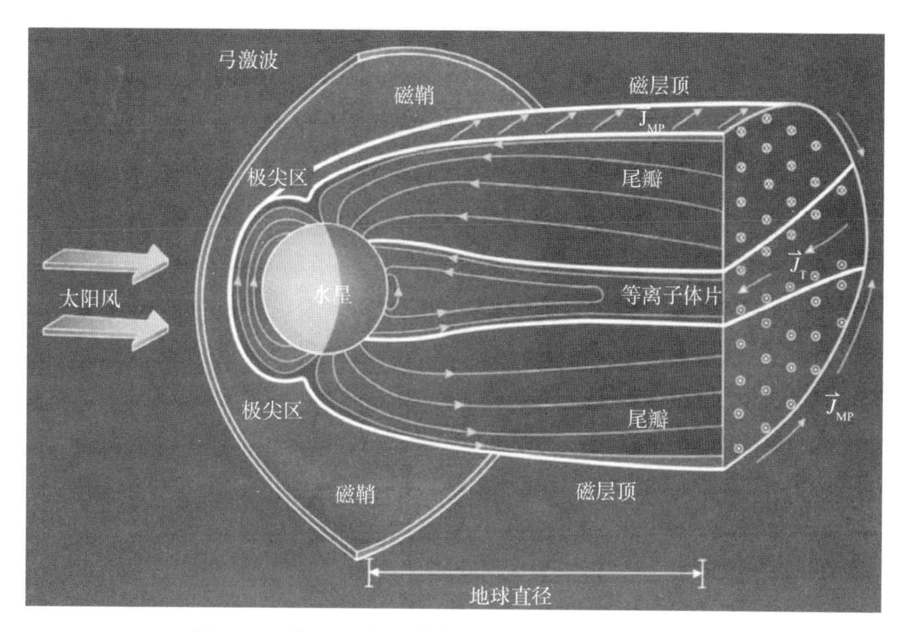

图 2-5　基于水手 10 号探测对水星空间环境的认识

式入轨水星，探测持续至 2015 年 4 月（图 2-6）。

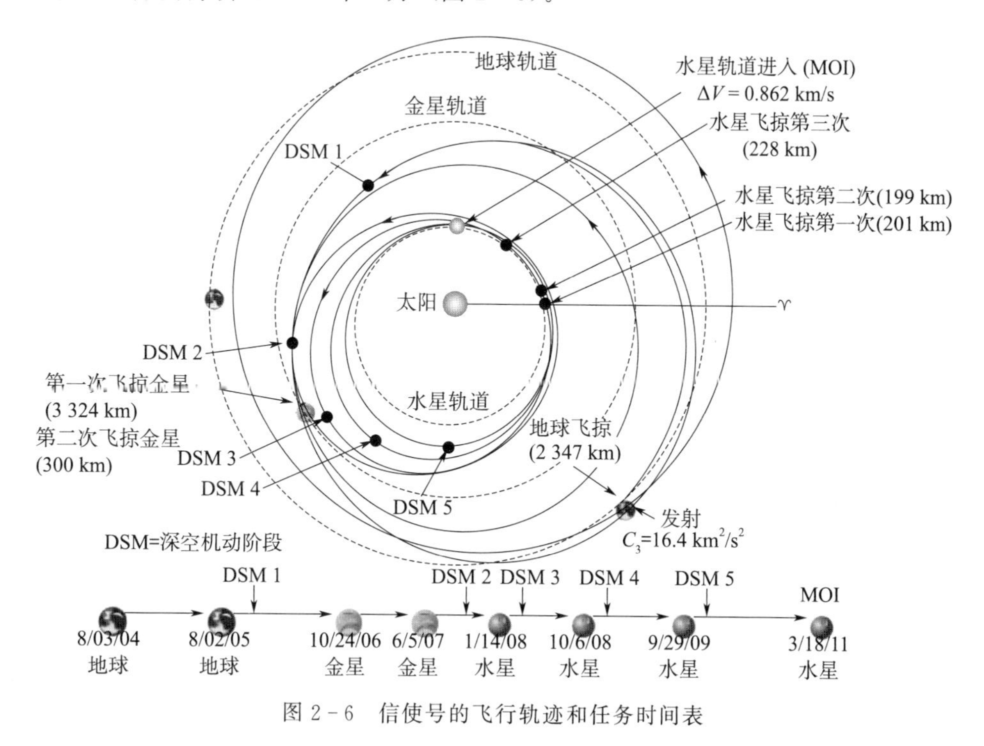

图 2-6　信使号的飞行轨迹和任务时间表

信使号是极轨卫星，其轨道周期在前两年约为 12 h，后三年约为 8 h。整个探测过程共经历了 16 个水星年，累计 4 000 余根轨道。此外，卫星的轨道随时间调整变化，使卫星穿越了向阳面、背阳面磁层顶等广大区域，为当前系统研究水星空间环境提供了充分的数据基础（图 2-7）。

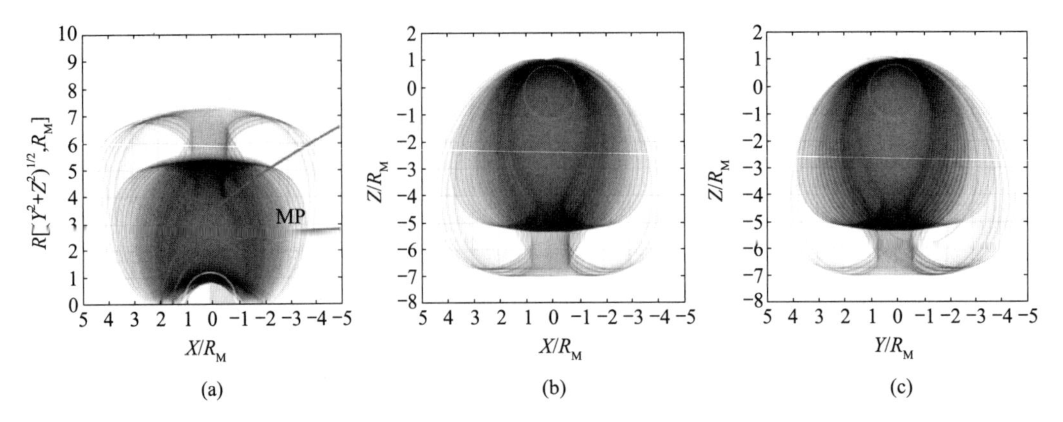

图 2-7　信使号对水星空间探测的覆盖范围

为了探索行星磁场结构及与太阳风的相互作用，确定外逸层挥发性物质的种类及其起源与损失机制，信使号配备的探测仪器以及基于信使号探测获得的多个重要新发现详见附录。由此，人们对水星空间环境的认识也更加详细与全面（图 2-8）。

（3）贝皮·科伦坡探测计划

贝皮·科伦坡号是由欧空局（ESA）和日本联合进行的水星探测计划。贝皮·科伦坡号于 2018 年 10 月发射，已于 2021 年 10 月和 2022 年 6 月两次飞掠水星。预计 2025 年正式入轨，将对水星进行全球性深入研究。针对行星空间环境领域，其主要科学目标详见附录。

贝皮·科伦坡号是具有高质量、高精度、多仪器的双星联合探测。双星轨道设计如图 2-9 所示。

其中，水星行星轨道器（MPO）由欧空局负责研发制造，主要用于探测水星的表面和内部结构。MPO 采用480 km×1 500 km、周期 2.3 h 的极轨道，其远地点位于水星近日点时的赤道日侧，以获得对水星的全高分辨率测绘覆盖。为探测研究磁层结构、动力学过程，配备了磁强计（MPO-MAG）（探测行星磁场的起源和演化、太阳强度 X 射线）和粒子谱仪（SIXS）（以高时间分辨率和宽视场对 X 射线、质子和电子光谱进行宽带测量）。为探测外逸层，配备了多种高质量仪器，如寻找外大气层填充和释放的自然丰度实验装置（SERENA）：包括“释放低能中性原子”（ELENA）-中性粒子相机（覆盖了从水星表面释放的中性粒子的高能谱）、“从旋转场质谱仪开始”（STROFIO）-中性粒子光谱仪（原位测量中低能中性粒子的组成和密度）、行星离子相机（PICAM）-离子质谱仪（一种全天候相机，测量低能行星离子）、微型离子沉降分析仪（MIPA）-离子监视器（监测太阳风和磁层离子沉降）；紫外光外逸层探测装置（PHEBUS）（监测外逸层的组成、源的识别、动力学等）。

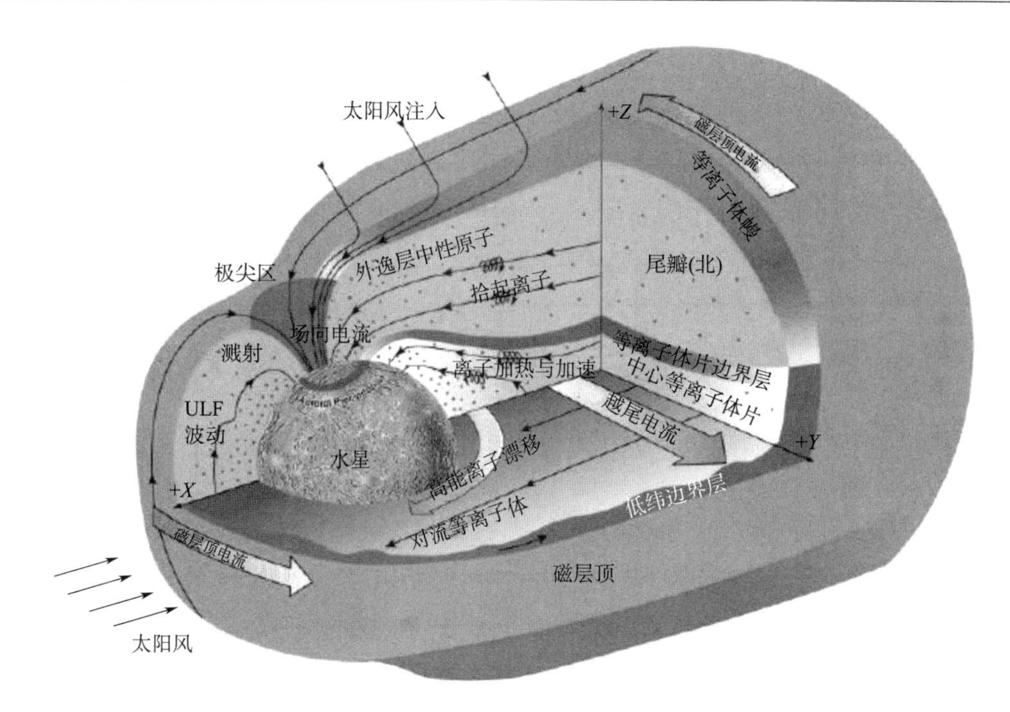

(a) 2008年1月14日，北向IMF

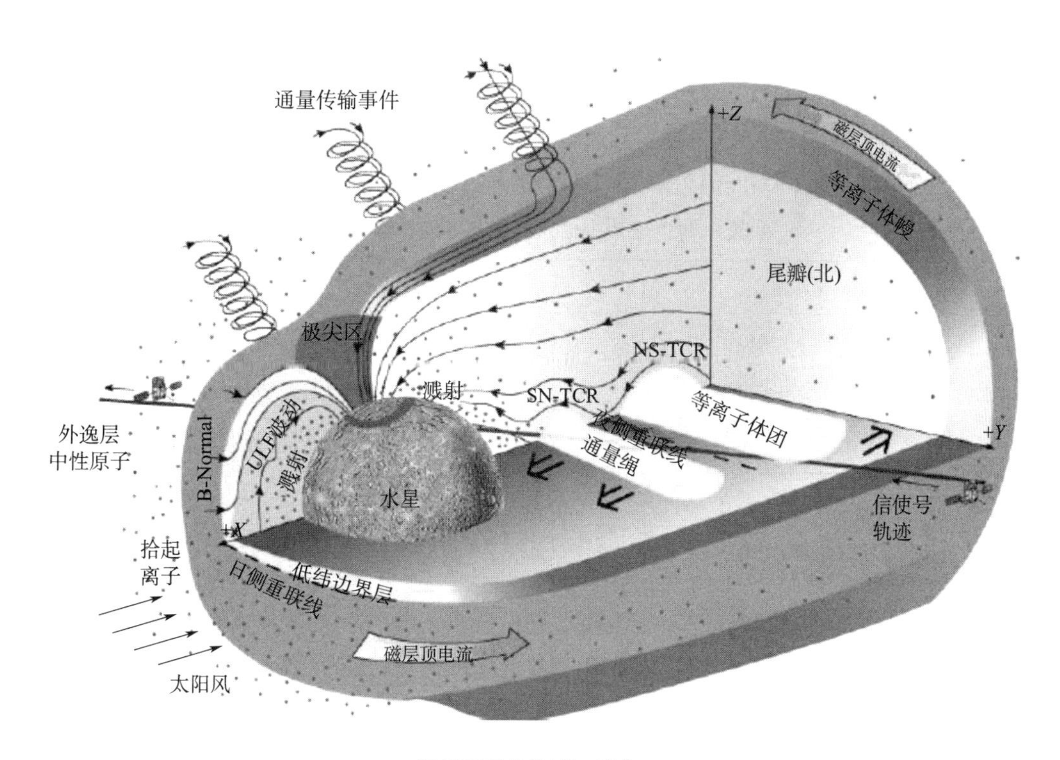

(b) 2008年10月6日，南向IMF

图 2－8　在不同行星际磁场条件下的水星空间环境（基于信使号的探测数据）

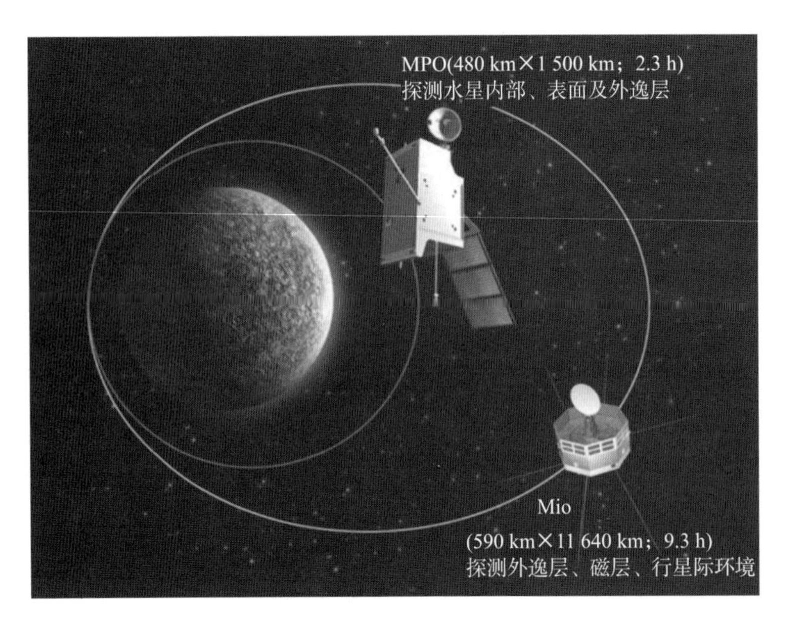

图 2-9　贝皮·科伦坡号双星轨道示意图

水星磁层轨道器（Mio）主要由日本宇宙航空研究开发机构（JAXA）负责研发制造，对于日本科学仪器的研制欧洲方面也做出了重要贡献，主要用于探测水星磁场及其与太阳风的相互作用。Mio 是一个自旋稳定的航天器，在入轨水星后与 MPO 分离。Mio 采用 590 km×11 640 km、周期 9.3 h、位于与 MPO 轨道共平面的高偏心轨道，以便绘制磁场和研究磁层，包括弓激波、磁尾和磁层顶。Mio 针对水星轨道上的等离子体、电磁场以及波动等进行就位测量，携带了 10 种探测仪器（表 2-1）。

表 2-1　贝皮·科伦坡号 Mio 水星空间环境探测仪器及探测目标

Mio 探测仪器	探测目标
磁强计(Mio-MAG)	探测水星磁层，及其与行星磁场和太阳风的相互作用
水星等离子体粒子实验设备(MPPE)(6 种)	探测磁层低能和高能粒子
等离子体波动仪器(PWI)	详细探测磁层结构和动力学
水星 Na 大气光谱成像仪(MSASI)	测量水星外逸层中钠的丰度、分布和动态
水星尘埃监测仪(MDM)	研究水星轨道上行星际尘埃的分布

若贝皮·科伦坡号水星行星轨道器和水星磁层轨道器的首批数据返回地球，将极大地促进人们对水星更加深入的认识。未来，对水星探测的最终目标之一是探测器在水星上着陆，收集化学和矿物数据，甚至进行水星样品原位采集。

2.4　磁层结构及动力学

研究水星磁层的结构及动力学可以理解太阳风与行星磁场相互作用的基本物理过程，对探索水星与太阳风相互作用机制具有重要意义。目前信使号的观测结果显示，水星与地球有很多相似之处。在空间环境方面，水星的磁场在大多数情况下可以抵御太阳风的压缩和磁重联的侵蚀，在水星的向日侧形成磁层和磁层顶，磁层顶上游约 1 个水星半径处存在由太阳风减速而形成的弓激波。无论是磁层顶还是弓激波，它们的形状都和地球的磁层顶和弓激波相似，只是尺度缩小至近 10 倍（DiBraccio，et al.，2013）。此外，水星还具有一系列的磁层结构，包括极尖区、磁尾电流片、等离子体幔等。太阳风与磁层的相互作用激发了磁层的亚暴现象，包括磁尾通量的装卸载过程、磁通量绳、偶极化锋面以及等离子体团等（Slavin，et al.，2021）。

（1）磁层尺度及变化性

磁层顶是磁层的外边界，其位置与形态表征着磁层空间的尺度。在一阶近似下，磁层顶的位置是由太阳风动压与磁层磁压之间的压力平衡决定的。随着离日距离的减小，平均太阳风动压以指数增加。由于水星轨道偏心率大（离日距离 0.31 AU～0.47 AU），水星磁层尺度对太阳风轨道周期变化响应显著。此外，瞬时太阳风变化也会导致磁层尺度的即时变化。到目前为止，至少有三种模型描述水星磁层顶的位置及形状。

Johnson 等人（2012）利用信使号轨道数据，拟合了一个磁层顶抛物线模型

$$\left(\frac{Z}{R_1}+\frac{Y}{R_1}+2\frac{X}{R_1}\right)=\gamma^2+1$$

式中，γ 为磁层顶张角参数，$R_1=2R_{SS}/(\gamma^2+1)$ 决定磁层顶的尺度。当 $\gamma=1$ 时，$R_1=R_{SS}$ 为日下点磁层顶尺度。

Korth 等人（2015）提出用 Shue 型模型来模拟磁层顶

$$r=R_{SS}\left(\frac{2}{1+\cos\theta}\right)^{\alpha}$$

式中，θ 是 x 轴和位置矢量之间的夹角。参数的最佳拟合值为：磁层顶张角参数 $\alpha=0.5$，$R_{SS}=1.42\ R_M$。Korth 等人（2015）将日下点磁层顶距离标为

$$\frac{R_{SS}}{R_M}=1.9372\left(\frac{r_h}{AU}\right)^{1/3}$$

基于更多的数据，Johnson 等人（2016）确定了一个略有不同的关系

$$\frac{R_{SS}}{R_M}=1.98\left(\frac{r_h}{AU}\right)^{0.29}$$

并将指数的变化归因于水星内核的感应效应。之后，Korth 等人（2017）确定了磁层扰动指数（0⩽DI⩽100）与日下点磁层顶距离的比例关系

$$\frac{R_{SS}}{R_M}=(2.0687-0.0028DI)\left(\frac{r_h}{AU}\right)^{1/3}$$

但是忽略了内核感应效应。

实际上，磁层顶形状不是旋转对称的。基于 Lin 等人（2010）对地球磁层顶的研究，Zhong 等人（2015a）提出了三维磁层顶模型

$$r(\theta,\varphi)=r_0\left(\frac{2}{1+\cos\theta}\right)^{\alpha+\beta\cdot\cos^2\varphi}-d_0\cdot\exp\left[-\frac{1}{2}\left(\frac{\theta-\theta_0}{\Delta_\theta}\right)^2\right]\cdot\sum_{\varphi_0=\pm\pi/2}\exp\left[-\frac{1}{2}\left(\frac{\varphi-\varphi_0}{\Delta_\varphi}\right)^2\right]$$

在该模型中，右式第一项描述了磁层顶在方位角（φ）上的不对称性，第二项描述了南北半球磁层顶的极区凹陷。模型拟合结果：平均日下点磁层顶距离 $r_0=1.51\,R_M$；磁层顶张角参数 $\alpha=0.49$，β — 0.10，凹陷深度 $d_0=0.64R_M$，凹陷位置 $\theta_0=1.00\,(57.4°)$，展宽 $\Delta\theta=0.29\,(16.6°)$，$\Delta_\phi=0.48\,(27.4°)$。图 2 - 10 所示为信使号观测近水星空间磁层顶位置的三维分布及模型拟合结果。Zhong 等人（2015b）采用了该三维模型，确定了磁层顶距离随日心距离的变化为

$$R_{SS}=(2.248\pm0.092)\cdot r_{SUN}^{1/(2.4\pm0.25)}$$

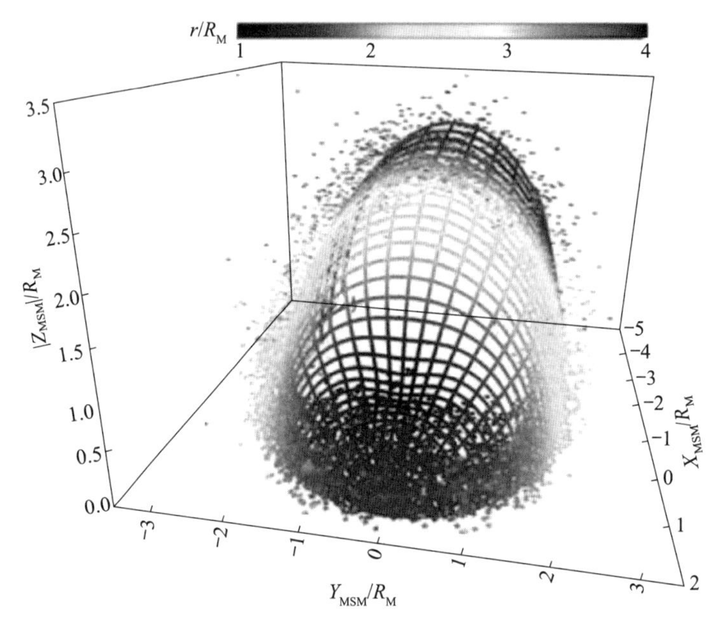

图 2 - 10　信使号观测近水星空间磁层顶位置的三维分布，其中网格线为三维模型结果，颜色表示距离偶极场中心的距离（Zhong，et al.，2015a）（见彩插）

此外，行星际磁场（IMF）也是控制水星磁层尺度和形状的重要因素。基于观测分析和前期磁层顶平均模型，Zhong 等人（2020）将离日距离和 IMF 锥角进行参数化

$$d=d_0\cdot(a_0\cdot r_{SUN}^{a_1}+a_2)\cdot[a_3\cdot(\theta_C-90)^2+a_4]$$

式中，r_{SUN} 为离日距离；θ_C 为 IMF 锥角，$d_0=1.51R_M$、$1.98R_M$ 和 $2.72R_M$，分别为日下点距离、侧翼距离及磁尾半径等三个特征尺度平均值，a_0，a_1，…，a_4 为拟合系数。模型可以给出磁层全球性尺度及磁层顶张角参数的轨道变化和 IMF 锥角影响范围。表 2 - 2 给出了典型 IMF 条件下水星磁层特征尺度。

表 2-2　典型 IMF 条件下水星磁层特征尺度

特征尺度	平均值			径向 IMF			垂直 IMF		
	0.31 AU	0.39 AU	0.47 AU	0.31 AU	0.39 AU	0.47 AU	0.31 AU	0.39 AU	0.47 AU
日下点距离 /R_M	1.43	1.52	1.60	1.50	1.60	1.69	1.40	1.49	1.57
侧翼距离 /R_M	1.85	1.99	2.11	1.97	2.13	2.26	1.79	1.93	2.05
磁尾半径距离 /R_M	2.50	2.74	2.95	2.67	2.93	3.15	2.41	2.64	2.84

图 2-11 显示了由上述三种磁层顶模型得到的日下点磁层顶距离与水星离日距离的关系。虽然 Winslow 等人（2013）和 Korth 等人（2015）使用的磁层顶模型是相同的，但后者比前者基于更多的信使号观测数据。Zhong 等人（2015a）使用了更为精细的磁层顶模型。从图 2-11 可以看出，日下点磁层顶距离有一个可量化的不确定性。因此，水星磁层的尺度及形状，以及如何对太阳风变化的响应是贝皮·科伦坡探测计划的一个重要科学目标（Milillo，et al.，2020）。

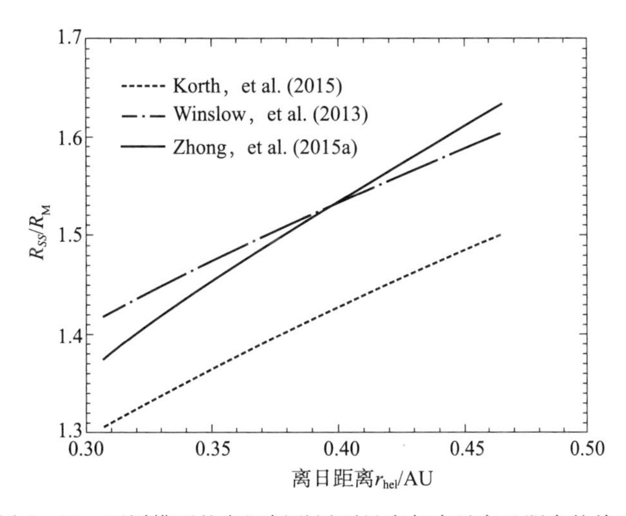

图 2-11　不同模型的向阳侧磁层顶尺度与水星离日距离的关系

（2）磁层动力学过程

水星的磁层动力学主要由磁重联驱动的大尺度对流循环（Dungey 循环）主导（Slavin，2021）。类似地球，磁重联发生在向阳侧磁层顶和磁尾电流片，是太阳风与磁层耦合的主要机制。通过向阳侧磁层顶磁重联，太阳风磁场通量被传输进入磁层，磁尾磁重联将磁能进行释放，一部分通过对流回到向阳侧磁层顶，形成空间等离子体 Dungey 循环。在地球空间，Dungey 循环的周期为 1～3 h，但是在水星空间其周期为 2～3 min（Slavin，et al.，2010a），磁层动力学过程更为激烈且更易受太阳风的驱动。

水星轨道处强 IMF 和高阿尔芬速度导致磁重联比地球空间更加高效，而且可以发生在很小的磁剪切角的情况下（DiBraccio，et al.，2013）。信使号探测显示水星磁层顶充满大量的磁通量绳结构——磁重联的重要产物，一般在磁层顶称作通量传输事件（FTEs）（图2-1 左图）。和地球类似，水星 FTEs 同样更多地发生在行星际磁场南向期间

(Leyser, et al., 2017)，观测持续时间约 1 s 或更短，发生周期在 8～10 s，通常被称为 "FTE showers" (Slavin, et al., 2012)。

图 2-12 所示为水星空间 "FTE showers" 的典型观测事例。其空间尺度约为 300～400 km，和离子回旋半径相当，与磁层相对尺度和地球 FTEs 相似，一般被认为是多 X 线重联产生 (Lee, Fu, 1985)。在邻近的磁鞘区经常观测到大尺度 FTEs，观测持续时间可以达到几秒，对应空间尺度约为 (0.5～1) R_M (Slavin, et al., 2010b; Imber, et al., 2014)。Imber 等人 (2014) 考虑快速的产生率，估算出这些大尺度 FTEs 携带的磁通可以贡献驱动水星磁层亚暴所需磁通的 30%，而这一数值在地球空间通常小于 2%。Fear 等人 (2019) 同时考虑磁层顶爆发性磁重联产生的开放磁通，发现这一磁通贡献率被低估 80%，认为 FTEs 携带的磁通量足以驱动水星磁层亚暴过程。

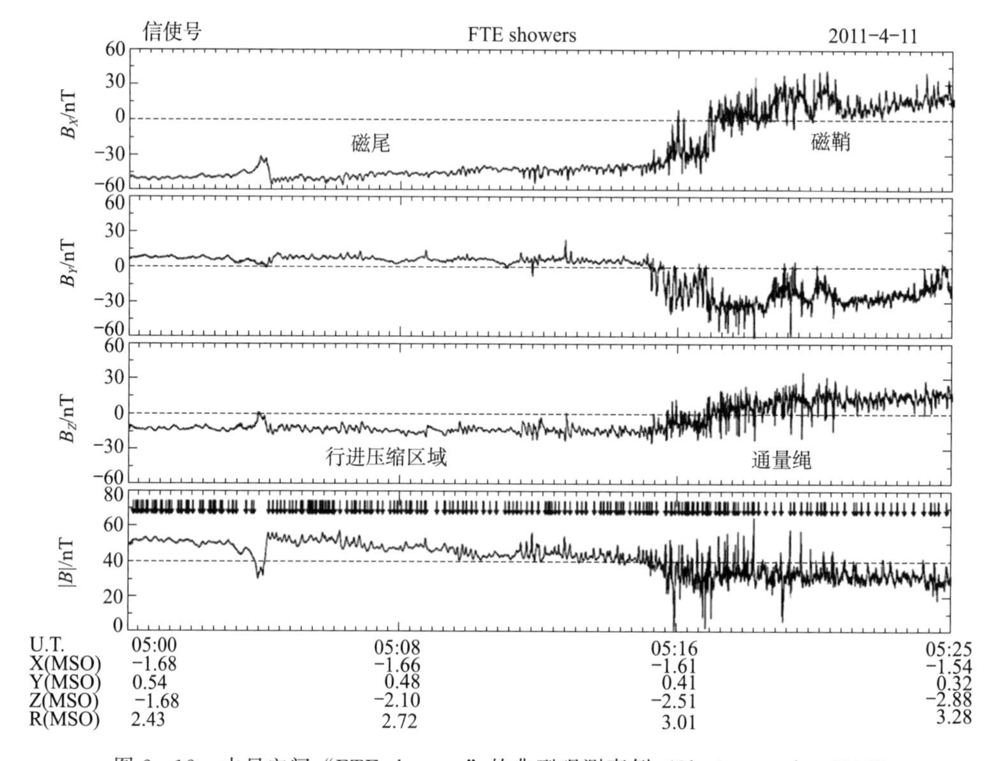

图 2-12 水星空间 "FTE showers" 的典型观测事例 (Slavin, et al., 2012)

通过行星磁层尺度类比，这些大尺度 FTEs 对应于地球磁层 10～15 倍地球半径的空间尺度，现有的 FTEs 理论模型很难解释其形成。通过研究水星磁层顶边界层观测到的处于形成和演化阶段的大尺度 FTEs 事件，Zhong 等人 (2020c) 提出大尺度 FTEs 形成机理，即磁层顶电流片通过强烈压缩，发生撕裂模不稳定性产生众多离子尺度通量绳，这些离子尺度通量绳在磁层顶传输过程中堆积、相互作用、多步骤合并，从而产生宏观大尺度结构。该过程区别于地球多 X 线磁重联形成 FTEs 的观测特征 (Zhong, et al., 2013)，反映了不同行星磁层空间尺度导致磁重联及磁通量绳的形成与演化过程的差异性。

高频率产生的 FTEs 对水星磁层等离子体和能量输运起着重要的作用。磁鞘等离子体沿着FTEs进入极区，形成极尖区等离子体精细结构，向下延伸至更低的高度，甚至可能会出现在星体表层附近（Slavin，et al.，2014；Poh，et al.，2016）。部分太阳风粒子从极尖区直接沉降到行星表面，将行星中性物质和电离物质向上溅射到外逸层和磁层中；部分粒子在低高度反射，然后向上移动通过对流形成尾侧等离子体幔（Plasma Mantle）。通过远磁尾磁重联，等离子体幔部分粒子进入等离子体片。磁尾中磁通量的Dungey循环加载和卸载发生在几分钟的时间尺度上，类似于在地球上观察到的长达数小时的磁层亚暴过程。在类地球磁层亚暴期间，常伴随高能电子的加速。这些至少几百千伏特的电子沉降到水星表面，并激发X射线，产生类似地球的椭圆极光。总之，水星磁层大尺度对流循环周期比地球的周期更短，但对磁重联的相对强度以及磁层亚暴期间发生的等离子体能量存储等方面影响更大。

当前对磁层动力学过程研究前沿包括磁重联物理过程、磁层亚暴相关现象、磁尾磁场的振荡、磁层空间波动等，详见综述文献（Zhong，et al.，2020）。

（3）极端太阳风事件下磁层响应特征

在极端太阳风事件下，水星磁层受到更强的太阳风驱动，可能会导致水星空间环境的根本性变化。目前研究的关注点主要集中在向阳侧磁层是否存在，以及磁层动力学过程研究的新特征两个方面。

①向阳侧磁层是否存在

水星空间环境研究的核心科学问题是：水星磁层能否像当前地球磁层一样足以阻挡太阳风的入侵。早期不同学者从理论上得到截然相反的结论。争论的焦点在于水星内核感应效应和磁重联效应哪个起主导作用。前者认为内核感应效应可以阻挡太阳风的压缩，从而起到保护行星的作用；而后者认为磁重联会“剥蚀”向阳侧磁层，使太阳风直接轰击水星表面。尽管信使号卫星提供了充分的观测数据，但是，空间探测并不能直接获取行星内部信息，在理论研究上给解决这一科学争论带来了困难。

观测研究（Slavin，et al.，2014）表明，ICME和太阳风高速流（HSS）对水星磁层尺度的影响不同。在ICME事件中，磁层顶外形成低等离子体β值的等离子体耗尽层结构，导致高效的磁重联率。相比之下，在HSS事件中，由于高β值的磁鞘，尽管磁层顶电流片两侧磁场接近反平行，重联率却较低。基于磁层顶旋转对称平均模型假设，推测磁层顶日下点距离为（1.03～1.13）R_M。然而，通过对向阳侧磁层强压缩事件的数值模拟研究（Winslow，et al.，2017），发现在低磁剪切条件下，内核感应效应强于重联的“剥蚀”效应，而在高磁剪切条件下，“剥蚀”效应起主导作用。通过统计信使号卫星在轨期间所有ICME驱动磁层事例，发现磁层顶日下点距离相对正常情况约减小15%，极尖区向赤道和晨昏方向展宽，同时等离子体压强增强2倍以上，导致粒子注入星体的平均通量增加一个数量级。

在少数极端情况下，向阳侧磁层在一个卫星轨道周期内并未观测到，结合低高度弓激波观测，可推测这类事件中向阳侧磁层可能会消失（图2-13）。这类事件主要发生在强太阳风动压和行星际磁场南向期间，日下点弓激波通常位于离水星表面约1 200 km附近，可能是太阳风直接轰击水星表层被吸收所致，如图 2 - 14 所示。有两种观点解释向阳侧磁层“消失”的原因：一种是极端条件下磁重联导致；另一种认为极端的太阳风动压足以将向阳侧磁层顶压缩至星体表面附近。由于缺少对水星低海拔的探测，向阳侧磁层是否消失以及其物理机制仍然缺少观测证据。

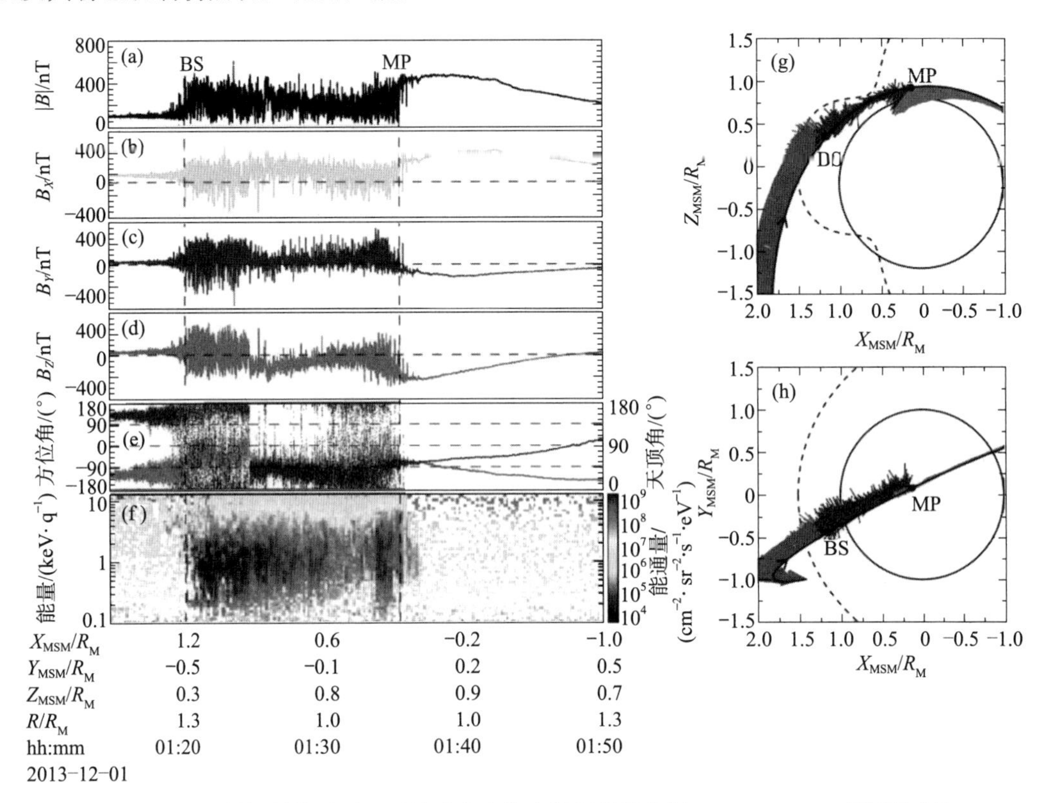

图 2 - 13　少数极端情况下卫星轨道未穿越向阳侧磁层事例。(a) ～ (d) 磁场强度及其三分量；(e) 磁场天顶角（红）和方位角（蓝）；(f) 质子能谱，磁场在 (g) $X-Z$ 平面和 (h) $X-Y$ 平面的投影，以及弓激波（BS）和磁层顶（MP）观测位置与平均磁层顶模型（虚曲线）的比较（Zhong，et al.，2015a）（见彩插）

②磁层动力学过程研究的新特征

ICME 还会对水星磁层产生其他效应。在水星夜侧，磁尾对于 ICME 有强烈的响应。在一次 ICME 事件中，观测到水星磁尾多 X 线重联的证据，从而在极端条件下控制着水星磁尾动力学过程（Zhong，et al.，2020）。此外，模拟研究预测，若水星壳电导大于 5 S，则 ICME 期间水星磁层两侧会产生 Alfvén 翼结构，并且这一结构将产生显著的磁场扰动（≥10 nT）（Sarantos，et al.，2009）。联合 STEREO - A 卫星观测的个例研究显示，向阳侧磁层消失并不是磁重联导致（Winslow，et al.，2020），同时发现从低纬到高纬 Na^+ 密度显著增大，证实了 ICME 期间外逸层产生增强。结合地面观测，发现水星外逸层 Na 通量及分布与 ICME 具有明显的相关性（Orsini，et al.，2018）。

在不同的极端情况下，水星磁尾的动力学过程也有所不同。最新研究发现，在 2011

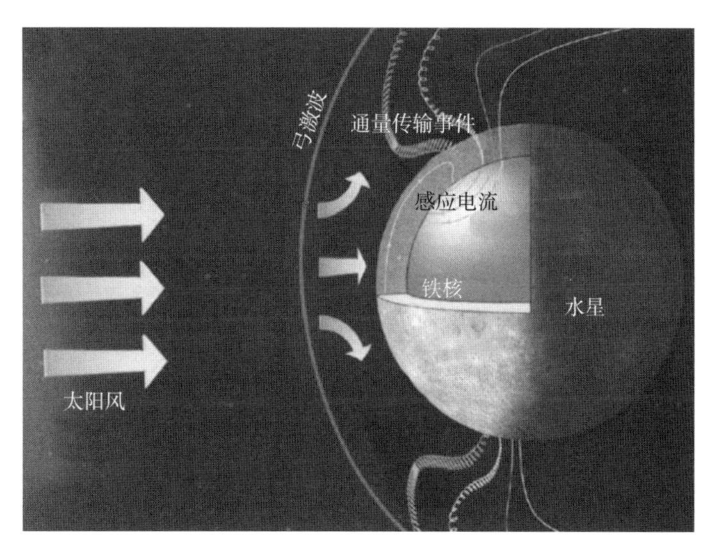

图 2-14　向阳侧磁层消失事件观测结果示意图（Slavin，et al.，2019）

年 11 月 23 日的 ICME 事件中，磁尾多 X 线重联主导并控制磁层的整体动力学过程（Zhong，et al.，2020a）。多 X 线重联发生在不稳定的离子扩散区，观测到霍尔磁场结构、时序穿越重联线导致的霍尔磁场扰动，以及周期性离子尺度磁通量绳的产生。同时，研究还发现众多离子尺度通量绳合并形成超大磁通量绳结构，将磁尾能量周期性释放，周期与 Dungey 循环时间相当。尽管在 ICME 强驱动下，磁层对流表现反常呈现准稳态，进行磁尾能量周期性释放。该过程区别于类似地球亚暴相联系的“装—卸载”过程。观测发现，在太阳风高速流期间，水星磁尾电流片呈现准周期性高频率的偶极化锋面结构（Sun，et al.，2020）。此外，在太阳高能粒子（SEP）事件期间，信使号还观测到北极盖区具有明显的晨昏不对称性，晨昏侧的北极盖区边界具有较大的纬度变化范围（Gershman，et al.，2015）。

2.5　等离子体环境

（1）太阳风离子

水星磁层中观测到的绝大多数离子都来自太阳风中的质子。此外，α 粒子（He^{2+}）和高度电离的重离子（C^{5+}，O^{6+}），以及在磁层中产生的拾取离子 He^{+} 等也来自太阳。太阳风进入磁层主要是通过日侧磁层顶的磁重联，也可以通过发生在侧翼的 KH 不稳定性（Sundberg，et al.，2010），或其他机制直接进入磁层。

图 2-15 显示了信使号在轨道下降段 10 个月期间测量到的质子通量。右图为数据通过保持当地时间和纬度不变映射到磁赤道面（Korth，et al.，2014）。质子和 α 粒子在晨侧和靠近磁赤道的夜侧等离子体片密度较高。虽然在日侧位于封闭磁力线区域观测到太阳风等离子体，但该区域的平均通量很低，这表明水星不像地球那样有一个持久的捕获的赤道等离子体团，或称作辐射带（Korth，et al.，2014）。

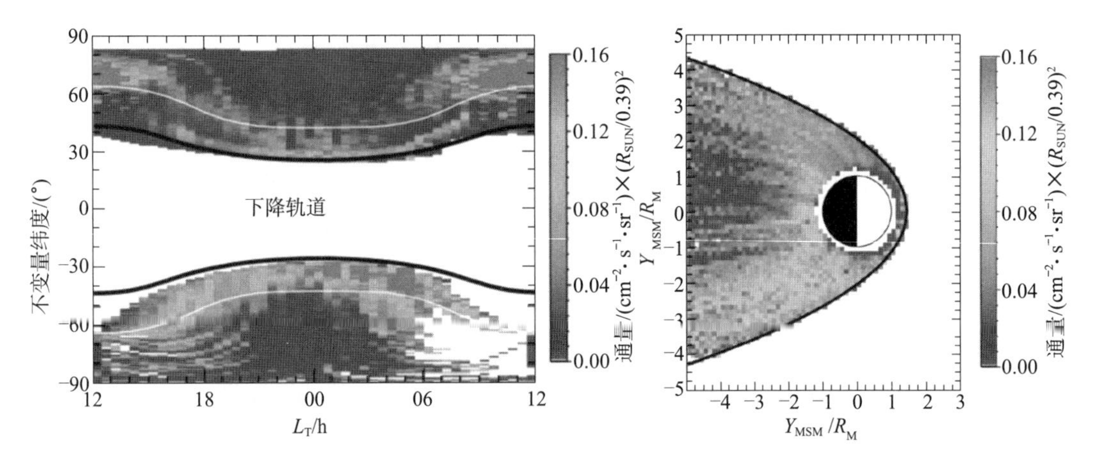

图 2-15 水星磁层平均质子通量的分布（2011 年 4 月 11 日—2012 年 2 月 12 日）

（左）映射到高度和地方时网格；（右）磁赤道平面，并归一化为 0.39 AU 的日心距

磁场模型的磁层顶由实心黑线表示（Korth，et al.，2014）（见彩插）

（2）行星离子

对于地球，磁层阻挡住了绝大部分太阳风等离子体，只有在极尖区太阳风才能直接接触到电离层。太阳风是经磁层间接地向地球电离层的离子传递能量和动量，并造成行星离子的逃逸，而水星弱偶极磁场并不能像当前地球一样有效屏蔽太阳风粒子。太阳风粒子在水星极尖区注入导致在行星表面发生离子溅射、电荷交换等物理化学反应，从而改变风化层的物理化学特性、外逸层环境，乃至整个行星空间环境，也是水星空间重离子的主要起源（Wurz，et al.，2019）。

水星空间重离子成分有 Na^+、O^+、K^+、Ca^+、Mg^+ 等（Zurbuchen，et al.，2011）。其中，Na^+ 为主要成分，观测平均密度可达到太阳风 H^+ 成分的 10%（Gershman，et al.，2014），尤其在极端太阳风环境下，这一比例会更高（Winslow，et al.，2020）。因此，Na^+ 时空变化是研究水星系统耦合尤其是太阳风和水星直接相互作用的很好指示器。其次分别为 O^+ 族和 He^+，它们的平均丰度分别等于 Na^+ 族的 16% 和 6.7%（Raines，et al.，2013）。在信使号第一次飞掠水星期间，在等离子体片中位于（1.6～2.2）R_M 径向距离区域中探测到 $m/q>30$ 的其他离子种类，例如 S^+，以及 $4.5\leqslant m/q\leqslant 12$ 范围内的双电荷离子（Zurbuchen，et al.，2008）。

信使号探测显示磁层 Na^+ 的空间分布与极尖区太阳风粒子注入具有明显的相关性（Zurbuchen，et al.，2011）。同时，磁层顶附近或太阳风区域外逸层中性原子电离，被太阳风“拾起”通过磁层顶磁重联进入极尖区和磁层（Raines，et al.，2014）（图 2-16）。行星重离子通量具有小时量级的短周期变化特征（Mangano，et al.，2013；Massetti，et al.，2017），也具有显著的水星轨道长周期性变化（Jasinski，et al.，2021；Milillo，et al.，2021）。行星离子通过磁层对流，进入等离子体片，一部分向向阳侧输运、漂移，在磁尾形成晨昏不对称性分布（Delcourt，2013；Raines，et al.，2013；Gershman，et al.，2014）。其中一部分重离子，以及磁尾高能质子，可以在夜侧中低纬区域沉降行星表层，发生二次离子溅射（Ip，1993；Delcourt，et al.，2003）。

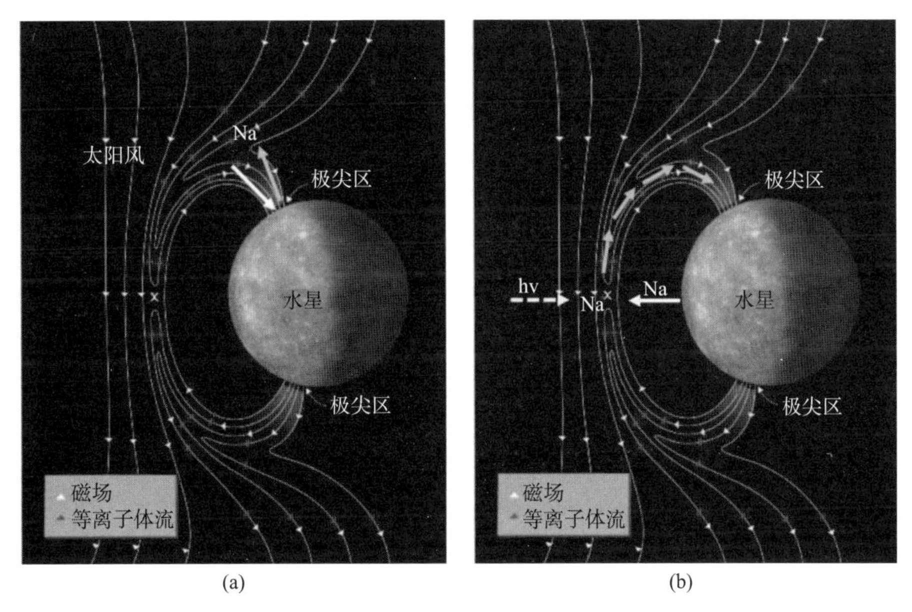

图 2－16　极尖区观测到的 Na^+ 形成机制。（a）太阳风离子溅射和光电离；（b）磁层顶附近或太阳风区域外逸层中性原子电离，被太阳风“拾起”进入极尖区和磁层（修改自 Raines，et al.，2014）

行星离子 Na^+ 的空间分布如图 2－17 所示。尽管高度的变化是不同的，但离子的增强在黎明和黄昏都很明显。黎明侧磁层中 Na^+ 的增强（图 2－17b）与信使号的紫外和可见光谱仪（McClintock，Lankton，2007）探测到的高能中性 Ca 的持续来源一致（Burger，et al.，2012），但尚未建立两者的直接联系。同样，离子的季节性增强与外层中性原子的增强不相关，外层中性原子表现出更低的变化性（Cassidy，et al.，2015）。为了检查中性成分和离子成分之间的关系，将行星离子的电子衰减高度与外层中性原子的尺度高度进行比较，并且通常发现前者要大得多（Raines，et al.，2013）。Na^+ 的电子衰减距离比 Na 的尺度高度大 5～10 倍（Cassidy，et al.，2015）。这种差异意味着，Na^+ 具有更高的能量，可以逃逸到高海拔地区，例如进入磁层，而 Na 能量低，被引力束缚在行星表面。

图 2－18 比较了磁层内不同位置主要离子种类的丰度。在北部的极区，Na^+ 的丰度平均比太阳风 α 粒子的丰度高出 2 倍［图 2－18（a）］，并且在中心等离子体片［图 2－18（b）］中，行星离子可以贡献高达质量密度的 50%和等离子体热压的 15%。与午夜后扇区相比，午夜前等离子体片中的 Na^+ 在约 1 500～6 000 km 的高度范围内显著增强（图 2－17）（Raines，et al.，2013；Gershman，et al.，2014）。这一观察结果与 Delcourt（2013）的粒子模拟测试一致。该模拟表明，Na^+ 和 O^+ 优先运输到中心等离子体片的午夜前侧的高度范围内。

行星离子丰度似乎也依赖于太阳风条件，这表现在 Na^+ 和 O^+ 的季节性增强上（Raines，et al.，2013）。这两种离子在水星天真角 120°和 315°处测量中都显示出超过 2 倍

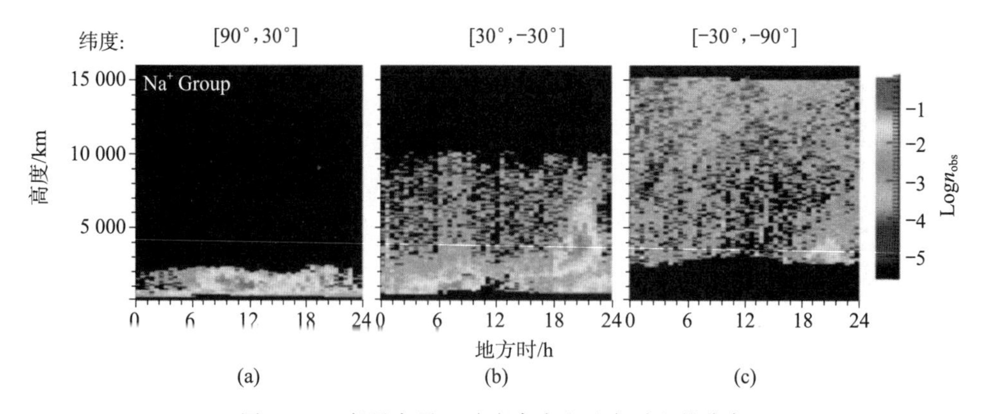

图 2-17 行星离子 Na^+ 在高度和地方时上的分布

(a) ~ (c) 分别是纬度位于 [90°, 30°], [30°, −30°], [−30°, −90°] 区间的数据 (Raines, et al., 2013) (见彩插)

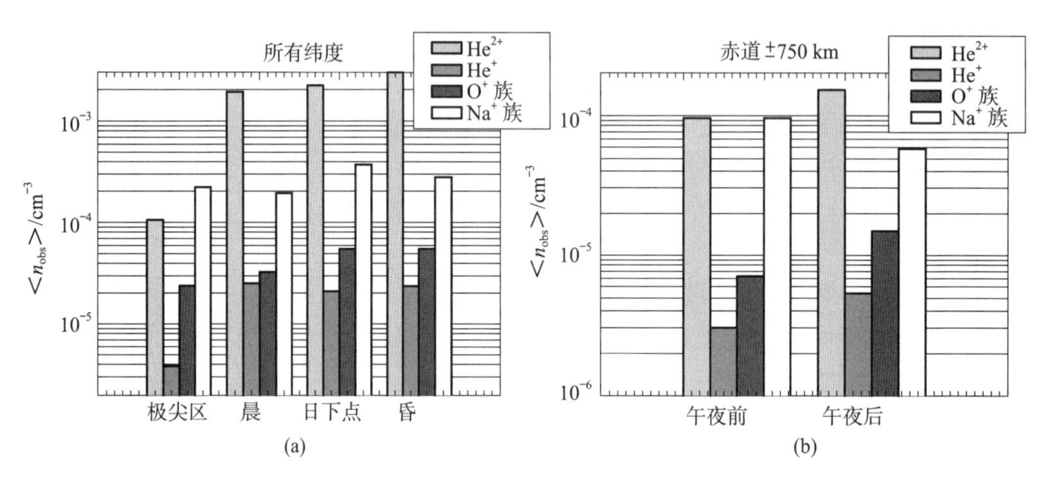

图 2-18 水星空间各等离子体成分平均密度（2011 年 3 月 25 日—12 月 31 日）

(a) 向阳侧数据；(b) 等离子体片数据 (Raines, et al., 2013)

的增强。离日距离可以调节这颗行星的太阳风环境（Korth, et al., 2012），但是，离子丰度的极值与水星的离日距离没有严格相关。因此，必然存在着尚未确定的物理过程控制着这些离子群的季节性变化。He^+ 没有表现出这种增强，可能的原因是这些离子部分来自太阳风。

由于信使号探测仪器缺乏对低能行星重离子的探测，行星重离子在磁层中的真实通量可能被严重低估。James 等人（2019）通过分析磁层磁力线共振频率，利用幂律模型以指数作为沿磁力线的等离子体质量密度剖面的自由参数，基于水星平均磁层磁场模型（Korth, et al., 2017），推测近水星空间等离子体主要成分为 Na^+，估算出其密度和上游太阳风等离子体密度接近。若属实，这些低能行星重离子将对内磁层动力学过程起着重要的影响，可能会改变当前对水星空间电流体系的认识（Exner, et al., 2020）。

（3）高能粒子

除了全球性行星磁场的发现之外，水手 10 号任务的一个重要发现是，水星“迷你”磁层存在高能（>35 keV）带电粒子能量强烈爆发的现象（Simpson，et al.，1974）。遗憾的是，仪器问题导致不能确定这些高能粒子爆发事件的粒子种类、通量和能谱。如果是电子，电子如何在水星“迷你”磁层短时间尺度里被迅速加速到相对论能量引起了学术界广泛的关注和争议（Zelenyi，et al.，2008）。信使号为此配备了多个探测仪器用于探测水星空间高能粒子，包括高能粒子光谱仪（EPS）、X 射线光谱仪（XRS）、伽马射线和中子谱仪（GRNS）。当前信使号多探测仪器均已证实高能电子暴（Energetic Electron Bursts）的普遍存在性。

①EPS 观测结果

EPS 传感器的数据显示，这些高能粒子爆发完全由电子组成（Ho，et al.，2012）。EPS 在其 3 s 扫描期间对这些电子进行了约 30～300 keV 能量的测量。高能电子爆发的持续时间从几分钟到近 1 h 不等，典型能量高达 100 keV，偶尔测得的能量>200 keV。这些事件常在行星北半球磁赤道到极区附近观测到，且分布于广泛的地方时上。图 2-19（a）显示了信使号任务轨道阶段早期一个月的 EPS 电子测量的能量—时间谱图（Ho，et al.，2012）。从 2011 年 9 月 22 日—10 月 22 日，在每 12 h 的轨道上都探测到了电子爆发。9 月 22 日和 10 月 4 日的两次太阳质子事件（SEP）发生在这段时间内，主要特征为能量高（>100 keV）和数天的持续时间。通常，在一个轨道上经常可以观测到多个电子爆发事件，这些事件都很短暂，持续几秒钟到几分钟［图 2-19（b）］。电子的俯仰角分布表明，大部分离子不会在行星周围完成完整的漂移路径（Ho，et al.，2011），因此不会形成像在地球上那样的持续的辐射带。

② GRNS 观测结果

Lawrence 等人（2015）利用 NS 传感器对水星上从入轨到 2013 年 12 月 31 日的高能电子爆发特性进行了调研。研究确定了 2 711 个电子事件，并获得了它们的时间、空间和光谱特性。事件持续时间从几十秒到近 20 min 不等，分为“突发”（事件中振幅随时间变化较大）和“光滑”（事件中振幅随时间变化较小）两种。几乎所有的事件都是在水星磁层内封闭磁力线区域探测到的。爆发事件最常在黎明附近观测到，而平稳事件最常在低纬度的午夜扇区观测到。一些高能电子爆发事件表现出从数百秒到数十毫秒的周期性。Lawrence 等人（2015）将短周期的变化归因于粒子动力学，如两极磁通量管中的南北弹跳，而较长的几分钟变化被解释为水星磁尾中的亚暴注入事件，类似于水手 10 号观测到的电子爆发事件（Simpson et al.，1974）。

Baker 等人（2016）以 Lawrence 等人（2015）对高分辨率 GRS 数据的初步分析为基础，对 2013 年 3 月 1 日—2014 年 10 月收集的 ACS 高时间分辨率数据中的强电子爆发进行了详细的研究。在 SEP 期间，FIPS 测量的高能电子也在磁尾封闭磁力线区域观测到，与 GRS 事件的平均空间分布一致。

图 2-20 显示了 Baker 等人（2016）研究的 GRS 和 NS 数据中的一个高能（100～

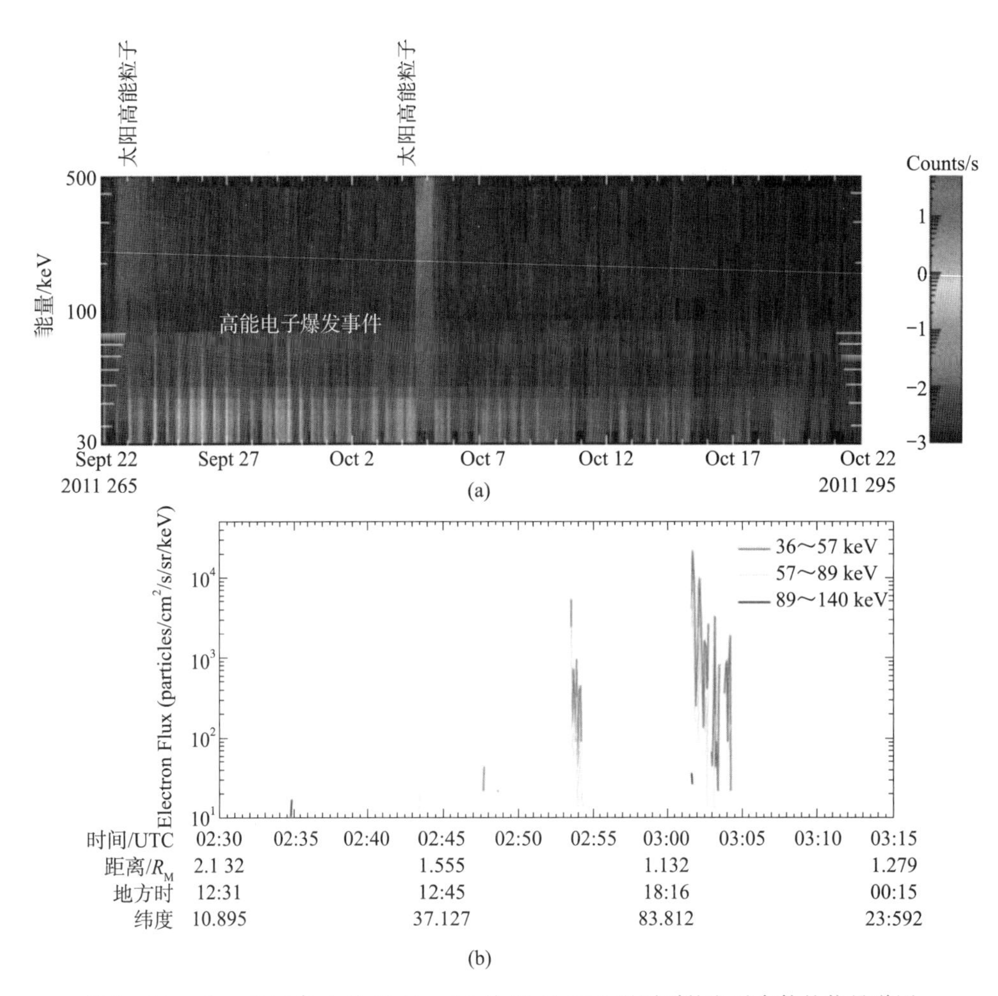

图 2-19 (a) 2011 年 9 月 22 日—10 月 22 日 EPS 观测到的电子事件的能量谱图；
(b) 2011 年 12 月 22 日由 EPS 观测到的两个高能电子爆发的例子（Ho，et al.，2012）（见彩插）

200 keV）电子注入事件。NS 和 GRS 计数率在 2013 年 11 月 21 日 UT 约 18：01：36 出现显著增强。信使号探测器在当地时间 00：54 分位于午夜后距离行星 1.90R_{M} 处。图中显示了一个复杂结构的高能电子脉冲，持续到 18：01：45 UTC。在 18：01：00—18：01：35 UTC 期间，磁场 B_X 分量增强，B_Z 分量减弱。在高能电子通量注入时（18：01：36 UTC），磁场 B_X 分量减少，B_Z 分量增加。磁场与磁赤道的仰角 θ 的突然增加标志着一个偶极化锋面的到来，类似于水手 10 号探测到的高能电子脉冲（Simpson，et al.，1974）。

最近，Dewey 等人（2017）首次将观测到的短暂高能电子爆发与水星磁层动力学过程联系起来研究。他们发现，仅 25%左右的短暂高能电子爆发事件与类似地球偶极化锋面（Dipolarzation Front）的磁结构相关，提出水星磁层高能电子加速主要源于偶极化锋面。

③ XRS 仪器观测结果

XRS 仪器观察到由低能（10 keV）电子在整个磁层中近似均匀地撞击其探测器件而产生的光子（Ho，et al.，2012）。虽然能量谱不能用 XRS 仪器直接测量，但 XRS 探测器

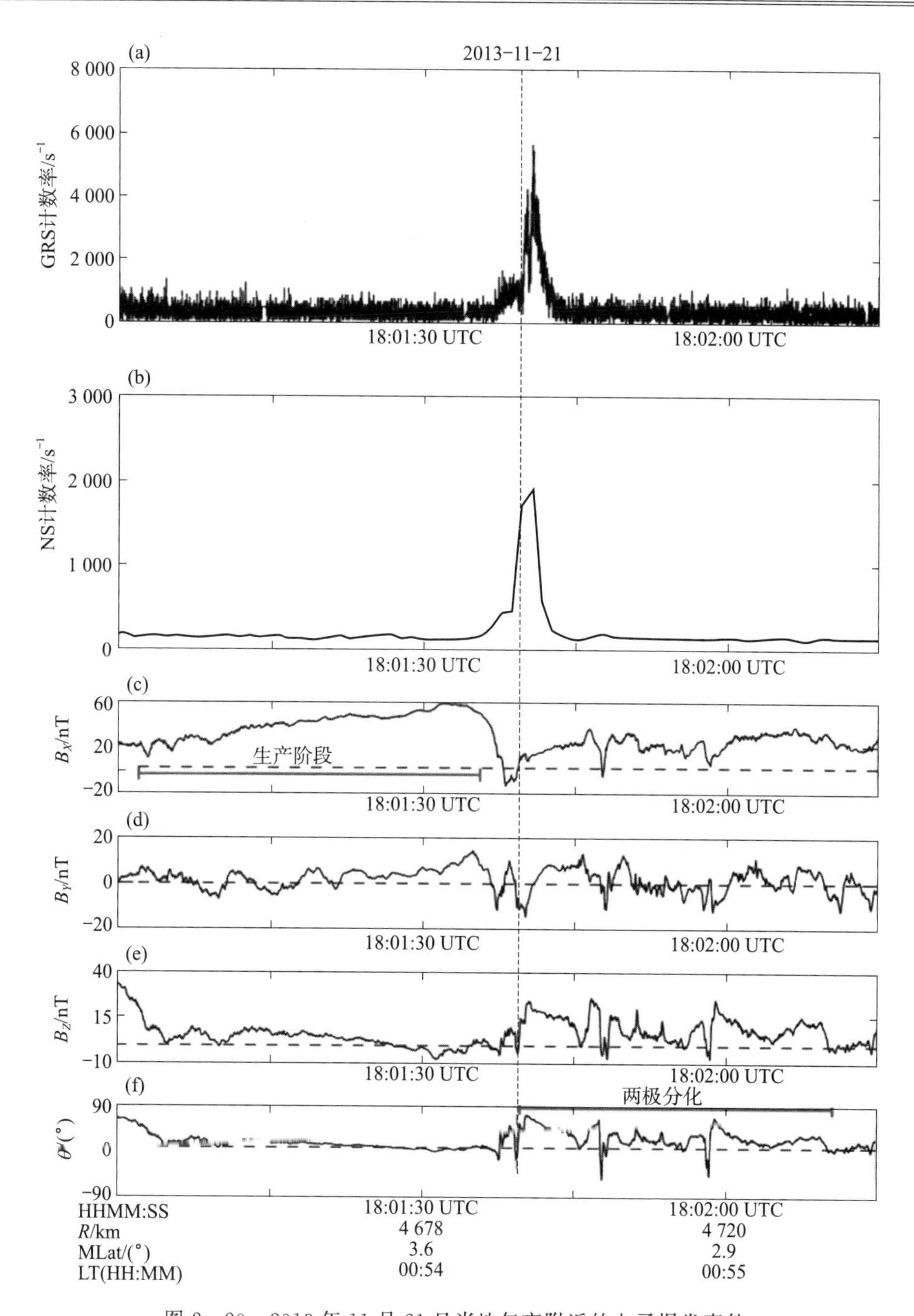

图 2-20　2013 年 11 月 21 日当地午夜附近的电子爆发事件

(a) 和 (b) 分别为 GRS 和 NS 探测数据；(c) ～ (f) 为 MSM 坐标系下磁场数据 (Baker, et al., 2016)

响应的模拟表明，能量谱在 0.7～1.0 keV 范围内达到峰值，并且具有与 EPS 在 45 keV 时观察到的通量一致的通量（图 2-21）。从 XRS 观测中推断出的电子的空间分布如图 2-22 所示（Ho, et al., 2016）。这些事件跨越了所有当地时间，在黎明和黄昏附近浓度最高，并且与质子分布类似，聚集在日侧高纬度区域而不是夜侧的窄纬度带内。

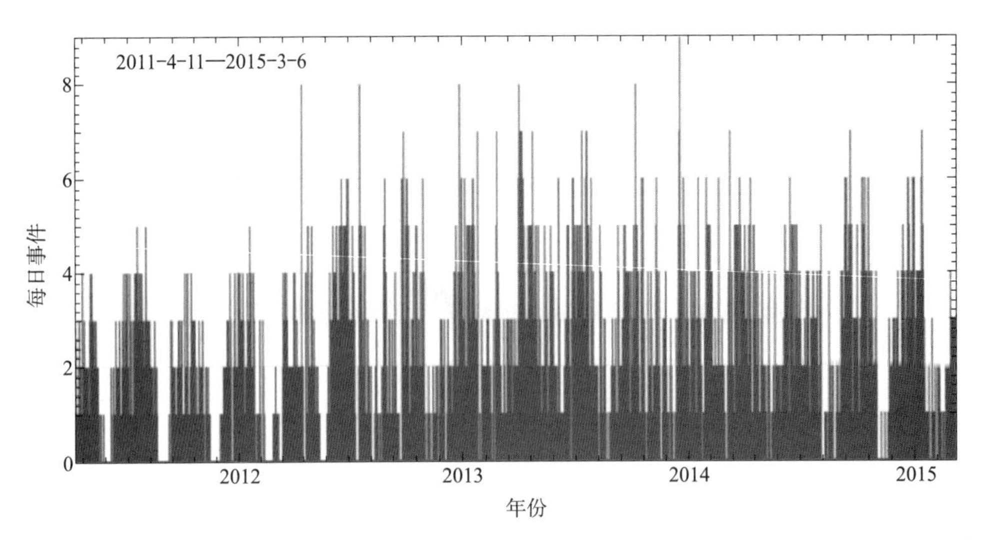

图 2-21　从 2011 年 4 月—2015 年 3 月信使号 XRS 确定的每天低能量（即 keV）电子事件的速率。在 2012 年 4 月，由于航天器的轨道周期从 12 h 改变到 8 h，速度有所增加。平均每个轨道大约有两次事件（Ho，et al.，2016）

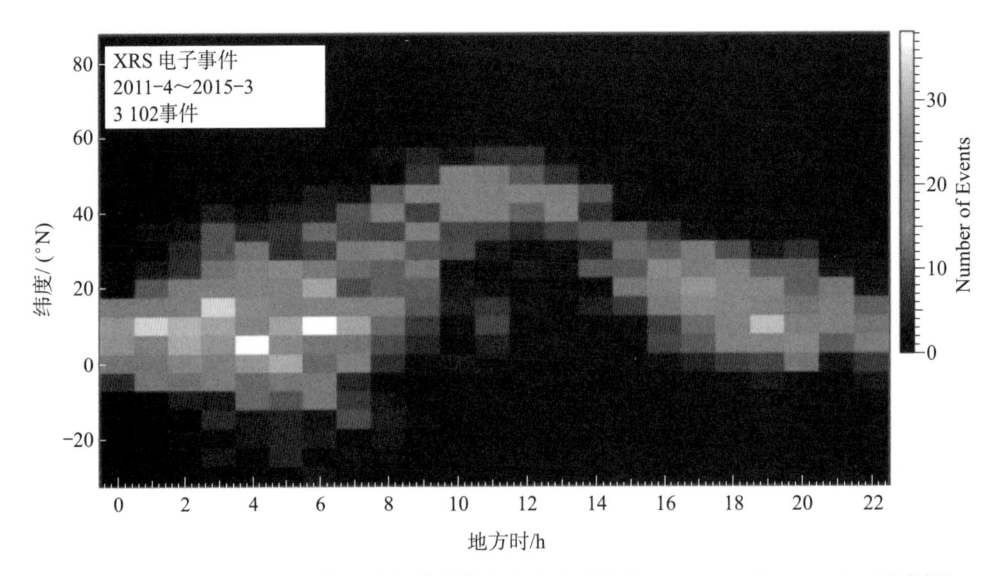

图 2-22　XRS 探测到的超热电子事件的纬度和地方时分布（Ho，et al.，2016）（见彩插）

多仪器探测表明，高能电子的出现在时间上具有随机性、偶发性，既可以出现爆发性特征，也可以出现持续性特征；在空间分布上，不同的仪器探测的结果大体一致，均显示高能电子呈现晨昏不对称分布，即主要集中在午夜和晨侧（Baker，et al.，2016；Ho，et al.，2016；Lawrence，et al.，2015），由此推测高能电子有可能来源于磁尾重联加速并向晨侧漂移进入内磁层。

在地球磁层，电子加速通常与越尾电流片中重联线的形成密切相关。重联线处磁场的快速重构产生的感应电场，以及通量绳收缩时的费米加速，可以很容易地在很短的时间尺度内将电子加速到数十万电子伏的能量。考虑到水星的高频率和高效磁重联（Slavin，et al.，2010b；DiBraccio，et al.，2013），这些过程是水星高能电子最有可能的加速机制。关于水星磁尾磁重联是否能将电子直接加速到这一能量，磁重联在高能电子的空间分布上是否有必然的联系，是否存在不同于地球空间的加速机制等一系列重要问题，结论仍然不明确。

2.6　外逸层环境

（1）观测结果

外逸层通常通过地面望远镜或紫外可见光谱仪进行遥感观测，以及通过质谱仪进行原位测量。特别是在水星的情况下，地面观测可以利用夜间望远镜和太阳望远镜/塔，对水星外逸层进行的全球成像。到目前为止，地面望远镜只观测到元素 Na、K 和 Ca。相反，原位测量可以提供局部密度的高分辨率成像，并允许检测较低强度的信号，以扩展可观测粒子的种类。在这两种情况下，外逸层亮度都是使用水星表面的光度学模型进行校准（Hapke，1981，1984，1986）。

在水手 10 号于 1974 年首次造访水星之前，地面就曾尝试探测水星周围的大气层，Fink 等人（1974）确定水星表面大气压力的极限值为 0.015 Pa。在 1974 年 3 月—1975 年 3 月水手 10 号对水星的三次飞掠期间，其携带的紫外光谱仪探测发现了原子 H 和 He，但对是否存在 O 并不确定（Broadfoot，et al.，1976）。对水手 10 号的掩星实验也提供了大气总量丰度的上限，其高于检测成分的总和，这意味着一些外逸层物质种类仍未被发现。

水手 10 号的就位观测结果带动了地基观测的发展。大约 10 年后，通过 D1 和 D2 发射线（接近 589 nm 波长）识别，地面望远镜观测发现了 Na（Potter，Morgan，1985）。后来，K 和 Ca 也被地面望远镜观测到，并确定了铝、铁和硅的上限（Doressoundiram，et al.，2009）。随着地面观测的光谱和时间分辨率的改进，可以通过研究速度分布（Leblanc，et al.，2009）来探测 Na 系外逸层更详细的特征。现在探测的时间尺度范围可以从天到小时。

地面遥感探测显示外逸层 Na 通常呈现日侧中纬地区的双峰模式，偶尔出现低纬单峰模式（例如 ICME 期间），结合卫星观测表明其空间分布与 IMF 方向与大小存在相关性，这被认为是由重联导致全球性拓扑结构改变引起的（Mangano，et al.，2015；Orsini，et al.，2018）。图 2－23 显示了从地球上观测到的日侧半球 Na 散射中高纬度峰值每小时变化的示例，K 日侧半球分布在中纬度地区也出现了类似的双峰（Potter，Morgan，1986）。这可能表明，即使它们不能直接通过离子溅射产生，这两种挥发性物质都与太阳风撞击水星向阳侧极区表面有关（Mura，et al.，2009）。

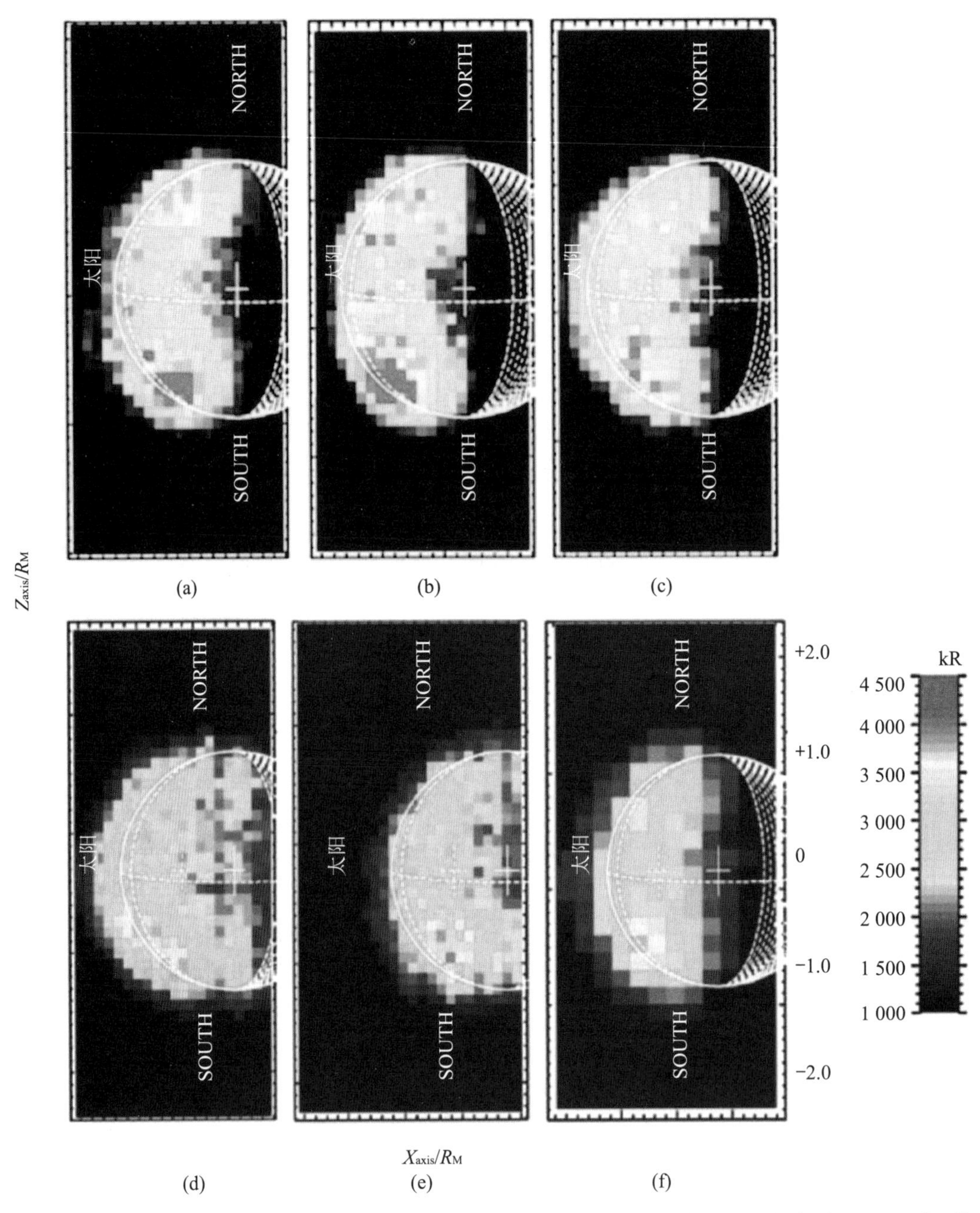

图 2-23　2008 年 7 月 13 日 7—17 时获得的 Na 发射强度（单位：kR）扫描的时间序列。$X-Z$ 平面是投影平面，Z 轴指向北；Y 轴沿地球-水星方向。太阳位于左侧。实心白线表示行星的圆盘，十字表示圆盘的中心；在未被太阳照亮的圆盘的白色虚线区域，日下子午线和十字表示由于太阳反射表面而产生的发射亮度最高的点（Mangano，et al.，2013）（见彩插）

信使号水星大气和表面成分光谱仪（UVVS）提供了前所未有的时间覆盖，在超过 16 个水星年中几乎每天都可以探测水星外逸层。它还提供了前所未有的空间分辨率：将外逸层的高度剖面分辨率推进至千米尺度。UVVS 具有不通过地球大气层进行观测的优点，但它也有局限性。它不是成像光谱仪，其视场（FOV）和观测几何结构受到航天器在具有挑战性的环境中运行的许多考虑因素的限制。与地面观测相比，它的光谱分辨率也相对较差（0.5 nm）。

UVVS 探测发现了 Mg^{+} 和 Ca^{+}，并在其轨道相位中定期探测到 Na、Ca、Mg，偶尔也探测到 H。它的波长范围（115～600 nm）限制了对 He 与 K 的观测。水手 10 号对原子氧的探测并没有被信使号 UVVS 仪器探测证实。Wurz 等人（2010）预测，离子溅射和冲击蒸发应该产生高的原子氧密度（与观察到的钠相当），但是鉴于原子氧散射阳光的效率差，UVVS 很难检测到（Killen，et al.，2009）。这个假设的氧外逸层可能是 FIPS 检测到的丰富氧离子的来源（Zurbuchen，et al.，2011；Raines，et al.，2013）。对 Na 中性原子的观测揭示了自首次发现以来非常独特的特征，例如中纬度反复出现的峰值（Potter，et al.，1999）和反日向方向上显著的中性尾巴。此外，在近 30 年的地球观测中已经看到了这些特征的变异性（Leblanc，et al.，2009）。平均强度和尾部长度相对于太阳辐射压力沿着水星轨道进行调节，随太阳辐射压力与速度径向分量一起最大化。Kameda 等人（2009）认为平均强度调制与行星际尘埃盘的交叉有关。这种季节性变化已被信使号 UVVS 证实（Cassidy，et al.，2015）。大部分钠外逸层仅限于日侧的低高度地区；比例尺高度在低纬度地区仅为 100 km（Cassidy，et al.，2015）。这意味着大多数离子源位于内磁层，这对钠离子动力学有影响（Raines，et al.，2013，2014；Gershman，et al.，2014）。Doressoundiram 等人（2009）对铝进行了临时检测。Bida 和 Killen（2016）报告了铝和铁的测量（三个标准差检测）。最近，Vervack 等人（2016）报告了锰的发现以及来自 MASCS 数据的铝和离子钙的明确测量。因此，已确认的外层中性物质的总清单现在包括 H、He、Na、K、Ca、Mg、Al、Fe 和 Mn。

地面观测（Mangano，et al.，2013）和模型显示，Na 外逸层在小时的时间尺度上变化很大。这些突然的变化被认为是对不断变化的太阳风和 IMF 条件的响应。一般认为，日常变化通常是由于水星围绕其轨道的位置变化和太阳事件导致。小时尺度的变化归因于正常的太阳风波动（主要是密度和速度）以及行星际磁场与行星磁场的耦合（Mangano，et al.，2013），而紫外线观测没有相关特征。UVVS 定期探测到的物质种类（钠、钙、镁）对于能够长期观测到的区域，在相邻的水星年之间一致（Cassidy，et al.，2015），如图 2-24 所示。许多 UVVS 数据仍有待分析，因此可以预期这些外逸层物质种类的变化性将会取得更多的进展。

（2）理论模型

①中性粒子模拟

对于水星外逸层建模可以选用 Exosphere Global Model（EGM，Leblanc，et al.，2017b），EGM 模型是一个并行的蒙特卡罗模型，主要用于描述卫星和行星周围的外逸层。

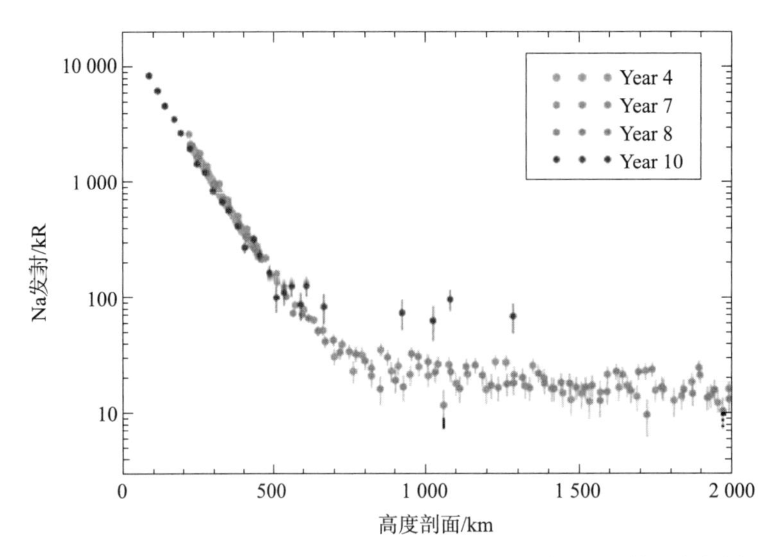

图 2-24 信使号 MASCS UVVS 仪器在水星日下点上方观测到的钠发射的高度剖面（见彩插）

EGM 曾被用于研究水星的外逸层、木卫三、火星和木卫二等。

利用 EGM 方法可以模拟水星外逸层中 Na、He 和 O 的密度。EGM 在三维空间上重建了外逸层中性粒子密度、平均速度、动力学温度和电离速率以及滞留在水星表面的外逸层物质量。对于 EGM 模型，假设外逸层 Na 和 O 原子的主要来源是水星的表面，部分是由风化层扩散的，部分是由陨石撞击导致的，而 He 主要来自太阳风 α 粒子。

模拟使用的大量测试粒子是通过不同的机制从表面喷射出来的，考虑到各种重力场（水星和太阳的重力场）和太阳辐射压力的影响，所有粒子都围绕着水星，直到测试粒子被太阳辐射电离（考虑到测试粒子相对于太阳的相对速度及其与太阳的距离）、撞击表面或逃离模拟的时刻为止。在表面撞击的情况下，粒子可以被再次弹出或在表面被吸收，吸收的持续时间是根据局部表面温度估计的（Leblanc，Johnson，2010；Leblanc，et al.，2017b）。表面温度用一维热传导模型描述（Leblanc，et al.，2017b）。将 EGM 模型运行数个水星年，直至一个轨道相关的固定解独立于初始条件。一旦达到静止解，就可以在轨道上的任意点确定外逸层的状态。

模拟结果如图 2-25 所示，可以看出外逸层中的 He 和 Na 远远超出磁层边界，而 O 则集中在低海拔地区。

②带电粒子模拟

对于带电粒子可以采用混合模型模拟。相比 MHD 模型，混合模型计算量更大，但是在离子动力学中混合模型具有更高的精度。一般选用 LatHyS 模型（Latmos Hybrid Simulation）和 AIKEF 模型（Adaptive Ion-Kinetic Electron-Fluid）。LatHyS 模型描述了弱磁化和非磁化行星体周围的三维等离子体环境。

AIKEF 模型是一个被用来描述磁化等离子体与不同类型的障碍物（如行星、卫星和

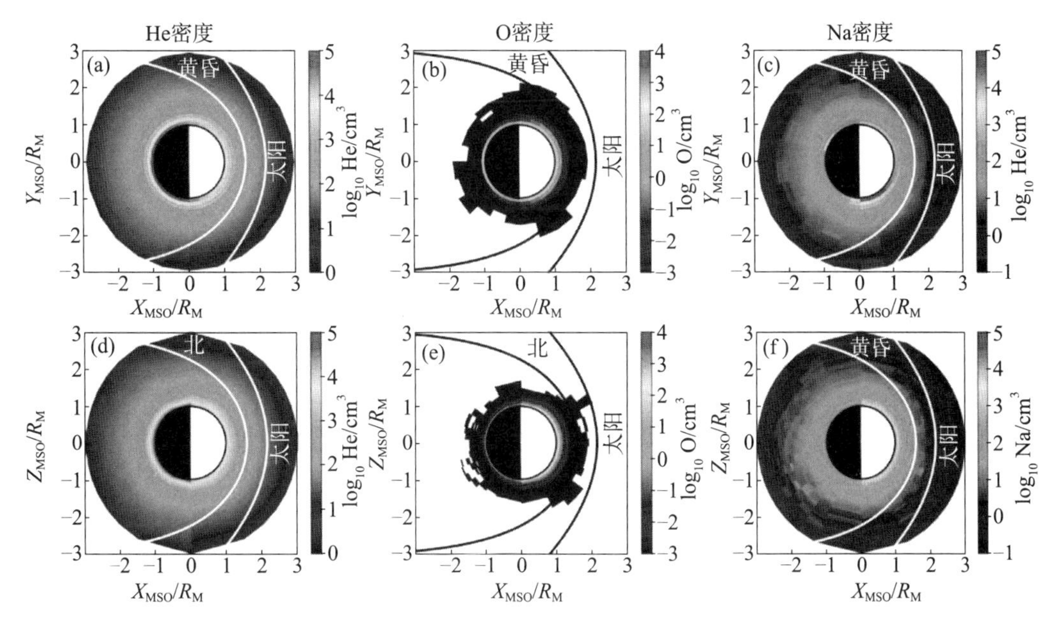

图 2-25　EGM 模型结果。从左至右分别为计算出的中性 He、O 和 Na 密度，上行表示水星赤道面上的密度，下行表示正午-午夜经向面上的密度。曲线显示磁层顶和弓激波边界的位置（Winslow，et al.，2013）（见彩插）

彗星）之间的相互作用的混合模型。

一般方法是利用 EGM 模拟外逸层中的中性粒子密度分布，然后利用从 LatHyS 或 AIKEF 计算的电磁场，使用四阶龙格-库塔格式计算测试粒子的完整运动方程。将测试离子注入到整个三维体中，然后持续跟踪，直至它们离开模拟区、撞击表面或超过假设的最大迭代次数。

利用 LatHyS 和 AIKEF 模拟太阳风 H^+ 的密度分布、电磁场和体速度如图 2-26 所示，可以发现 AIKEF 的首激波和磁层顶距离较小。对于此模型，磁层顶边界也更向尾部压缩［图 2-26（a）和（e）］。在两种模型中，在靠近表面的行星环境中，都存在少数小区域电场较大［图 2-26（c）和（d）］。在 AIKEF 模拟中存在较密集的夜侧离子环分布，这个区域的 H^+ 可能暂时被困在水星内禀场的封闭场区域，并经历缓慢的方位角向昼侧漂移。然而，由于磁层的尺寸较小，这种离子群不太可能形成稳定的离子漂移带。

从图 2-27 中可以看出模拟离子的分布在黎明和黄昏增强区域上得到了很好的再现。模拟离子密度在黎明增强区（当地时间 4～10 h）附近最高，但是模拟的离子密度分布与信使号观测的绝对量级稍有不匹配。

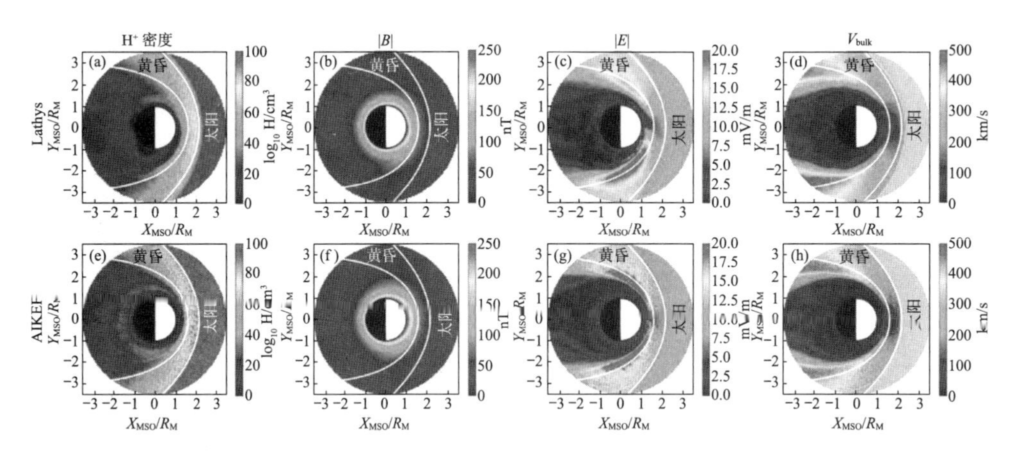

图 2－26　LatHyS 和 AIKEF 模拟结果

(a)、(e) 太阳风 H^+ 密度；(b)、(f) 总磁场；(c)、(g) 电场；(d)、(h) 来自 LatHyS (上行) 和 AIKEF (下行) 的赤道面体速度。图中的实白线表示磁层顶和弓激波边界的位置 (见彩插)

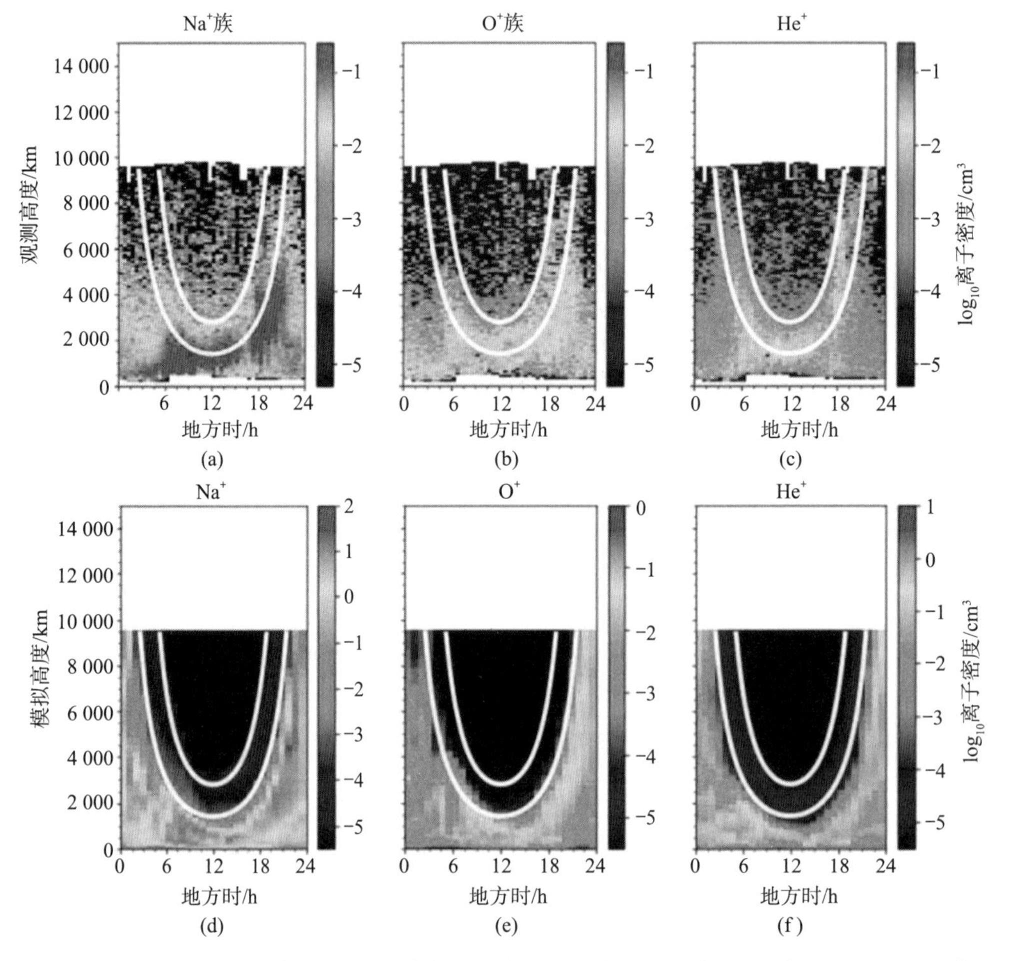

图 2－27　(a) ～ (c) Na^+、O^+ 和 He^+ 在纬度范围 ±30° 中通过平均离子密度；(d) ～ (f) 使用 LatHyS 的静态磁场和电场描述的 Na^+、O^+ 和 He^+ 的模拟离子密度 (见彩插)

2.7　前沿科学问题及未来研究方向

基于信使号卫星大量在轨数据，对水星空间环境的认识已取得重要进展。现阶段对水星空间环境的研究很大程度上依赖于地球空间环境的现有理论和观测，即通过地球上的类似观测现象和理论，以推断其对应的物理本质。地球的相关研究已有近百年历史，学者们结合了天基、地基、光学、粒子电磁场等各个角度的观测，建立了相对成熟完整的理论框架。这些理论基础为水星磁层的研究提供了难以估量的参考，极大地推进了研究进程，尤其对两者相似点的研究。然而，对于两者差异性的研究仍受限于观测水平，并不完备和透彻。

水星空间环境的重要科学问题的深入研究有待于欧空局和日本 JAXA 局联合的贝皮·科伦坡号的高质量、高精度、多仪器的双星联合探测。贝皮·科伦坡号于 2021 年开始飞掠水星，预计 2025 年年底正式入轨，将提供更为全面和丰富的磁场、等离子体（包括行星重离子）、中性原子等多种空间探测数据。其中，水星行星轨道器（MPO）主要用于探测水星的表面和内部结构，水星磁层轨道器（Mio）主要用于探测水星磁场及其与太阳风的相互作用，其科学目标之一就是水星空间环境及多圈层耦合问题（Milillo，et al.，2020；Mangano，et al.，2021）。这次水星任务有望在以下重要科学问题上获得进展和突破：

1）太阳风与水星的作用方式。空间等离子体和行星的直接相互作用，及其产生的效应，值得我们进行更多的研究，尤其在极端太阳活动期间向阳侧磁层的响应状态；在极端太阳活动时期（如日冕物质抛射），水星的向日侧磁层顶可能被压缩至水星表面附近，甚至完全被剥蚀。届时水星磁层的磁场位形将远远偏离我们现有的认识，磁层顶的逼近也会使大量粒子通过撞击磁层顶而损失，此时，太阳风与水星将会以何种形式存在仍有待进一步的观测研究。

2）磁层能量输运的一般规律。例如，在地球的亚暴和磁暴理论中电离层起到了为磁层承载电流、提供离子等关键作用，水星电离层的缺失会对水星亚暴、磁暴产生怎样的影响，除了时间尺度外，水星磁层亚暴是否和地球存在本质区别等，仍是目前的关键科学问题之一。

3）磁层活动相关的电流体系的认知。水星内部巨大的金属核被认为会参与到磁层动力学活动中，起到抑制向阳面磁力线剥蚀、参与场向电流闭合等作用，以及场向电流如何在水星表层或附近闭合，这些作用及其具体物理机制也有待进一步的证实和研究。

4）水星空间等离子体环境特征。尽管水星上的亚暴活动频率非常高，我们有大量的事件可用于研究，但目前对水星亚暴及磁暴的观测角度仍十分有限，仅有直流磁场与 50 eV～13 keV 离子。冷离子、电子、电场与高频波动都没有直接的就位探测。信使号的等离子体探测器视场也十分有限，只有 1.15π（全空间为 4π），很难获取等离子体的速度信息、获知磁层空间粒子的来源与加速机制。这些信息对于认识空间等离子体环境十分关键，是水星空间环境研究进一步发展的关键推力。此外，由于长期以来水星只有信使号一颗卫星进行环绕观测，我们无法兼顾行星际的变化以及磁层的变化，所以上下游的驱动关系也是目前无法直接探究的。此外，对于磁暴、亚暴这种全球性的活动，它的演化以及动态特征也需要磁层中的多点观测。

5）行星重离子对水星磁层动力学过程的影响等。水星作为一颗缺乏浓密大气保护的行星，它的表面几乎直接暴露在空间等离子体中，它与这些等离子体的作用也会为磁层带来很多的不确定性（如行星起源的钠离子、氧离子等）。地基光学观测显示，水星的钠原子分布会显著受到太阳风活动的影响，可以作为空间天气事件的反映。

6）对于水星周围的尘埃环境研究。贝皮·科伦坡号 Mio 轨道器上搭载了尘埃探测仪，而之前还未对水星附近的尘埃环境进行过探测。空间尘埃是普遍存在于浩瀚太空的固体颗粒，它们在恒星与行星系统的形成、星系以及整个宇宙演化中起到重要作用。空间尘埃可能较为完整地保存着太阳系形成初期最原始的信息，对空间尘埃的研究能为太阳系起源、演化和生命起源等重大基础科学问题的研究提供重要线索。

此外，从比较行星学的角度，我们也期待通过对以上水星空间环境相关科学问题的研究加深我们对地球空间中相应现象的理解。

参考文献

[1] Anderson B J，C L Johnson，H Korth，et al. The Global Magnetic Field of Mercury From Messenger Orbital Observations [J]. Science，2011，333（6051）：1859 - 1862. https：//doi. org/10. 1126/science. 1211001.

[2] Anderson B J，M H Acuña，D A Lohr，et al. The Magnetometer instrument on MESSENGER [J]. Space Sci Rev，2007，131（1 - 4）：417 - 450.

[3] Andrews G B，T Zurbuchen，B Mauk，et al. The Energetic Particle and Plasma Spectrometer instrument on the MESSENGER spacecraft [J]. Space Sci Rev，2007，131（1 - 4）：523 - 556. https：//doi. org/10. 1007/s11214 - 007 - 9272 - 5.

[4] Baker D N，et al. Intense Energetic Electron Flux Enhancements in Mercury's Magnetosphere：An Integrated View With High - Resolution Observations from MESSENGER [J]. J Geophys Res Space Physics，2016，121（3）：2171 - 2184. https：//doi. org/10. 1002/2015JA021778.

[5] Bida T A，Killen R M. Observations of the minor species Al，Fe，and Ca+ in Mercury's exosphere [J]. Icarus，2016，268：32 - 36. doi：10. 1016/j. icarus. 2016. 10. 019.

[6] Broadfoot A L，Shemanski D E，Kumar S. Mariner 10：Mercury atmosphere [J]. Geophys Res Lett，1976，3：577 - 580.

[7] Burger M H，R M Killen，W E McClintock，et al. Modeling MESSENGER observations of calcium in Mercury's exosphere [J]. J Geophys Res Planets，2012，117（E12）. https：//doi. org/ https：//doi. org/10. 1029/2012JE004158.

[8] Cassidy T A，Merkel A W，Burger M H，et al. Mercury's seasonal sodium exosphere：MESSENGER orbital observations [J]. Icarus，2015，248：547 - 559.

[9] Connerney J E P，N F Ness. Mercury's Magnetic Field and Interior，Inmercury [M]. University of Arizona Press，Edited by F Vilas，C R Chapman and M S Matthews，1988：494 - 513.

[10] Delcourt D C. On the supply of heavy planetary material to the magnetotail of Mercury [J]. Ann Geophys，2013，31（10）：1673 - 1679. https：//doi. org/10. 5194/angeo - 31 - 1673 - 2013.

[11] Delcourt D C，S Grimald，F Leblanc，et al. A quantitative model of the planetary Na＜sup＞＋＜/sup＞ contribution to Mercury's magnetosphere [J]. Ann Geophys，2003，21（8）：1723 - 1736. https：//doi. org/10. 5194/angeo - 21 - 1723 - 2003.

[12] Dewey R M，J A Slavin，J M Raines，et al. Energetic electron acceleration and injection during dipolarization events in Mercury's magnetotail [J]. J Geophys Res Space Physics，2017，122（12）：12170 - 12188. https：//doi. org/10. 1002/2017JA024617.

[13] DiBraccio G A，J A Slavin，S A Boardsen，et al. MESSENGER Observations of Magnetopause Structure and Dynamics at Mercury [J]. J Geophys Res Space Physics，2013，118：997 - 1008. https：//doi. org/10. 1002/jgra. 50123.

[14] Doressoundiram A，Leblanc F，Foellmi C，et al. Metallic species in Mercury's exosphere：EMMI/New Technology Telescope observations [J]. Astron J，2009，137：3859 - 3863. doi：10. 1088/0004 - 6256/137/4/3859.

[15] Exner W，S Simon，D Heyner，et al. Influence of Mercury's Exosphere on the Structure of the Magnetosphere [J]. J Geophys Res Space Physics，2020，125 (7)：e2019JA027691. https：//doi. org/https：//doi. org/10. 1029/2019JA027691.

[16] Fear R C，J C Coxon，C M Jackman. The Contribution of Flux Transfer Events to Mercury's Dungey Cycle [J]. Geophy Res Lett，2019，46 (24)：14239 - 14246. https：//doi. org/https：//doi. org/10. 1029/2019GL085399.

[17] Fink U，Larson H P，Poppen R F. A new upper limit for an atmosphere of CO_2，CO on Mercury [J]. Astrophys J，1974，187：407 - 416. doi：10. 1086/152647.

[18] Gershman D J，J A Slavin，J M Raines，et al. Ion kinetic properties in Mercury's pre - midnight plasma sheet [J]. Geophy Res Lett，2014，41 (16)：2014GL060468. https：//doi. org/10. 1002/2014GL060468.

[19] Gershman D J，Raines J M，Slavin J A，et al. MESSENGER observations of solar energetic electrons within Mercury' s magnetosphere [J]. J Geophys Res Space Physics，2015，120：8559 - 8571. doi：10. 1002/2015JA021610.

[20] Goldsten J O，et al. The MESSENGER Gamma - Ray and Neutron Spectrometer [J]. Space Sci Rev，2007，131 (1)：339 - 391. https：//doi. org/10. 1007/s11214 - 007 - 9262 - 7.

[21] Hapke B. Bidirectional reflectance spectroscopy：1. Theory [J]. J Geophys Res，1981，86：3039 - 3054.

[22] Hapke B. Bidirectional reflectance spectroscopy，3：Correction for macroscopic roughness [J]. Icarus，1984，59：41 - 59.

[23] Hapke B. Bidirectional reflectance spectroscopy，4：The extinction coefficient and opposition effect [J]. Icarus，1986，67：264 - 280.

[24] Ho G C，R D Starr，S M Krimigis，et al. MESSENGER observations of suprathermal electrons in Mercury's magnetosphere [J]. Geophy Res Lett，2016，43 (2)：550 - 555. https：//doi. org/10. 1002/2015GL066850.

[25] Ho G C，S M Krimigis，R E Gold，et al. MESSENGER Observations of Transient Bursts of Energetic Electrons in Mercury's Magnetosphere [J]. Science，2011，333 (6051)：1865 - 1868. https：//doi. org/10. 1126/science. 1211141.

[26] Ho G C，S M Krimigis，R E Gold，et al. Spatial Distribution and Spectral Characteristics of Energetic Electrons in Mercury's Magnetosphere [J]. J Geophys Res Space Physics，2012，117 (A12)：A00M04. https：//doi. org/10. 1029/2012ja017983.

[27] Imber S M，J A Slavin，S A Boardsen，et al. MESSENGER Observations of Large Dayside Flux Transfer Events：Do They Drive Mercury's Substorm Cycle? [J]. J Geophys Res Space Physics，2014JA019884. https：//doi. org/10. 1002/2014JA019884.

[28] Ip W H. On the surface sputtering effects of magnetospheric charged particles at Mercury [J]. APj，1993.

[29] James M K，S M Imber，T K Yeoman，et al. Field Line Resonance in the Hermean Magnetosphere：Structure and Implications for Plasma Distribution [J]. J Geophys Res Space Physics，2019，124 (1)：211 - 228. https：//doi. org/10. 1029/2018ja025920.

[30] Jasinski J M，T A Cassidy，J M Raines，et al. Photoionization Loss of Mercury's Sodium Exosphere：Seasonal Observations by MESSENGER and the THEMIS Telescope [J]. Geophy Res Lett，2021，48 (8)：e2021GL092980. https：//doi. org/https：//doi. org/10. 1029/2021GL092980.

[31] Johnson C L, et al. MESSENGER Observations of Mercury's Magnetic Field Structure [J]. J Geophys Res Planets, 2012, 117 (E12): E00L14. https://doi.org/10.1029/2012je004217.

[32] Johnson C L, L C Philpott, B J Anderson, et al. MESSENGER observations of induced magnetic fields in Mercury's core [J]. Geophy Res Lett, 2016, 43 (6): 2436 - 2444. https://doi.org/10.1002/2015GL067370.

[33] Kameda S, I Yoshikawa, M Kagitani, et al. Interplanetary dust distributionand temporal variability of Mercury's atmospheric Na [J]. Geophys Res Lett, 2009, 36: L15201. doi: 10.1029/2009GL039036.

[34] Killen R, Shemansky D, Mouawad N. Expected emission from Mercury's exospheric species, and their ultraviolet - visible signatures [J]. Astrophys J Supp, 2009, 181: 351 - 359.

[35] Korth H, B J Anderson, C L Johnson, et al. Characteristics of the plasma distribution in Mercury's equatorial magnetosphere derived from MESSENGER Magnetometer observations [J]. J Geophys Res Space Physics, 2012, 117 (A12): A00M07. https://doi.org/10.1029/2012ja018052.

[36] Korth H, B J Anderson, D J Gershman, et al. Plasma distribution in Mercury's magnetosphere derived from MESSENGER Magnetometer and Fast Imaging Plasma Spectrometer observations [J]. J Geophys Res Space Physics, 2014, 119 (4): 2013JA019567. https://doi.org/10.1002/2013JA019567.

[37] Korth H, C L Johnson, L Philpott, et al. A Dynamic Model of Mercury's Magnetospheric Magnetic Field [J]. Geophy Res Lett, 2017, 44 (20): 10, 147 - 110, 154. https://doi.org/10.1002/2017GL074699.

[38] Korth H, N A Tsyganenko, C L Johnson, et al. Modular model for Mercury's Magnetosphericmagnetic Field Confined Within the Average Observed Magnetopause [J]. J Geophys Res Space Physics, 2015, 120 (6): 4503 - 4518. https://doi.org/10.1002/2015ja021022.

[39] Lawrence D J, B J Anderson, D N Baker, et al. Comprehensive survey of energetic electron events in Mercury's magnetosphere with data from the MESSENGER Gamma - Ray and Neutron Spectrometer [J]. J Geophys Res Space Physics, 2015, 120 (4): 2851 - 2876. https://doi.org/10.1002/2014JA020792.

[40] Leblanc F, Chaufray J Y, Modolo R, et al. On the origins of Mars' exospheric nonthermal oxygen component as observed by MAVEN and modeled by HELIOSARES [J]. J Geophys Res Planets, 2017a, 122 (12): 2401 - 2428. http://dx.doi.org/10.1002/2017JE005336.

[41] Leblanc F, Doressoundiram A, Schneider N M, et al. Short - term variations of Mercury's Na exosphere observed with very high spectral resolution [J]. Geophys Res Lett, 2009, 36: L07201. doi: 10.1029/2009GL038089.

[42] Leblanc F, Johnson R E. Mercury exosphere I. Global circulation model of its sodium component [J]. J Icarus, 2010: 280 - 300. https://doi.org/10.1016/j.icarus.2010.04.020.

[43] Leblanc F, Oza A V, Leclercq L, et al. On the orbital variability of Ganymede's atmosphere [J]. Icarus, 2017b, 293: 185 - 198. http://dx.doi.org/10.1016/j.icarus.2017.04.025.

[44] Lee L C, Fu Z F. A theory of magnetic flux transfer at the Earth's magnetopause [J]. Geophys Res Lett, 1985, 12: 105 - 108.

[45] Leyser R P, S M Imber, S E Milan, et al. The Influence of IMF Clock Angle on Dayside Flux Transfer Events at Mercury [J]. Geophy Res Lett, 2017, 44 (21): 10, 829 - 810, 837. https://doi.org/10.1002/2017gl074858.

[46] Lin R L, X X Zhang, S Q Liu, et al. A three - dimensional asymmetric magnetopause model [J]. J

Geophys Res Space Physics，2010，115（A4）：A04207. https：//doi. org/10. 1029/2009JA014235.

[47] Mangano V，et al. BepiColombo Science Investigations During Cruise and Flybys at the Earth，Venus and Mercury [J]. Space Sci Rev，2021，217（1）：23.

[48] Mangano V，S Massetti，A Milillo，et al. Dynamical Evolution of Sodium Anisotropies in the Exosphere of Mercury [J]. Planet Space Sci，2013，82 - 83：1 - 10. https：//doi. org/http：//dx. doi. org/10. 1016/j. pss. 2013. 03. 002.

[49] Mangano V，S Massetti，A Milillo，et al. THEMIS Na Exosphere Observations of Mercury and Their Correlation with In - Situ Magnetic Field Measurements by MESSENGER [J]. Planet Space Sci，2015，115：102 - 109. https：//doi. org/http：//doi. org/10. 1016/j. pss. 2015. 04. 001.

[50] Massetti S，V Mangano，A Milillo，et al. Short - term observations of double - peaked Na emission from Mercury's exosphere [J]. Geophy Res Lett，2017，44（7）：2970 - 2977. https：//doi. org/10. 1002/2017GL073090.

[51] McClintock W E，M R Lankton. The Mercury Atmospheric and Surface Composition Spectrometer for the MESSENGER Mission [J]. Space Sci Rev，2007，131（1）：481 - 521. https：//doi. org/10. 1007/s11214 - 007 - 9264 - 5.

[52] Milillo A，et al. Investigating Mercury's Environment with the Two - Spacecraft BepiColombo Mission [J]. Space Sci Rev，2020，216（5）：93. https：//doi. org/10. 1007/s11214 - 020 - 00712 - 8.

[53] Milillo A，et al. Surface - Exosphere - Magnetosphere System of Mercury [J]. Space Sci Rev，2005，117（3 - 4）：397 - 443. https：//doi. org/10. 1007/s11214 - 005 - 3593 - z.

[54] Milillo A，V Mangano，S Massetti，et al. Exospheric Na distributions along the Mercury orbit with the THEMIS telescope [J]. Icarus，2021，355：114179. https：//doi. org/https：//doi. org/10. 1016/j. icarus. 2020. 114179.

[55] Mura A，Wurz P，Lichtenegger H I M，et al. The sodium exosphere of Mercury：Comparisonbetween observations during Mercury's transit and model results [J]. Icarus，2009，200：1 - 11. doi：10. 1016/j. icarus. 2008. 11. 014.

[56] Ness N F，K WBehannon，R P Lepping，et al. Magnetic Field Observations Near Mercury：Preliminary Results from Mariner 10 [J]. Science，1974，185（4146）：151 - 160. https：//doi. org/10. 1126/science. 185. 4146. 151.

[57] Orsini S，V Mangano，A Milillo，et al. Mercury Sodium Exospheric Emission as a Proxy for Solar Perturbations Transit [J]. Scientific Reports，2018，8（1）：928. https：//doi. org/10. 1038/s41598 - 018 - 19163 - x.

[58] Poh G，et al. MESSENGER Observations of Cusp Plasma Filaments at Mercury [J]. J Geophys Res Space Physics，2016，121（9）：8260 - 8285. https：//doi. org/doi：10. 1002/2016JA022552.

[59] Potter A E，Killen R M，Morgan T H. Rapid changes in the sodium exosphere of Mercury [J]. Planet Space Sci，1999，47：1441 - 1448. doi：10. 1016/S0032 - 0633（99）00070 - 7.

[60] Potter A E，Morgan T H. Potassium in the atmosphere of Mercury [J]. Icarus，1986，67：336 - 340.

[61] Potter A，Morgan T. Discovery of sodium in the atmosphere of Mercury [J]. Science，1985，229：651 - 653.

[62] Raines J M，Gershman D J，Slavin J A，et al. Structure and dynamics of Mercury's magnetospheric cusp：MESSENGER measurements of protons and planetary ions [J]. J Geophys Res Space Physics，2014，119：6587 - 6602.

[63] Raines J M，Gershman D J，Zurbuchen T H，et al. Distribution and compositional variations of plasma ions in Mercury's space environment：The first three Mercury years of MESSENGER observations [J]. J Geophys Res Space Physics，2013，118：1604 - 1619.

[64] Sarantos M，J A Slavin. On the possible formation of Alfvén wings at Mercury during encounters with coronal mass ejections [J]. Geophy Res Lett，2009，36（4）：L04107. https：//doi. org/10. 1029/2008GL036747.

[65] Simpson J A，J H Eraker，J E Lamport，et al. Electrons and Protons Accelerated in Mercury's Magnetic Field [J]. Science，1974，185（4146）：160 - 166. https：//doi. org/10. 1126/science. 185. 4146. 160.

[66] Slavin J A，B J Anderson，D N Baker，et al. MESSENGER observations of extreme loading and unloading of Mercury's magnetic tail [J]. Science，2010a，329（5992）：665 - 668. https：//doi. org/10. 1126/science. 1188067.

[67] Slavin J A，et al. Mercury's Magnetosphere After Messenger's First Flyby [J]. Science，2008，321（5885）：85 - 89. https：//doi. org/10. 1126/science. 1159040.

[68] Slavin J A，et al. MESSENGER Observations of a Flux - Transfer - event Shower at Mercury [J]. J Geophys Res Space Physics，2012，117（A12）：A00M06. https：//doi. org/10. 1029/2012ja017926.

[69] Slavin J A，et al. MESSENGER Observations of Mercury's Dayside Magnetosphere Under Extreme Solar Wind Conditions [J]. J Geophys Res Space Physics，2014，119（10）：8087 - 8116. https：//doi. org/10. 1002/2014JA020319.

[70] Slavin J A，et al. MESSENGER Observations of Mercury's Magnetosphere During Northward IMF [J]. Geophy Res Lett，2009，36（2）：L02101.

[71] Slavin J A，H R Middleton，J M Raines，et al. MESSENGER Observations of Disappearing Dayside Magnetosphere Events at Mercury [J]. J Geophys Res Space Physics，2019，124（8）：6613 - 6635. https：//doi. org/10. 1029/2019ja026892.

[72] Slavin J A，R P Lepping，C C Wu，et al. MESSENGER observations of large flux transfer events at Mercury [J]. Geophy Res Lett，2010b，37（2）：L02105. https：//doi. org/10. 1029/2009GL041485.

[73] Slavin J A，S M Imber，J M Raines.（2021）. A Dungey Cycle in the Life of Mercury's Magnetosphere，American Geophysical Union，Magnetospheres in the Solar System.

[74] Sun W J，J A Slavin，R M Dewey，et al. MESSENGER Observations of Mercury's Nightside Magnetosphere Under Extreme Solar Wind Conditions：Reconnection - Generated Structures and Steady Convection [J]. J Geophys Res Space Physics，2020，125（3）：e2019JA027490. https：//doi. org/10. 1029/2019ja027490.

[75] Sundberg T，Boardsen S A，Slavin J A，et al. The Kelvin - Helmholtz instability at Mercury：Anassessment [J]. Planet Space Sci，2010，58：1434 - 1441. doi：10. 1016/j. pss. 2010. 06. 008.

[76] Vervack R J，Jr Killen R M，McClintock W E，et al. New discoveries from MESSENGER and insights into Mercury's exosphere [J]. Geophys Res Lett，2016，43：11545 - 11551. doi：10. 1002/2016GL071284.

[77] Vervack R J，Jr McClintock W E，Killen R M，et al.（2011）. MESSENGER searches for less abundant or weakly emitting species in Mercury's exosphere [J]. Presented at 2011 Fall Meeting，American Geophysical Union，abstract P44A - 02，San Francisco，CA，5 - 9 December.

[78] Winslow R M，B J Anderson，C L Johnson，et al. Mercury's Magnetopause and Bow Shock From

Messenger Magnetometer Observations [J]. J Geophys Res Space Physics, 2013, 118: 2213 - 2227. https: //doi. org/10. 1002/jgra. 50237.

[79] Winslow R M, L Philpott, C S Paty, et al. Statistical Study of ICME effects on Mercury's Magnetospheric Boundaries and Northern Cusp Region from MESSENGER [J]. J Geophys Res Space Physics, 2017, 122 (5): 4960 - 4975. https: //doi. org/10. 1002/2016JA023548.

[80] Winslow R M, N Lugaz, L Philpott, et al. Observations of Extreme ICME Ram Pressure Compressing Mercury's Dayside Magnetosphere to the Surface [J]. The Astrophysical Journal, 2020, 889 (2): 184. https: //doi. org/10. 3847/1538 - 4357/ab6170.

[81] Wurz P, Gamborino D, Vorburger A, et al. Heavy ion composition of Mercury's magnetosphere [J]. Journal of Geophysical Research: Space Physics, 2019, 124: 2603 - 2612. https: //doi. org/10. 1029/2018JA026319.

[82] Wurz P, Whitby J A, Rohner U, et al. Self - consistent modelling of Mercury's exosphere by sputtering, micro - meteorite impact and photon - stimulated desorption [J]. Planet Space Sci, 2010, 58: 1599 - 1616. doi: 10. 1016/j. pss. 2010. 08. 003.

[83] Zelenyi L, M Oka, H Malova, et al. Particle Acceleration in Mercury's Magnetosphere, in Mercury [M]. edited by A Balogh, L Ksanfomality and R Steiger, 2008, pp. 411 - 427, Springer New York. doi: 10. 1007/978 - 0 - 387 - 77539 - 5 _ 15.

[84] Zhong J, J H Shue, Y Wei, et al. Effects of Orbital Eccentricity and IMF Cone Angle on the Dimensions of Mercury's Magnetosphere [J]. Astrophys J, 2020, 892 (2) . https: //doi. org/10. 3847/1538 - 4357/ab7819.

[85] Zhong J, Lee L C, Wang X G, et al. Multiple X - line reconnection observed in Mercury's magnetotail driven by an inter planetary coronal mass ejection [J]. The Astrophysical Journal Letters, 2020a, 893 (1): L11.

[86] Zhong J, Shue J H, Wei Y, et al. Effects of orbital eccentricity and IMF cone angle on the dimensions of Mercury's magnetosphere [J]. The Astrophysical Journal, 2020b, 892 (1): 2.

[87] Zhong J, W X Wan, J A Slavin, et al. Mercury's three - dimensional Asymmetric Magnetopause [J]. J Geophy Res Space Physics, 2015a, 120: 7658 - 7671. https: //doi. org/10. 1002/2015JA021425.

[88] Zhong J, W X Wan, Y Wei, et al. Compressibility of Mercury's Dayside Magnetosphere [J]. Geophy Res Lett, 2015b, 42 (23): 10, 135 - 110, 139. https: //doi. org/10. 1002/2015GL067063.

[89] Zhong J, Wei Y, Lee L C, et al. Formation of macro scale flux transfer events at Mercury [J]. The Astrophysical Journal Letters, 2020c, 893 (1): L18.

[90] Zhong J, Z Y Pu, M W Dunlop, et al. Three - dimensional magnetic flux rope structure formed by multiple sequential X - line reconnection at the magnetopause [J]. J Geophy Res Space Physics, 2013, 118: 1904 - 1911. https: //doi. org/10. 1002/jgra. 50281.

[91] Zurbuchen T H, Raines J M, Gloeckler G, et al. MESSENGER observations of the composition of Mercury's ionized exosphere and plasma environment [J]. Science, 2008, 321: 90 - 92. doi: 10. 1126/science. 1159314.

[92] Zurbuchen T H, Raines J M, Slavin J A, et al. MESSENGER observations of the spatial distribution of planetary ions near Mercury [J]. Science, 2011, 333: 1862 - 1865.

第 3 章　热环境

本章主要介绍内太阳系和水星热环境。3.1 节介绍内太阳系行星际空间热辐射环境，3.2 节介绍水星轨道及表面热环境。每节都将从探测手段、研究历史、关键科学问题以及未来研究方向等几个方面详细阐述现阶段对于水星热环境的认识与研究进展。

3.1　内太阳系行星际空间环境

3.1.1　引言

太阳是日地空间环境的主要能量来源，发生在行星际空间中的扰动也主要源自太阳。太阳持续不断地向外释放着能量，主要的能量释放方式有电磁辐射、高速运动的太阳风等离子体以及高能粒子（即太阳宇宙射线）三种，这些粒子与辐射充斥着整个行星际空间，形成了一个充满辐射和磁场的复杂空间环境。行星际空间的等离子体、行星际磁场与有内禀磁场的行星磁场相互作用形成了行星磁层，电磁辐射电离、行星际等离子注入行星中高层大气形成了行星电离层，因此行星际空间环境在行星系统的形成和演化过程中起到了重要的作用。

电磁辐射、太阳风等离子体及高能粒子在注入的过程中都会加热行星大气，而行星际磁场调控着它们的输入，因此对于行星热环境的研究离不开对于行星际空间环境的认知。

3.1.2　探测手段

（1）粒子探测仪

粒子探测仪包括能谱仪和高能粒子探测仪，其原理都是利用不同荷质比粒子在磁场中运动规律的不同，从而将等离子体不同成分分离并测量其密度、速度分布的仪器。图 3－1 给出了 Explorer－A 卫星搭载的能谱仪（Chappell，et al.，1981），这是早期比较原始的能谱仪结构。而现在的能谱仪为了增强仪器的稳定性和测量精度，虽然原理不变，但其设计和结构已经有了很大不同。图 3－2 给出了 MAVEN 卫星搭载的 STATIC 高能粒子探测仪（McFadden，et al.，2015），其主要包括静电分析仪和飞行-时间速度测量仪。空间中的带电粒子经过静电分析仪的筛选，进入仪器，再通过一定的电场加速，进入飞行-时间速度测量仪，从而测得特定荷质比离子的密度和能谱分布。通过能谱仪的测量结果，也能推算出等离子体中离子成分的温度。从图中可以看到，仪器呈半球形加圆柱形结合的形状。

针对特定探测对象的特定探测任务，仪器往往会有针对性的设计，以信使号（MESSENGER）探测器上的高能粒子和等离子体探测仪（EPPS）为例，其由两个传感器

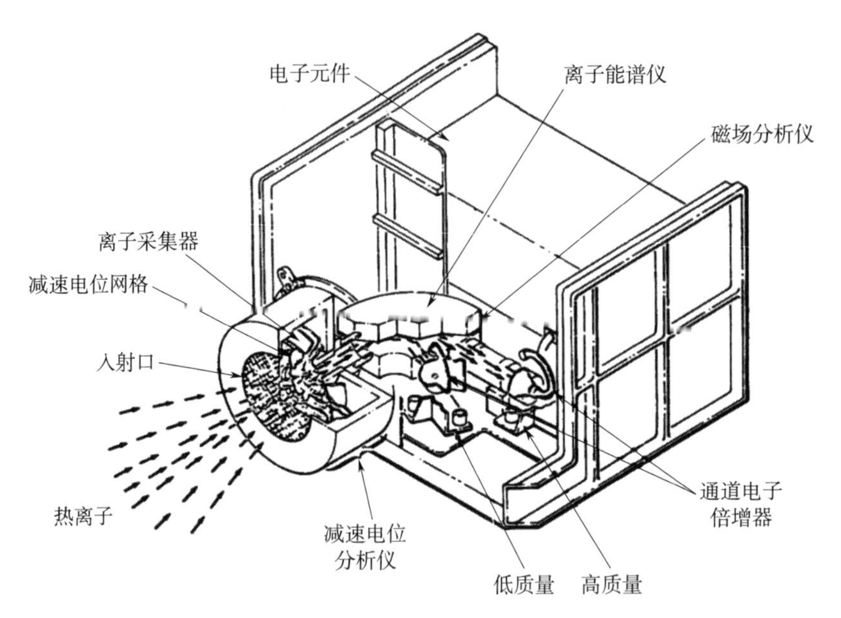

图 3-1 Explorer-A 卫星搭载的能谱仪

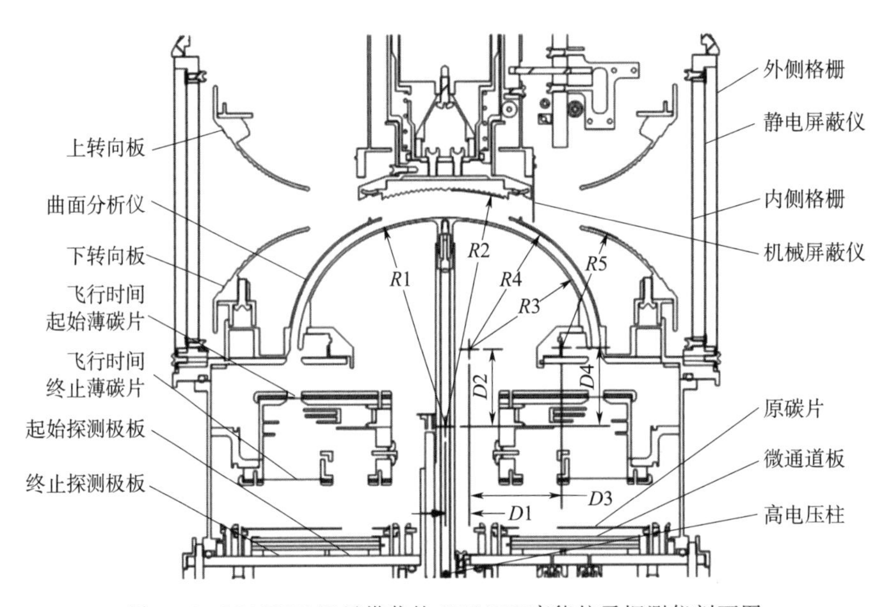

图 3-2 MAVEN 卫星搭载的 STATIC 高能粒子探测仪剖面图

组成：高能粒子探测仪（EPS）和快速成像等离子体探测仪（FIPS）。EPS 测量原位电子和离子的高能组分的能量、角度和成分分布，而 FIPS 测量离子分布的低能组分的能量、角度和成分分布。EPPS 能够探测等离子体密度、温度和成分与区域的关系，以得到等离子体加热随边界、区域和动态事件的变化特性。

任何对水星和地球的比较都必须考虑到它们不同的空间环境。高能粒子群、太阳风结构和磁配置在地球附近的环境和在水星轨道上的 0.3 AU～0.4 AU 附近的环境之间会有所不同。地球和水星之间行星际环境的演变本身也具有内在价值。EPPS 将测量行星际环境中高能离子和电子成分（朝向太阳的部分）的各个方面，并将感知来自星际和本地气源的中能量拾取离子。名义上，FIPS 传感器没有角度来观察太阳风。然而，当航天器位于太阳风绕水星偏转的位置时，偶尔会在水星附近观测到太阳风。

快速成像等离子体探测仪（The Fast Imaging Plasma Spectrometer，FIPS）是一种全新的传感器，如图 3-3 所示，专为信使号水星任务而设计（Zurbuchen，et al.，1998）。该传感器被设计用于描述每电荷能量（E/Q）范围内的电离物种，从50 eV/Q～20 keV/Q。该传感器的创新之一是新型静电分析仪（ESA）系统的几何结构，可实现大的瞬时视场。

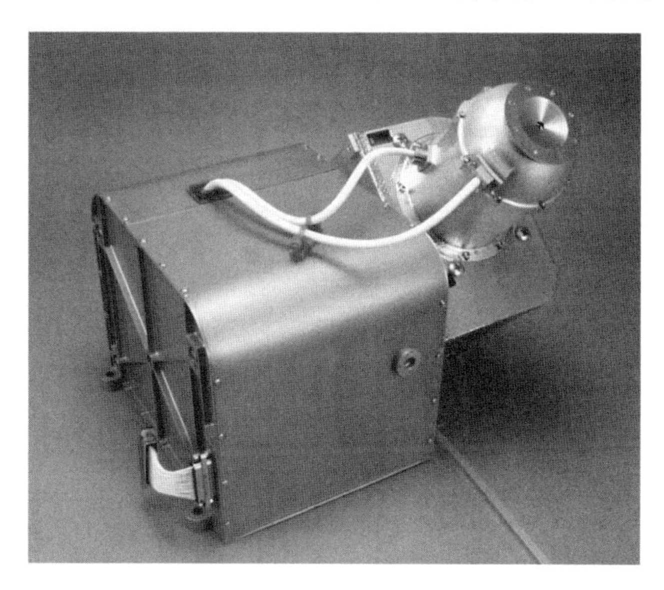

图 3-3　快速成像等离子体探测仪（FIPS）

高能粒子探测仪（The Energetic Particle Spectrometer，EPS）可以在大范围的能量和俯仰角上测量离子和电子，如图 3-4 所示，主要测量 H～Fe 的粒子组成和能谱，从 15 keV/核子到 3 MeV/核子，以及从 15 keV～1 MeV 的电子。EPS 概念是旨在设计一种低质量、低功率传感器，可以测量高能粒子，包括行星和彗星附近产生的拾取离子。

图 3-4　高能粒子探测仪（EPS）

（2）光谱仪

光谱仪是以色散元件将电磁辐射分离出所需要的波长或波长区域，并测量选定波长上或某一波段的强度的仪器。图 3－5 给出了 CASSINI 卫星搭载的紫外线和可见光光谱仪（UVIS）的光路图，光谱仪的结构通常包含入射狭缝、用于分光的棱镜以及测量光强的光电阴极。光谱仪通过分光得到特定波长或特定波长范围的光子，光子到达光电阴极或成像仪上，通过测量光电子信号的强度，可以得到光子的强度。由于不同波长的光谱测量需要不同的分光仪，且测量用的阴极或者成像仪对于不同波长的灵敏度也不同，单独的光谱仪通常无法覆盖所有波段。根据波长不同，光谱仪常分为红外光谱仪、紫外光谱仪以及可见光波段的光谱仪，联合使用多种光谱仪测量，才能得到较为完整的光谱数据。对于特定的研究方向，有时只需要使用特定的光谱仪数据。图 3－5 只给出了 UVIS 在红外波段的光路和仪器主要结构示意图，实际上 UVIS 拥有多种不同模式，也可以测量紫外和可见光波段的光谱。

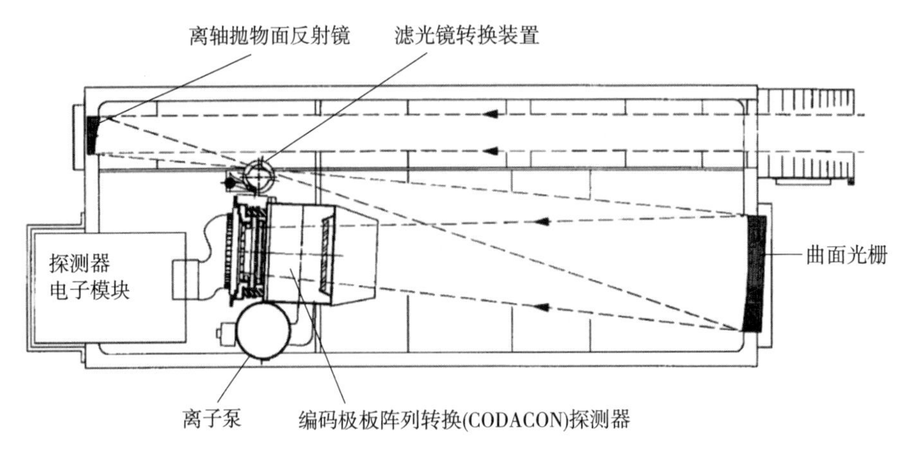

图 3－5　CASSINI 卫星搭载的 UVIS 探测仪的光路图

水手 10 号红外线辐射计用来测量等效黑体表面温度，如图 3－6 所示，两个光谱通道，覆盖 140～325 K 的温度范围。蒸发薄膜热电堆探测器在 140 K 的表面温度下提供优于0.5 ℃ 的温度分辨率。该仪器以 40 km 的空间分辨率测量了水星的热辐射（Chase，et al.，1974），在接近当地午夜的赤道地区，最低气温为 100 K（在近日点附近的太阳下点，最低气温约为 700 K）。

（3）朗缪尔探针

朗缪尔探针是等离子体性质的诊断方式之一，也是最基本的诊断方式。向等离子体中插入一根极小的电极，然后加上一定的电压，测定通过的电流与所加电压的关系，可以得到探针的电压-电流特性曲线。再根据曲线上的特殊点就可以求得等离子体的密度和电子温度。双探针的朗缪尔探针还可以测量电子波动。图 3－7 给出了 MAVEN 卫星搭载的朗缪尔探针平面设计图（Andersson，et al.，2015），其最主要的结构便是两根狭长的探针。

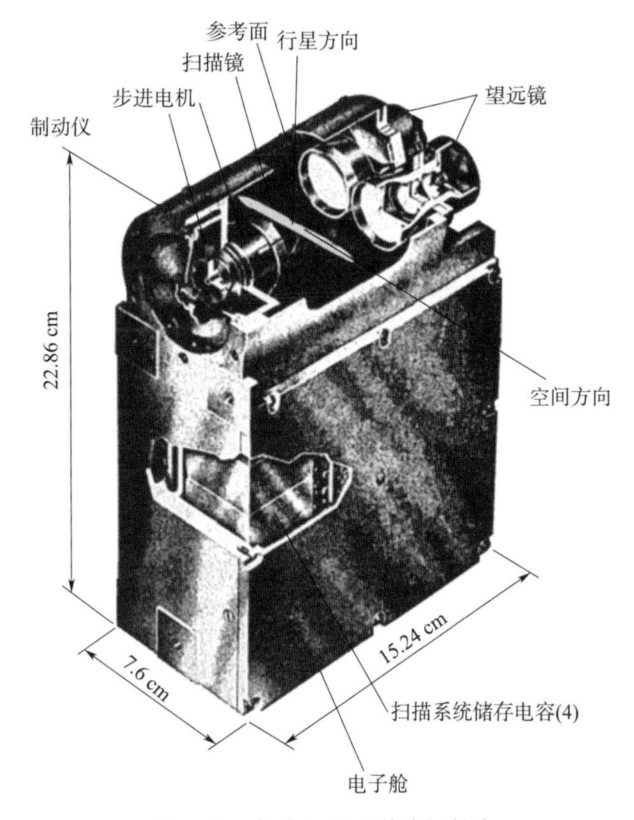

图 3-6 水手 10 号红外线辐射计

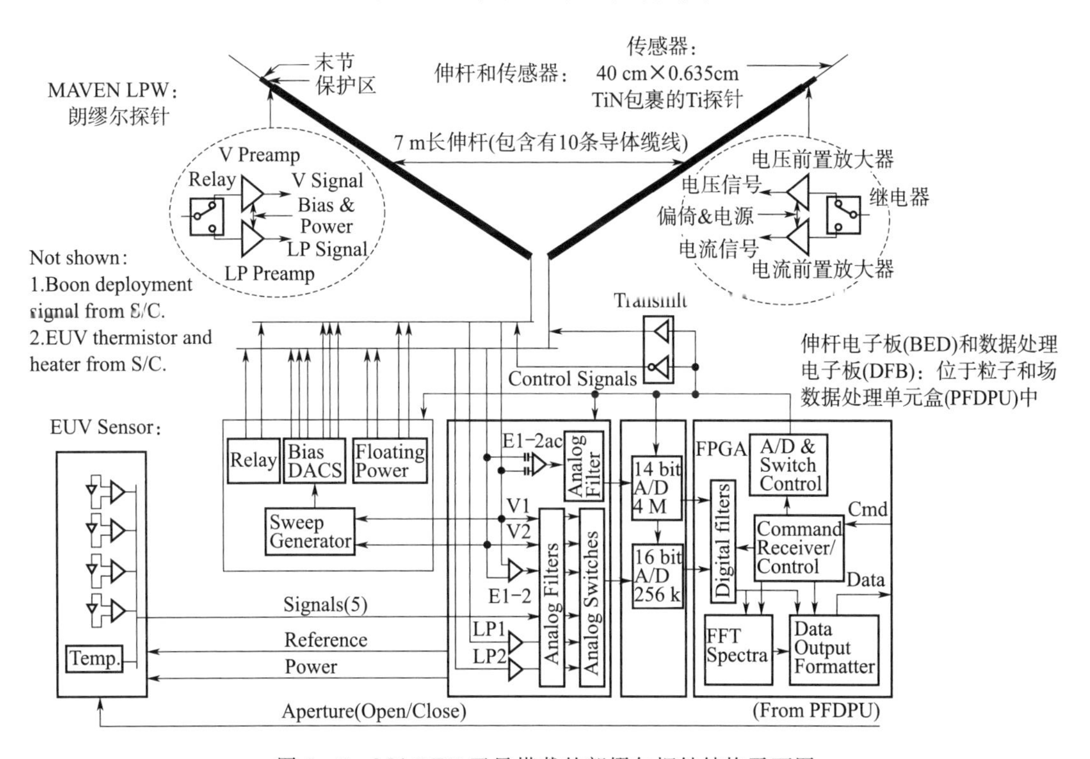

图 3-7 MAVEN 卫星搭载的朗缪尔探针结构平面图

（4）磁强计

行星际空间环境中充斥着行星际磁场，许多行星本身也有固有磁场，太阳风与行星大气相互作用时也会产生感应磁场。行星际空间中磁场无处不在，想要研究行星际空间环境，对于磁场的测量不可或缺。测量磁场的仪器称为磁强计，根据不同的原理，磁强计分为多种类型：通过测量磁场对于核子自旋影响的核子自旋式磁强计，通过测量塞曼效应等光学效应的光泵式磁强计，以及测量磁性物质磁滞回线的磁通门磁强计。以最常用的磁通门磁强计为例，无论是顺磁性、抗磁性还是铁磁性的磁性物质，在外加磁场中，都会产生感生磁场，影响外界磁场的强度。磁通门磁强计的主要结构包括线圈和磁芯，通过向线圈中施加特定强度的激励电流，测量输出信号，就能得出平行于磁芯的环境磁场强度。当环境磁场为零时，输出的感应电动势只包含激励磁场信息，输出信号只含有激励信号频率的奇次谐波成分；当环境磁场不为零，输出的感应电动势既包含激励磁场信息，也包含环境磁场的偶次谐波。提取磁通门信号中的偶次谐波成分，并测量其大小，可得到待测背景磁场平行于磁芯方向的磁场强度。为提高仪器的分辨率和稳定性，磁通门磁强计有双芯和环形等多种改良型号。图 3-8 给出了 THEMIS 卫星搭载的磁通门磁强计，它是环状磁芯的设计。

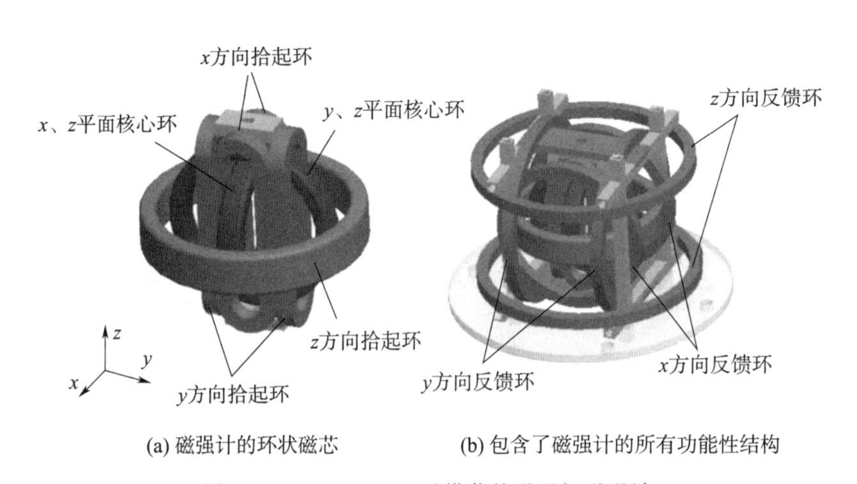

(a) 磁强计的环状磁芯　　(b) 包含了磁强计的所有功能性结构

图 3-8　THEMIS 卫星搭载的磁通门磁强计

3.1.3　探测历史

（1）太阳风

1859 年，Carrington 和 Hodgson 看到了太阳上短暂的耀斑（Carrington，et al.，1859；Hodgson，et al.，1859）。Carrington 注意到，在耀斑后约 17 小时 40 分钟地球上发生了一场磁暴，但他认为这仅仅是一个巧合。Maunder 发现地磁活动有时会有 27 天的重复周期（Maunder，et al.，1904），与太阳自转的周期相同。英国皇家邱园天文台主任 Chree（1913）证明 Maunder 的大约 27 天准周期结果在统计学上是显著的。虽然这些地球上的周期性地磁活动被 Chree 证实，但在可见太阳表面上没有产生这一现象的光学特征。直到从天空实验室上获得太阳的软 X 射线图像，人们才意识到高速太阳风源自太阳上的低温区域（Krieger，et al.，1973），行星际空间中充斥着来自太阳的等离子体。Ludwig Biermann和Thomas Cowling研究了彗星的离子尾，从地面观测中推断出有太阳风从太阳中吹拂出来。Gringauz（1961）提供了太阳风存在的观测线索，Neugebauer和Snyder（1966）首次从水手2号的原位测量中直接测量到太阳风的存在。目前已知的太阳风分为慢速太阳风和快速太阳风（Neugebauer M，Snyder C W，1966；Belcher J W，Davis L Jr，1971）两种基本类型。慢速太阳风被认为起源于太阳盔流处，在地球附近速度为300～400 km·s^{-1}，密度为5 cm^{-3}，质子和电子温度分别为0.5×10^5 K和1.0×10^5 K，磁场强度为5 nT。快速太阳风起源于日冕洞（Krieger，et al.，1973），在1 AU处的速度为750～800 km·s^{-1}，质子密度为3 cm^{-3}，质子和电子温度分别为2.8×10^5 K和1.3×10^5 K，磁场强度为5 nT。1982年，Marsch等人从太阳神（Helios）太阳探测器首次得到了太阳风等离子体的全三维速度分布。图3-6给出了他们得到的0.3 AU～1.0 AU范围内太阳风质子的速度分布。从图中可以看到，慢速太阳风的质子分布更接近各向同性[图3-9（a）、（g）]；而快速太阳风垂直于磁场的速度大于平行磁场的速度（图3-9中最右侧一列）。然而，通过二阶矩计算得到的平行磁场温度却大于垂直磁场温度，这是由于垂直磁场方向的“高能阈值”（“high-energy shoulder”）存在。同时，从图中可以看出，速度分布的各向异性在接近太阳时更明显。此外，图3-9呈现出明显的从左到右、从上到下速度分布范围逐渐扩大的趋势，这说明太阳风速度越大、距离太阳越近，太阳风温度越高。值得注意的是，在非常接近太阳的区域（$r<R_\odot$），低速太阳风的温度要高于快速太阳风。由图3-9推算出的等离子体参数在表3-1中给出。

（2）太阳辐射及银河宇宙射线

太阳辐射是太阳主要的能量释放途径之一，尽管辐射与太阳风等空间等离子体几乎没有相互作用，但其是内太阳系各大行星最主要的能量来源；同时高能的太阳辐射能够电离行星中性大气，形成电离层，因此也是行星大气光化学反应的驱动因子。

太阳辐射的能量主要集中在近红外、可见光和近紫外波段。在光球层、色球层和日冕中存在的磁场影响着太阳大气的热力学和动力学结构，由于磁场分布的不均匀性，任意波段的太阳辐射都是由不同高度的太阳大气释放的辐射叠加而成的，而最终的辐射强度由不同高度太阳大气等离子体对于辐射的发射和吸收系数决定。太阳总辐照度是在一个天文单位上每单位面积上光谱积分，是入射太阳能量的度量。多年来，人们一直在太空中对太阳总辐照度进行精确测量，这些观测数据可以组合起来产生一个覆盖长时间的太阳辐照度时间序列（Fröhlich，Lean，2004，图3-10）。结果显示，在不同的太阳周期中，太阳总辐照度的峰值之间的变化很小，约为0.06%～0.07%。这种变化很大程度上是由黑子和亮斑在太阳表面的下沉和上浮导致的。在太阳活动极大期，黑子和亮斑的净作用会导致太阳亮度的增加。利用太阳总辐照度和日地平均距离，可以求出太阳光度，目前测得的太阳光度约为3.845×10^{26} W。根据能量守恒，太阳辐射通量随与太阳的距离平方反比衰减，越靠近太阳的行星际空间，太阳辐射强度越大。值得注意的是，虽然太阳辐射的强度主要集中在红外、可见光和紫外波段，但是短波波段的变化幅度是最大的。例如，在太阳耀斑期间，

表 3-1　太阳风等离子体参数

Day 1976	Time/ UT	R / AU	$\|v_p\|$ / (km/s)	n_p / cm^{-3}	$\|Q_p\|$ / [10^{-4} erg/(cm^2 · s)]	v_D/(km/s)	$T_{\parallel p}$/ 10^5K	$T_{\perp p}$/ 10^5K	B/ 10^{-5} Gs	a_B/ (°)	ε_B/ (°)	$f(v_M)$/ $10^{-20}cm^{-6}$ · s^3	Letter
30	1634:21	0.964	360	17.3	0.20	…	0.48	0.39	8.2	71.7	7.2	18.93	A
35	1021:43	0.949	479	6.7	1.83	67.7	1.81	1.12	6.8	−67.6	21.1	1.33	B
23	1150:54	0.978	717	2.1	5.17	…	3.43	2.62	4.7	134.3	45.3	0.34	C
73	2134:54	0.681	377	20.6	5.08	…	0.94	0.36	12.7	124.3	6.8	22.80	D
71	1952:25	0.703	515	4.4	4.15	…	2.84	0.81	9.4	−39.9	−2.8	1.87	E
67	2232:33	0.742	667	5.6	9.35	…	3.13	3.30	9.4	−80.5	44.2	0.30	F
122	0157:09	0.421	359	139.6	2.08	…	0.75	0.80	17.6	145.8	34.4	59.43	G
88	0351:25	0.504	463	21.2	45.15	…	4.15	1.92	17.8	36.3	17.2	2.57	H
85	1132:18	0.546	618	10.4	15.00	…	2.67	2.88	17.2	−16.5	38.8	0.96	I
102	0933:49	0.319	360	129.0	111.90	…	2.23	0.88	33.5	156.1	−15.9	70.92	J
119	2114:15	0.391	494	26.2	81.15	122	5.23	4.10	28.0	−166.5	27.6	0.97	K
107	0750:54	0.291	781	28.3	118.60	242	5.66	9.67	44.9	−141.5	−21.0	0.43	L

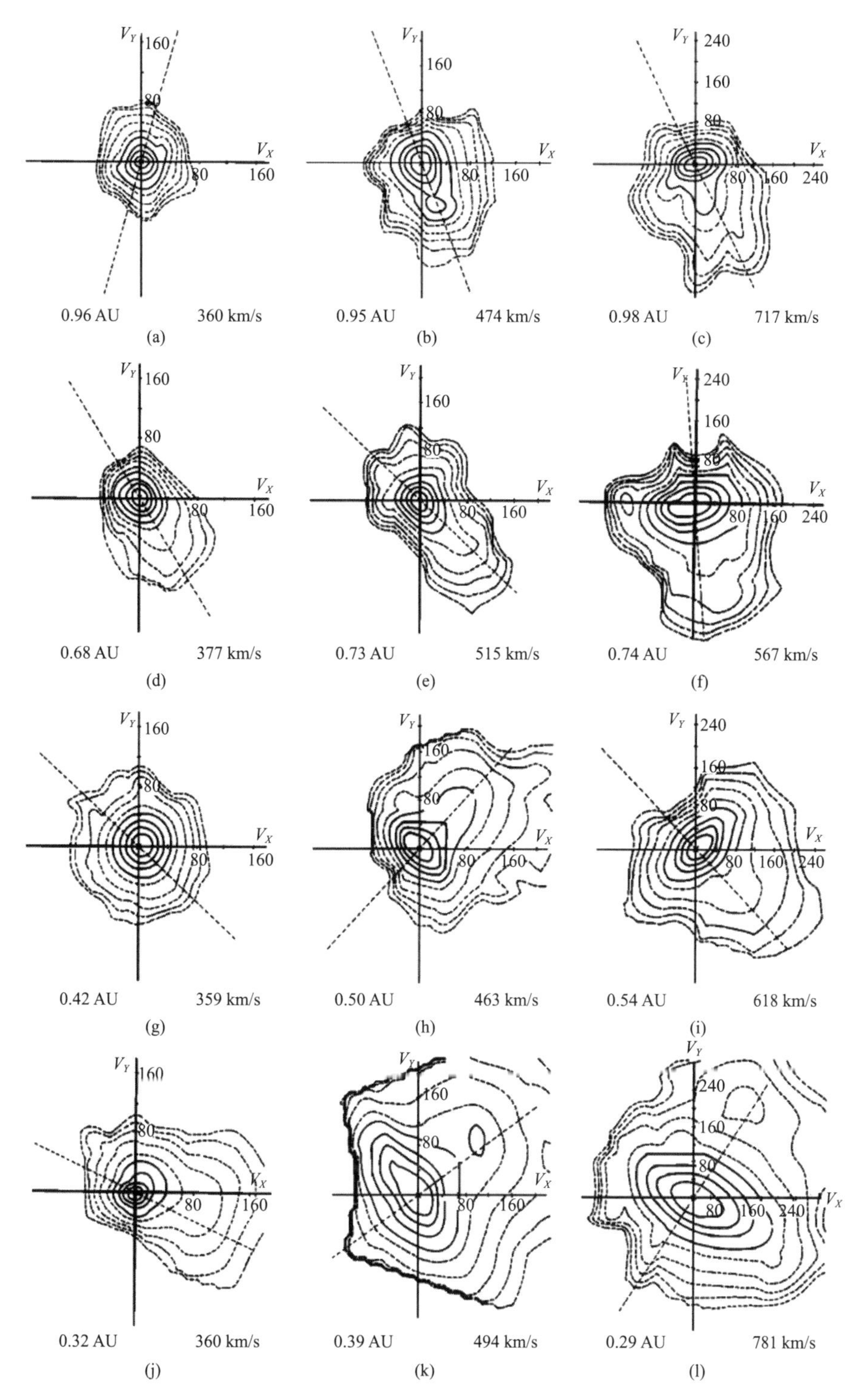

图 3-9　太阳神 2 号在不同太阳风速度（从左到右增加）和不同径向距离（从上到下减少）下测量的质子速度分布。剖面由整体流动速度矢量（v 轴）和磁场矢量（虚线）定义的平面确定。实线等高线分别对应最大相空间密度的 0.8、0.6、0.4、0.2 分数，虚线等高线分别对应分数 0.1、0.032、0.01、0.0032、0.001

太阳辐射中大 X 射线和极紫外辐射通量会有很大增加。这些高能的短波辐射，会大大影响行星大气的电离和光化学等过程，因此对于太阳辐射不同波段的研究也十分重要。

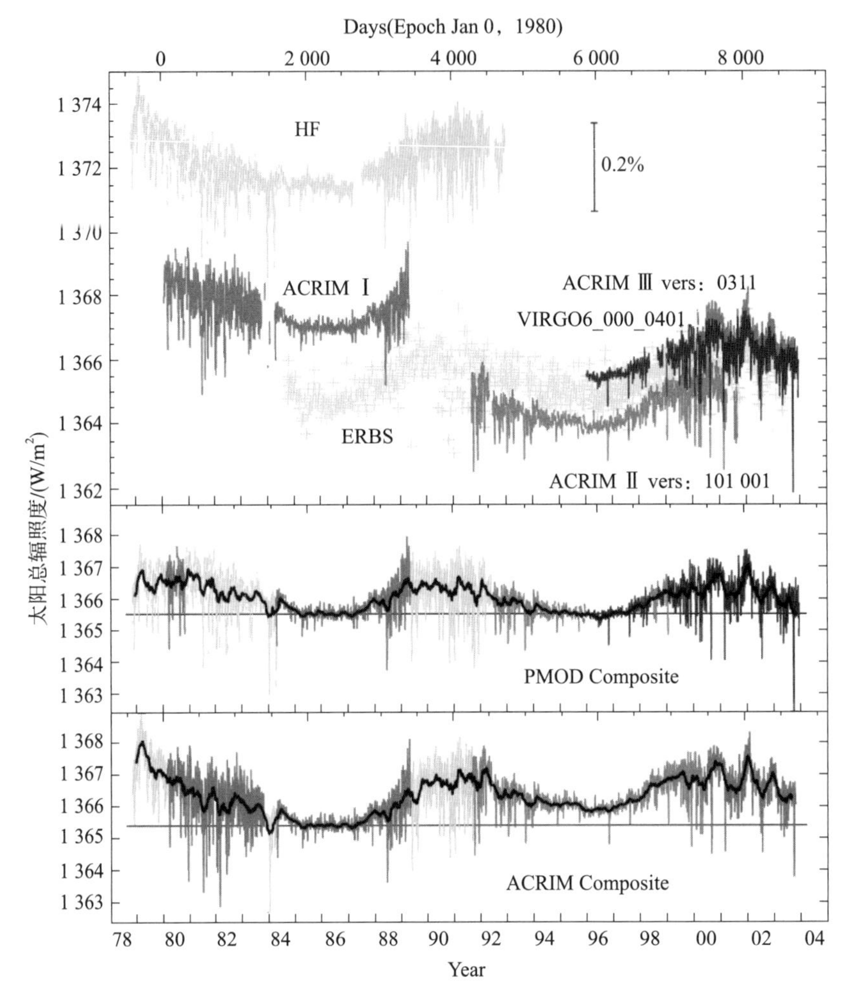

图 3-10 不同仪器的日平均太阳总辐照度时间序列（下面两幅子图中的阴影区域）和 81 天滑动平均值（下面两幅子图中的黑色实线）。由不同的学者从不同仪器数据（顶部子图）中得出，总辐射强度有微小的偏差（见彩插）

高能银河宇宙射线（1～15 GeV 及以上）可以深入地球大气层，改变平流层和对流层的同位素浓度，并留下电离的粒子尾迹。宇宙成因同位素被纳入冰、海洋和生物量沉积物中，留下了银河宇宙射线通量的记录，而电离的粒子可能直接或间接地改变云成核过程。同样，由于银河宇宙射线的能量很高，同样可以穿透其他类地行星的大气，影响其物理化学过程。银河宇宙射线被认为主要是在超新星爆发过程中的激波加速产生的。由于星际介质充满了高度结构化的磁场，这些磁场调制了银河宇宙射线粒子在从源点到日球层顶的过程中的路径，从而打乱了来源方向，使银河宇宙射线的通量在日球层的不同方向具有高度的各向同性。进入日球层后，银河宇宙射线的运动受太阳磁场的调控。因为行星际空间的物质非常稀薄，碰撞作用可以忽略，银河宇宙射线的运动主要受4种过程的约束：小尺度磁场不均匀性导致的扩散作用、电磁场的 $E \times B$ 漂移、磁场的梯度漂移和曲率漂移以及径向的扩散或激波压缩等绝热过程。具体的控制方程可以参考帕克传输方程（Parker，1965；Jokipii，1991）。银河宇宙射线的输运受到日球层磁场的调制，因此受到太阳活动性的影响。图3-11给出了在地球附近测得的银河宇宙射线的谱线，可以看到，在太阳活动性强的时候，银河宇宙射线通量小；反之在太阳活动性弱的时候，银河宇宙射线通量大。图3-12也证明了银河宇宙射线与太阳活动性的这种反相关关系。

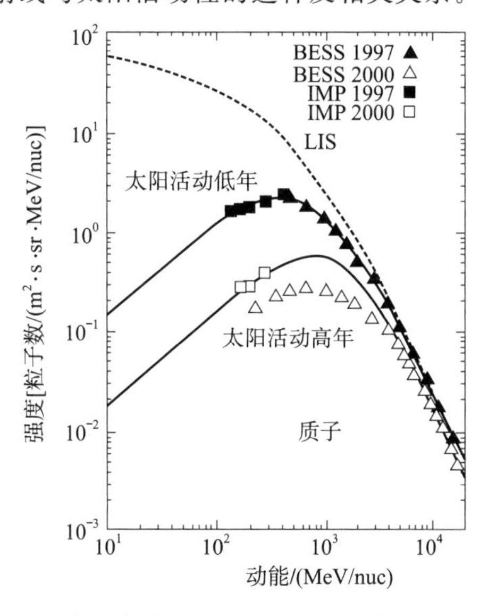

图3-11　地球附近测得的银河宇宙射线强度（填色的图案代表太阳活动性弱的时期，未填色的图案代表太阳活动性强的时期，图片源自 Caballero-Lopez，et al.，2004）

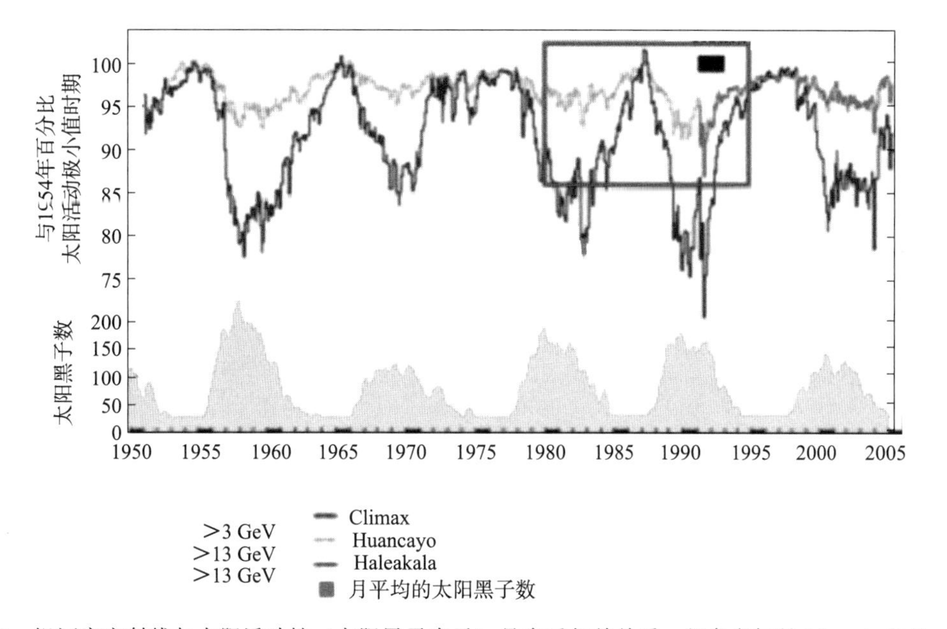

图3-12　银河宇宙射线与太阳活动性（太阳黑子表示）具有反相关关系。红色方框是 Marsch 和 Svensmark（2000）用于研究银河宇宙射线与云形成所用的数据时间（见彩插）

（3）太阳高能粒子

在太阳耀斑期间会产生能量范围在 1 MeV 到 5 GeV 的高能粒子（Forbush，1946；Anderson，et al.，1959；Reames，2013 以及其中的参考文献）。这些高能粒子能够电离行星中高层大气，影响行星的电离平衡；参与行星大气的化学反应；影响行星大气的能量收支平衡；对行星大气的现状及演化有重要贡献，是行星际空间热环境的重要组成部分。同时，高能粒子会影响飞行器的运行和使用寿命，足够强的高能粒子事件会造成仪器或飞行器的损坏。太阳耀斑/日冕物质抛射（CME）过程中的磁重联现象（Freier，et al.，1963；Kallenrode，2004）、磁声波的随机加速（Miller，et al.，1996）、发生在快速太阳风与慢速太阳风相互作用的共转相互作用区的激波加速（Tsurutani，et al.，1982）等过程都有可能产生高能粒子。

针对高能粒子的通量分布，高能粒子事件通常可以分为两类（Cane，et al.，1986；Kallenrode，et al.，1992）：通量急剧上升的被称为“脉冲”事件，通量缓慢变化的被称为“渐进”事件。脉冲事件通常是由在太阳表面耀斑事件等加速的粒子产生的；而渐进事件通常范围更广、具有更复杂的组成特征，通常与行星际日冕物质抛射事件有关。图 3-13 给出了 2006 年观测到的一个高能粒子事件实例，图中同时给出了观测结果和理论预测的结果（Verkhoglyadova，et al.，2010）。值得注意的是，两种事件的区别并不总是那么明显，且两者会随着时间发展相互转化：如有一系列的事件在 0.3 AU 处是脉冲型，在 1 AU 处发展为渐进型（Kallenrode，2006）。这些事件通常又称为混合型事件，且同时表现出脉冲事件和渐进事件的特征（Cane，et al.，2003；Li，et al.，2005）。由于影响高能粒子产生的马赫数、激波法向夹角、上游环境等条件的空间变化非常复杂，对于高能粒子的模拟十分困难，具体的工作可以参考 Zank 等人（2000）、Rice 等人（2003）和 Li 等人（2003）。

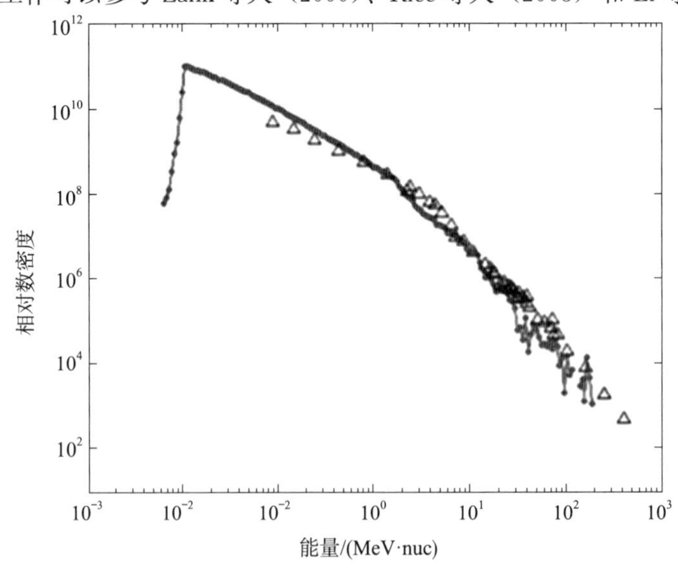

图 3-13　2006 年高能粒子事件的质子能谱。实线代表 PATH [Particle Acceleration Throughout the Heliosphere（Zank，et al.，2000）] 模型的结果，三角形是 ACE，STEREO，GOES-11、SAMPEX 等航天器的观测结果（Verkhoglyadova，et al.，2010）

3.1.4　前沿科学问题与未来研究方向

基于前文提到的许多研究（Fröhlich，et al.，2004 以及其中的引文），人们对于太阳辐射的传输以及变化性已经有了深入的了解，而对于太阳辐射变化性的研究引发了学者们对于引起太阳辐射变化背后的物理机制的兴趣。Spruit（1976）以及 Schrijver 和 Zwaan（2000）就曾关注太阳表面的磁通量管对于太阳辐射亮度增强的作用。由于目前的观测无法深入到太阳光球层以下，同时太阳具有复杂的磁场结构，人们对于太阳内部及其各种现象的产生机制仍不清楚。太阳辐射强度的变化是由磁场调制还是有其他热力学、动力学因素影响，仍是有待解决的问题。而针对这一问题，最好的方式可能还是通过更进一步的观测来探明。

太阳风充斥着太阳系的整个行星际空间，对于太阳风的研究涵盖多种方向。太阳风与行星的作用会形成磁暴或者亚暴，前人对于磁暴和亚暴的特征、成因和影响因素都有了细致的研究（McIlwain，1961；Dessler，et al.，1959；Tsurutani，2000）。太阳风有快速太阳风与慢速太阳风两种形式，当快速太阳风追上慢速太阳风时，两者的交界区域形成了非常不稳定的相互作用区（Smith，et al.，1976），该区域常有多种形式的波动以及激波产生。行星际中的波动与激波也是目前研究的前沿方向。以行星际空间最常见的 Alfvén 波（Tsurutani，et al.，1999）为例，前人详细研究了它的成因、极化以及相位变化等（Hasegawa，1975；Lichtenstein，et al.，1980；Tsurutani，et al.，1996）。同时，太阳风中的波粒相互作用以及能量转化、加热机制等也引发了广泛的关注。

3.2　水星空间及表面热环境

3.2.1　水星空间热环境

（1）引言

水星是太阳系自转轴倾斜最小的行星（Dehant，et al.，2014）。因此，水星上不存在四季分明的现象，近垂直的自转轴使水星极地部分撞击坑的底部，永远无法受到阳光的照射成为永久阴影区。受太阳的潮汐锁定及核幔交互运动的影响，水星的公转与自转周期比为精确的 3∶2。因为精确的周期比，水星到达公转轨道近日点时总是固定的两个经度直面太阳。因此，水星的 90°和 270°经度被称为热极（Hot Poles）。水星大气稀薄，只有外逸层。通过水手 10 号、信使号和地基望远镜的观测，在水星外逸层中发现了 H、He、O、Na、K、Ca、Mg 元素的存在。因为与太阳距离最近且没有大气的保护，水星是太阳系中昼夜温差最大的类地行星。水星表面温度较高，在类地行星中具有最大的昼夜温差。水星表面最高温度可达 467 ℃，最低温度可达－183 ℃（Scott，et al.，2013）。处于不同区域的等离子体也拥有不同的温度特征，但其探测数据积累太少，水星热环境仍然具有很多研究缺口。

（2）探测历史

第一个造访水星的探测器是美国国家航天局（NASA）的水手 10 号（Mariner 10，1974—1975 年）。该探测器使用金星的引力调整轨道速度，使它能够接近水星，并成为第一个使用重力助推效应拜访多颗行星（金星和水星）的探测任务。水手 10 号提供了第一批水星表面特写影像，其显示出水星有大量环形山的性质，并透露出许多其他类型的地质特征，如巨型的陡坡，后来归因于水星的铁核冷却时稍微收缩造成的。然而，由于水星轨道公转周期的长度，使水手 10 号每次接近时观察的都是水星的同一侧，轨道如图 3－14 所示。这使水手 10 号不能观察到完全的水星表面，结果是拍摄的水星表面少于 45%。

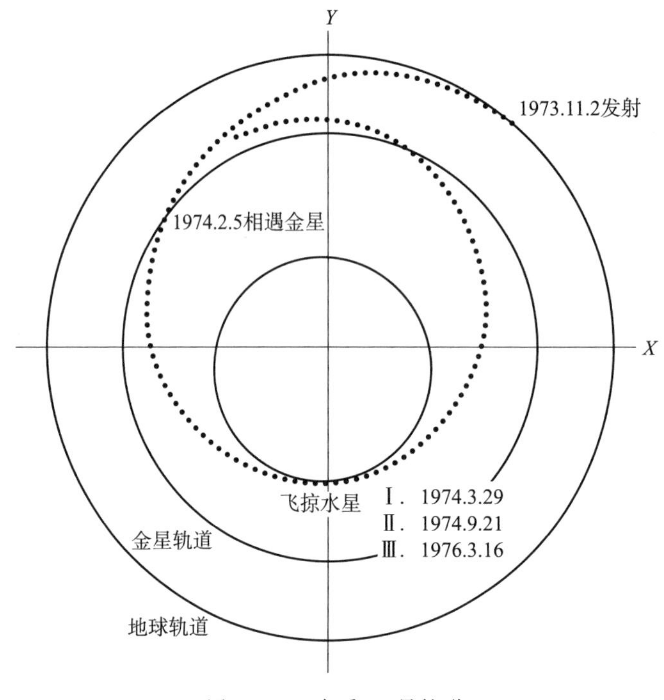

图 3－14　水手 10 号轨道

水手 10 号一共搭载有六种科学仪器，如图 3－15 所示，包括用于拍摄的一对具有数字磁带式记录器的视角狭窄的相机，用于计算金星大气温度和水星表面温度的红外线辐射计，用于探测水星稀薄大气的紫外线分光仪，用于研究太阳风与金星相互作用的太阳等离子侦测器，用于研究宇宙射线的带电粒子探测器，以及用于探测水星磁场的磁强计。此外，水手 10 号还设计了掩星实验和天体力学探测实验。当航天器从行星后面经过时，它的无线电信号被用来探测水星的大气层并精确测量它的半径。通过精确跟踪航天器经过水星时的轨迹，可以确定水星的质量和引力特性。水手 10 号三度飞临水星，最接近时与水星表面的距离只有 327 km。在第一次接近时，仪器探测到水星存在磁场。第二次的接近主要是要拍摄影像，但在第三次接近时，获得了广泛的磁性资料。这些资料显示水星的磁场非常类似于地球，使水星周围的太阳风产生偏离。水星磁场的起源依然有几个主要的理论在相互竞争。

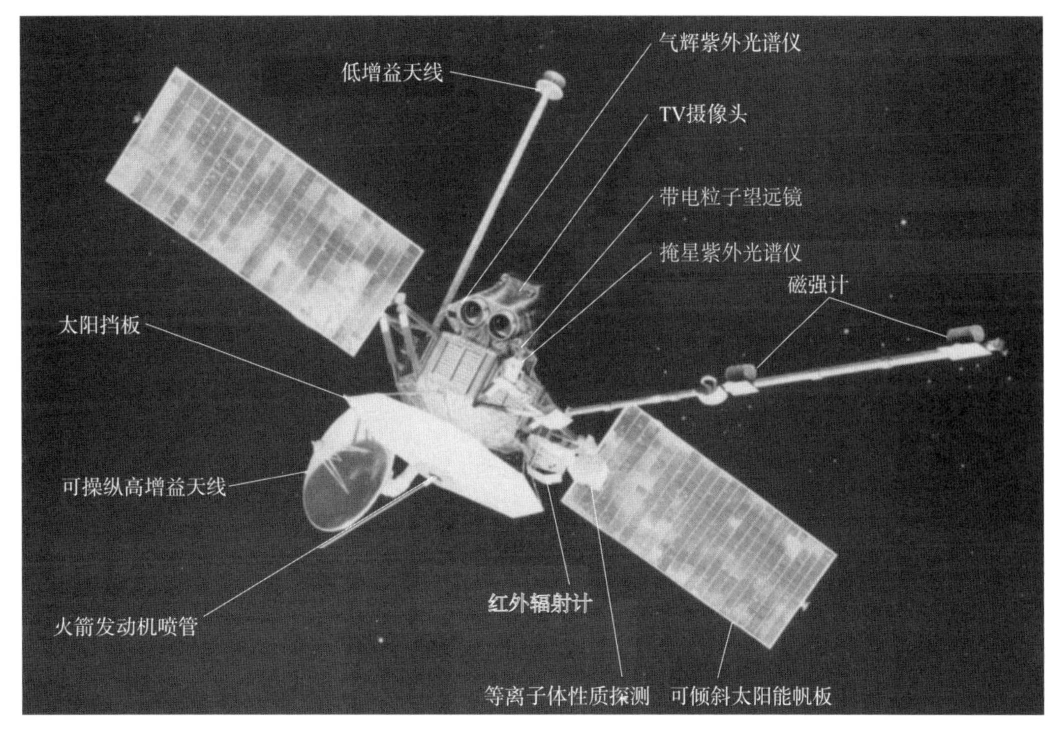

图 3-15　水手 10 号探测器

信使号是 NASA 发射的前往水星的第二颗探测器，目的是研究水星表面的化学成分、地理环境、磁场、地质年代、核心的状态及大小、自转轴的运动情况、逃逸层及磁场的分布等。信使号搭载了七种科学仪器，如图 3-16 所示。1）水星双成像系统（MDIS），用于绘制地形图，跟踪水星表面光谱的变化并收集地形信息。2）伽马射线和中子探测仪（GRNS），用于绘制不同元素的相对丰度图，并有助于确定水星两极是否有冰。3）X 射线探测仪（XRS），用于探测表面发射的 X 射线，以确定水星壳中各种元素的丰度。4）磁强计（MAG），用于绘制水星的磁场图，并搜索水星壳中的磁化岩石区域。5）激光测距仪（MLA），记录这个距离的变化将产生对水星地形高度的准确测量。6）水星大气和表面成分探测仪（MASCS），用于测量大气气体的丰度，并检测水星表面的矿物质。7）高能粒子和等离子体探测仪（EPPS），用于测量水星磁层中带电粒子的组成、分布和能量。此外，信使号还设计了无线电实验（RS），基于多普勒效应来测量航天器绕水星运行时速度的微小变化，用于研究水星的质量分布，包括水星壳厚度的变化。

信使号于 2004 年 8 月 3 日在卡纳维拉尔角空军基地发射，全程轨道变化如图 2-6 所示。它在 2005 年 8 月飞掠地球，并在 2006 年 10 月和 2007 年 6 月掠过金星，将它调整至正确的轨道，以达到能环绕水星的轨道。2008 年 1 月 14 日，信使号首度飞掠水星，2008 年 10 月 6 日再度飞掠，并于 2009 年 9 月 29 日第三度飞掠。在这几次的飞掠中，补全了水手 10 号未曾拍摄的水星半球的拍摄任务。探测器在 2011 年 3 月 18 日成功进入绕行水星的椭圆轨道。信使号是在一个大椭圆轨道上以 12 h 为周期绕水星转动，距离水星表面

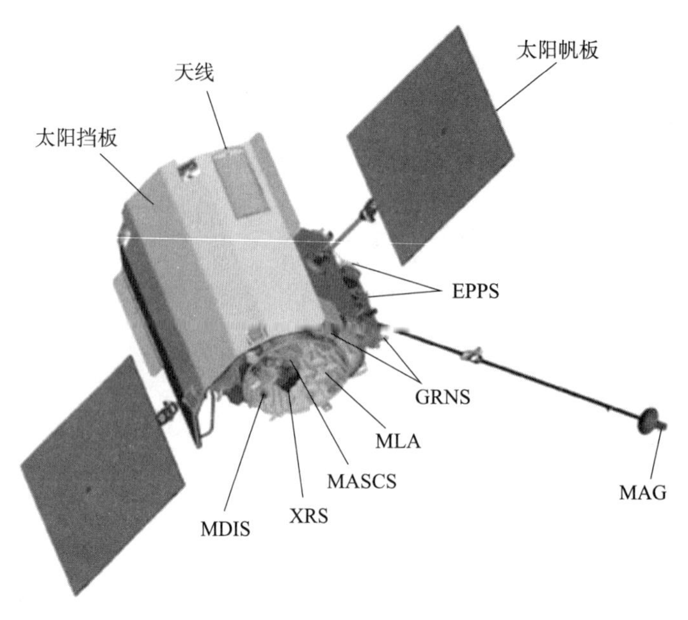

图 3-16　信使号探测器

最近为 200 km，最远则可达 15 193 km。它的轨道最低点位于水星北纬 60°的上空，之所以这样选择是为了能详细地研究卡路里盆地。这个盆地直径 1 550 km，是水星最大的表面特征，并在 2011 年 3 月 29 日获得了第一张在轨道上的水星影像。信使号在 2012 年成功完成了它的主要任务。在继续完成两个扩展任务之后，信使号于 2015 年年初开始用它残留的机动推进剂执行轨道衰减。信使号任务结束后于 2015 年 4 月 30 日撞击水星表面。

（3）科学认识

水星轨道热环境的认知主要依赖于水手 10 号及信使号有限的几次飞掠轨道所得到的数据。Travnicek 等人（2009）发现进入水星的弓激波，在它的黄昏侧，激波几乎是严格垂直的。弓激波处磁场的增加导致等离子体温度 T_p 增长。在弓激波下游，等离子体相对于镜像不稳定性保持略微稳定，形成了可压缩波的下游波列，镜像波序列进一步向下游衰减。探测器穿过磁鞘，并进入其膨胀区域。对流驱动的磁鞘膨胀导致 T_p 增长，等离子体各向异性仍然受到回旋加速和镜像不稳定性的约束。

在磁层顶，随着探测器进入磁层腔，等离子体密度 n_p 下降，太阳方向速度 v_x 约为 0，等离子体温度上升至 $8T_{psw}$；磁层顶下游仍存在一些波。信使号观测到了磁层顶下游的小振幅波振荡（图 3-17）。等离子体 β 仍然在磁层顶下游，因为密度下降已经被等离子体温度的升高所补偿，等离子体仍然几乎是各向同性的。

该研究对水星磁层进行了自洽的全球三维动力学模型模拟，研究了由离子温度各向异性和等离子体流动产生的波和不稳定性。水星上游的弓激波和磁鞘的整体结构在性质上与地球非常相似。波束产生的长波长振荡出现在水星的准平行弓激波的上游，而大幅镜像波则出现在磁鞘中准平行弓激波的下游。一列镜像波也在准垂直的弓激波下游形成。磁层顶附近的速度切变可导致涡状结构的形成。靠近行星赤道面的磁层空腔充满了比太阳风质子

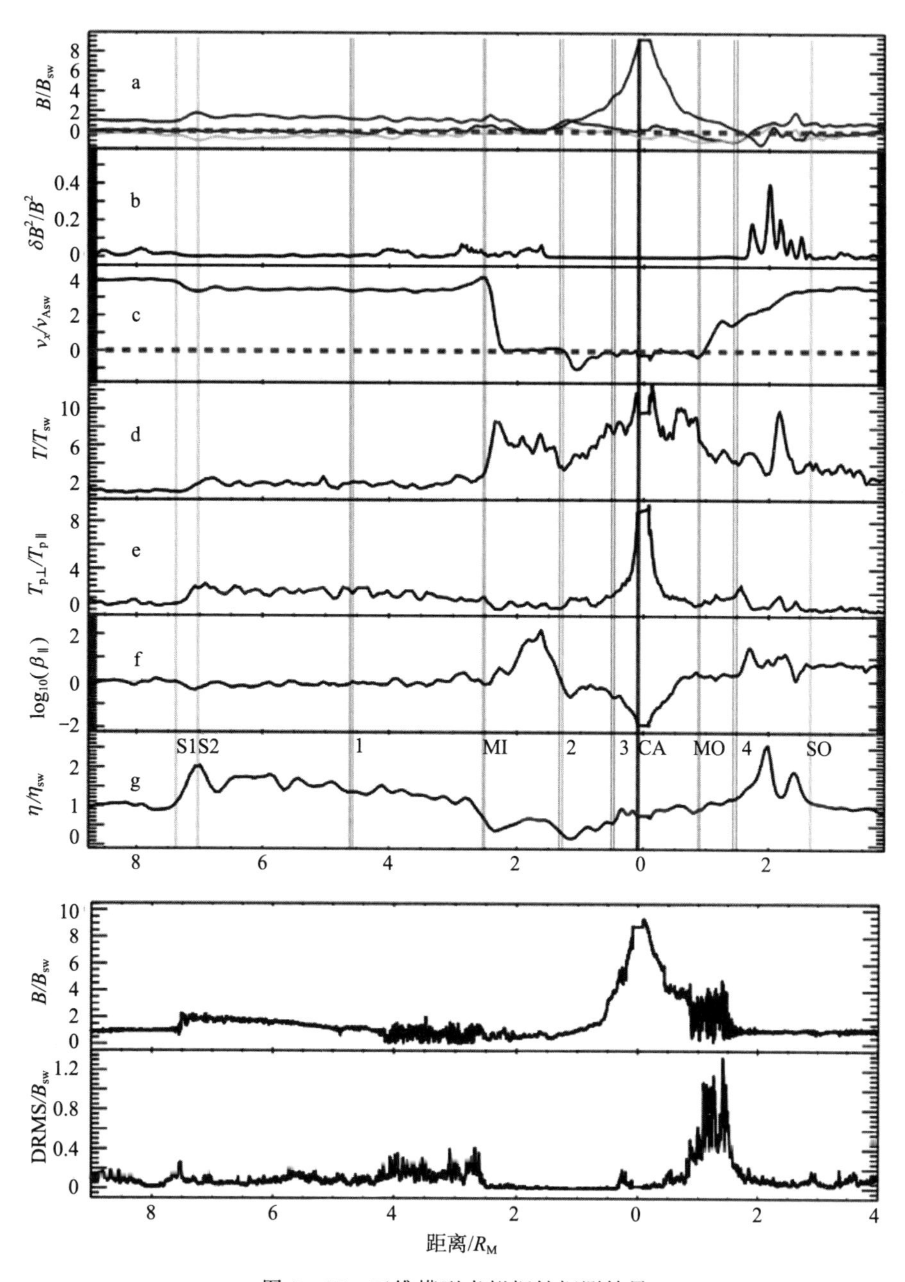

图 3-17　三维模型虚拟探针探测结果

热得多的离子。模型中存在靠近赤道的漂移驱动等离子体带，包含高温各向异性等离子体，该区域带电粒子损失锥较大。这条磁带可能会在水星内部磁场上叠加抗磁效应，并与水星磁场相互作用。

Gershman 等人（2014）利用信使号上的快速成像等离子体探测仪的数据，证明了水星午夜前等离子体片中太阳风和行星离子的平均分布被热麦克斯韦-玻尔兹曼分布很好地描述了。H^+ 主导的等离子体片的温度和密度分别在 1～10 cm^{-3} 和 5～30 MK 范围内，维持了 1 nPa 的热压。主要的离子 Na^+ 的数量密度约为 H^+ 的 10%。太阳风离子相对于 H^+ 保持接近太阳风的丰度，并表现出质量比例的离子温度，表明磁层中以重联为主的加热。相反离子成分被加速到类似的平均能量，比 H^+ 的平均能量大 1.5 倍。这种能量暗示了电势的加速，与水星磁层中存在的强离心加速过程一致。

图 3-18 所示的等离子体密度与 Mukai 等人（2004）从地球上的经验缩放值中预测的等离子体密度的顺序相同。这里发现的温度主要对应于它们衍生的“冷”，即“非亚暴”等离子体薄片值。然而，这些较冷的离子温度仍然比水手 10 号测量的电子温度大一个数量级（Ogilvie，et al.，1977），这表明此处电子对总压的贡献可以忽略不计。离子与电子温度的比值约为 6～10，这与在地球等离子体片中观测到的类似现象是一致的（Baumjohann，et al.，1989）。

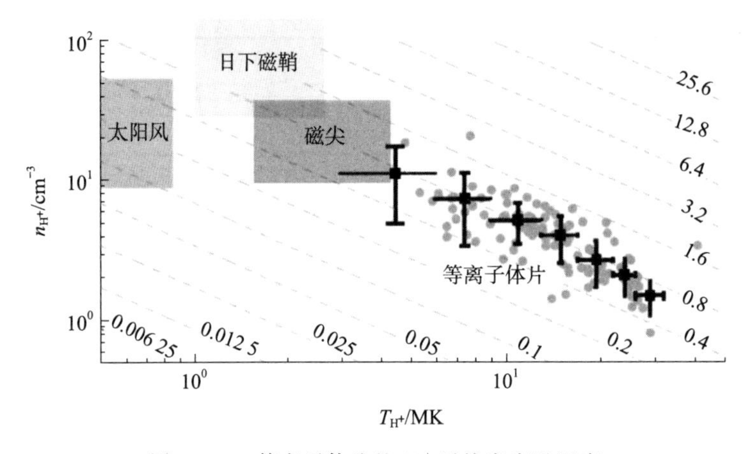

图 3-18 等离子体片的 H^+ 平均密度及温度

在等离子体片中测量到的离子温度是水星次太阳磁鞘（约 2 MK）或磁尖（约 5 MK）中测量到的离子温度的 3～5 倍。这些较高的温度，尽管与地球上的温度相比并不大，但仍然表明除了弓激波之外，还存在着一种重要的加热机制，与水星上观测到的与地球上相比的高重联率相关的加热是一致的（Slavin，et al.，2009；DiBraccio，et al.，2013）。Mukai 等人（2004）预测，水星磁层的小空间尺度可能会限制中心等离子体片的最高温度，但质子热能不太可能小于太阳风的动能。发现与上游太阳能的评估一致风速300～800 km/s（500～3 300 eV），导致等离子体片质子温度在 5～30 MK（400～2 600 eV）范围内。

在假设较少丰富的行星离子物种遵循类似于 Na^+ 离子的热麦克斯韦分布下，可以计算出相对于质子的平均离子密度和温度（$n=7.8\ cm^{-3}$，$T=9.3$ MK），分别如图 3-19 所示。太阳风离子的相对丰度与上游慢太阳风的相对丰度一致，并表现出接近质量比例的温度。然而，行星离子成分的平均温度都比质子的平均温度高 1.5 倍。这些数值表明，离子对午夜前等离子体片中的等离子体热压和质量密度的平均贡献分别为 15%和 50%。

水星的远尾等离子体片由太阳风和行星起源的热离子组成。太阳风离子保持它们的离子组成，表现出在太阳下磁鞘中观察到的 5 倍的加热因子，并具有质量比例温度，与水星

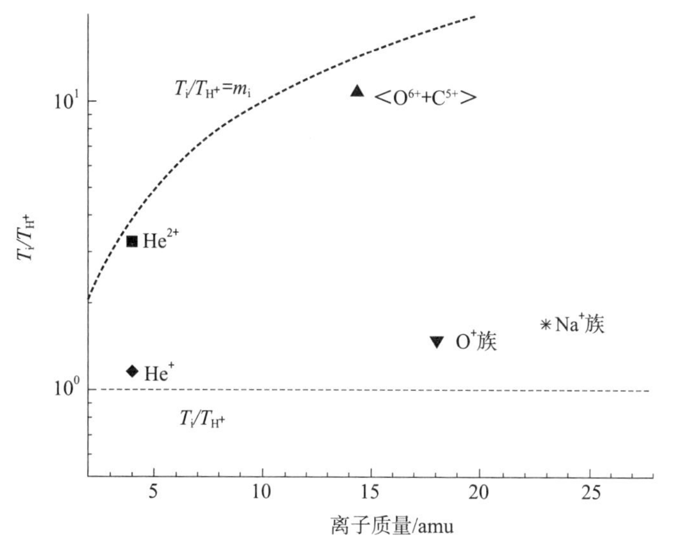

图 3-19　各离子成分相对 H^+ 的平均温度

磁层系统中重联主导的能量一致。然而，离子的 m/q 值范围很广（4～23 amu/e），都被加速到比质子能量大 1.5 倍的能量，对于 v_{sw} 和 Na^+ 的饱和温度为 30 MK。这些在午夜前等离子体片中观察到的离子可能来自水星磁层内部，并在水星的黎明-黄昏电场中通过非绝热运动加速。它们集中在黄昏侧磁层顶，数量足够多，足以影响水星磁层动力学，尽管这些离子是否真的在等离子体片中表现出集体行为仍是一个悬而未决的问题。

Raines 等人（2011）对信使号两次飞掠轨道数据进行分析，M1 和 M2 日面边界层凌日恢复的全套等离子体参数，平均值见表 3-2。在 M1 期间，密度稳定在 20 cm^{-3}，明显高于夜侧边界层的密度。当信使号进入该区域末端的侧翼磁鞘时，温度稳定下降了约 1/2。与夜面边界层一样，昼面边界层在 M2 期间比 M1 期间变化更大。特别值得注意的是，T_p 在接近层的末端时急剧下降，而 n_p 则大幅增加，两者都是在航天器接近外磁层顶时发生的。这种行为可能表明，磁鞘等离子体正在穿透磁层，并与观测到的磁场分量相一致。M2 期间等离子体再次大幅升高，增加了 2 倍；相比之下，M1 的平均密度也比 M2 高 2 倍。这一边界层的存在与模拟结果是一致的，模拟结果显示了水星周围等离子体密度增加的环形圆盘。

表 3-2　信使号两次飞掠轨道相关等离子体参数

飞掠轨道	日侧边界层		夜侧边界层	
	M1	M2	M1	M2
$\langle n_p \rangle$	16	8	4.3	5.2
$\langle T_p \rangle$	1.7×10^6	9.3×10^6	4.8×10^6	8.2×10^6
$\langle p_p \rangle$	0.38	1.02	0.28	0.56
$\langle p_m \rangle$	1.9	0.38	3.1	2.7
Δp_m	−1.63	−1.61	*n/a*	*n/a*

续表

飞掠轨道	日侧边界层		夜侧边界层	
	M1	M2	M1	M2
$<\beta>$	0.2	0.4	0.1	0.2
$<\|B\|>$	69.1	86.6	88.4	81.4

(5) 前沿科学问题

由于飞掠轨道的稀少，导致对水星空间热环境的研究并不够深入，水星空间热环境仍然存在众多待研究的问题，缺少全球性的统计研究。水星具有全球性磁场，其大气仅存在一个外溢层，提供了一个天然研究场所。水星磁场如何影响粒子间的热量交换过程，磁重联对各区域物质能量交换过程有何影响，都能从热环境的相关研究中找到隐藏信息。热环境的相关参数变化，能够在一定程度上揭示上游太阳风与磁场及内部外溢层的相互作用关系，从而深入研究其中的物理化学机制。

3.2.2 表面热环境

(1) 概况

水星同月球一样都是小型无大气类地天体，表面演化以撞击过程为主。水星是离太阳最近的行星，但它不是最热的行星，由于大气中的温室效应，金星表面温度更高。但水星的昼夜温差是太阳系中任何行星或卫星中最大的，这是因为它离太阳很近，白昼时间长，而且没有隔热大气。在赤道附近，近日点的表面温度达到467 ℃，热到足以熔化锌。在黎明前的夜晚，同一地点的水星表面温度下降到−183 ℃（Spohn，et al.，2014）。

水星表面热环境与其绕太阳轨道参数紧密相关。相比于太阳系其他行星，水星有着最扁（偏心率0.205）、最倾斜（7°）的轨道，且不断变化。其距太阳平均距离0.387 AU（4.60×10^7 km），从近日点的0.308 AU增大到远日点的0.467 AU。水星有着3∶2（87.97∶58.65地球日）的公转：自转周期比，可能起源于潮汐加热的能量耗散过程、固态幔部与液态核部之间的相对运动。水星的倾角接近0°，因此，它不像地球和火星那样有季节性变化。水星极区存在永久阴影区（Permanently Shadowed Regions，PSRs），温度低于−163 ℃。3∶2的轨道共振比导致水星同一半球总是在近日点转换处面向太阳。由于近日点处日下点是0°和180°经度，它们被称为热极（Hot Pole），远日点处日下点为90°和270°经度，被称为暖极（Warm Pole）（Spohn，et al.，2014）。

(2) 已有研究认识介绍

①表面热环境

早期对于水星表面热环境的认识来自地基望远镜探测，通过测量来自水星的辐射，并根据黑体辐射曲线发现水星表面温度介于250～750 K（Pettit，et al.，1927）。

1974年，水手10号成功飞掠水星，成为第一个探测水星的航天器。其搭载的科学设备中包括一个双通道红外辐射计，被设计用来测量水星发出的热辐射，具有较高的空间分辨率。为了覆盖昼夜的80～700 K温度变化区间，选择了两个以11 μm、45 μm为中心的光谱通道。其数据分析表明，水星表面热惯量在 0.001 5～0.003 1 cal·cm^{-2}·$s^{-1/2}$·K^{-1} 范围内（月球典型热惯量是 0.001），270°暖极的最小日出前表面温度接近 93 K。同时，观测到几个明显的热异常区域，特别是在经度 220°～270°之间区域，其中一个与雷达高反照率/高亮区域相吻合。但受水手 10 号的影像覆盖区域限制，无法进一步对照分析（Chase，et al.，1976）。在水星平均地下温度高得多的情况下，热惯量高于月球可能指示了热辐射对热导率的贡献（Morrion，1981）。

Henderson 和 Jakosky（1994）模拟了水星表面几毫米内的辐射、传导热交换模型，得到了近表面（100 μm）的热梯度，同时探究了其对中红外发射光谱的影响。结果表明，水星细粒风化层表面存在显著的热梯度（80 K/100 μm），在可穿透波段窗口会增加光谱对比度及光谱峰值。热梯度对中红外发射光谱的影响是可预测的，因此行星表面由温度产生的发射光谱可用于远程测定行星表面成分。Emery 等人（1998）提出了一个新的粗糙表面热模型来分析水星 5～12.5 μm 波段的中红外光谱测量结果。该模型包含了 5～7.5 μm 之间的首次水星光谱测量，这是地基望远镜无法观测的波段，来源于柯伊伯机载天文台（Kuiper Airborne Observatory，KAO）飞行时对水星的首次观测。在两个观测期间都存在强烈的 5 μm 发射特征，可能是受到了 30～100 μm 粒度的风化物质在近水星表面产生的热梯度的影响。

Yan 等人（2006）研究发现，水星在表面以下 0.5 m 的垂直结构可能会反映在水星表面温度日变化上，特别是在夜间（白天吸收的热量向上传导至水星表面并辐射到太空）。物理异质性的存在，会导致地下物理参数在（如热导率、热容、孔隙度等）垂直剖面上的不连续，并在水星表面温度的时间演化上留下其特征。通过一维热扩散模型，该研究计算了地下非均质性对水星表面温度夜间剖面的影响。研究指出，如果在水星表面以下 10 cm 处以内出现一些不连续面，产生的温度偏差可达 15 K，而在 10～20 cm 深度范围内出现不连续面则可达 5 K。

NASA 信使号探测器于 2004 年发射升空，2011 年进入水星轨道，其轨道观测为水星的热演化和内部演化提供了新的约束。通过测量水星表面的铀、钍和钾的含量，限制了放射性产热速率，并确定了一系列与水星幔高温、高度部分熔融物相一致的表面成分（Michel，et al.，2013）。

为了迎接即将到来的贝皮·科伦坡探测任务，Bauch 等人（2020）开发了一个基于日照条件、热物理性质计算表面温度的热模型，利用信使号反照率和地形数据生成了近乎全球的水星表面温度图（60°S～60°N）。所得到的温度图的空间分辨率为 16 像素/（°）。此外，还以 32 像素/（°）的空间分辨率，得到了 3 个不同形态、不同位置的研究区域的精细温度结果。

Bott 等人（2023）进行了水星平均表面温度下加热和冷却模拟材料（斜长石和火山玻璃）的实验。在不同温度下测量水星类似物的近红外（1.0～3.5 μm）和热红外（2.0～14.3 μm）反射光谱。在可见光谱中，发现了可能与氧化有关的光谱斜率（变红）和反射率（变暗或变亮）的不可逆变化，而温度对样品的红外光谱特征有可逆影响（例如，波段从 10～100 nm 向更大波长移动)。这些可逆的变化很可能是由加热过程中晶格膨胀引起的。还利用样品中存在的水和冰，研究了 3.0 μm 吸收带在不同温度下的不同变化，有助于未来对水星北极水冰的观测。

②表面热环境与水冰沉积物的关系

针对水冰沉积物存在水星两极的可能性（Thomas，1974），Paige 等人（1992）评估了水星极区水冰的热稳定性。地基观测和水手 10 号的数据表明，水星表面的平均热和反射率特性与月球表面的相似。由于水星仅存在极其稀薄的大气层，可以仅利用太阳辐照、水星热辐射以及热传导的净效应模型来确定其表面的温度。模型计算结果表明，在观测到异常雷达反射和极化特征的地区，水冰可以稳定蒸发；但只有蒸发率足够低，水星极区的水冰才可能长期存在，从而排除了水星极区平坦表面水冰沉积物（即极地冰盖）直接出露的可能性。尽管如此，Salvail 和 Fanale（1994）研究发现水冰沉积物可能存在于＞88°N 区域，并指出 Chao Meng Fu 撞击坑内部可能存在水冰沉积物。

Vasavada 等人（1999）对极区水冰沉积物的热稳定性做出了进一步的研究。考虑适当的日照循环、真实的撞击坑形状、多重散射，以及随深度和温度变化的风化层热物理性质，该研究利用热模型计算了水星平坦表面，以及碗状、平坦坑底撞击坑内的温度。研究发现，没有阴影笼罩的水冰沉积物很快就会因热升华而消失。但如果是厚度达米级的水冰沉积物，位于水星两极 10°的平坦坑底撞击坑 PSRs 区域，则需要数十亿年才能完全升华，因此水冰沉积物的存在是可能的。研究同时指出，如果低纬度、较小撞击坑内存在一层薄的风化层，可以起到隔热的作用，且具有水冰沉积物的雷达回波特征，其内部也可能存在稳定的水冰沉积物。

以上模型假设水星风化层处于辐射平衡状态，与实际存在偏差。为此，Hale 和 Hapke（2002）开发了一套新模型，应用于水星风化层，将模型与观测数据进行校准，约束风化层的辐射电阻率和热惯量等参数，从而约束它们的传导性、热消光系数和平均晶粒尺寸。假设水星具有与月球类似的平均风化颗粒大小，热消光长度是 70 μm，这可能意味着水星风化层更致密。研究同时也证实，即使受日间光照影响，水冰沉积物在水星极区近表面也是可以稳定存在的。

Siegler 等人（2013）进一步指出，由于水星的倾角非常小，轨道偏心率的变化很可能是水星极区温度变化的主要原因。在最近的 10 Myr 中，偏心率在 0.1 和 0.3 之间变化，而在过去的 1 亿年里，可能达到接近零到大于 0.4 的极端偏心率。该研究计算了近极地地区（北极 10°以内）的温度随偏心率的变化。结果显示具有显著温度差异的不同时期，对地下水冰沉积物稳定性产生显著影响。信使号地形数据反映的轨道变化将有助于限制水星水冰沉积物的产生时间。

Gläser 和 Oberst（2023）重新检视了水星北极区域的地形数据、照明条件和相关热条件，以研究雷达高亮区沉积物性质。利用并改进了信使号的水星激光高度计（Mercury Laser Altimeter，MLA）数据，首次在完全可用的 MLA 数据集上推导了光照条件和温度条件。一般情况下，86°N 以南的撞击坑由于高效的自生热量，不能在表面沉积水冰。但对于这其中含有雷达高反照率特征的沉积物的撞击坑，10～20 cm 的风化层温度足够低，足以使水冰稳定。因此，PSRs 外的雷达高亮区可能存在寒冷、浅（<5 cm）-次表层的水冰沉积物。甚至不含雷达高亮区（主要在经度 120°E～340°E）的 PSRs 极有可能也包含水冰沉积物。

（3）未解决的关键问题

①针对水星表面热环境的研究以热模型的模拟研究为主

水星表面热环境的研究以热模型模拟为主，连模拟输入的参数也大多是直接采用月球热模型参数（Chase，et al.，1976），缺乏对水星表面的直接测量。例如，轨道飞行器的直接在轨测量，着陆器的直接测量，当然这受到探测技术的限制。

②水星极区雷达高亮区解释存在争议

首先，来自水星极区的异常雷达高亮区（Harmon，et al.，1994）通常被解释为存在水冰沉积物，但也有人指出其可能是由单质硫的存在引起的（Sprague，et al.，1995）。其次，此类区域并未与实际地形地貌做匹配，无法进一步约束沉积物类型。

③温度变化的精细观测

温度变化的精细观测将有助于探究表层、次表层风化壳的热物理性质，例如热容、热梯度等。水星表面的温度变化很大，主要受太阳辐照影响。精确、充分的在轨观测将会带来关于水星浅表层结构的更多信息（Yan，et al.，2006）。同时，为了正确分析和解释 MERTIS 数据，模拟预设置的热环境非常重要，需要详细研究水星表面温度变化（Bauch，et al.，2020）。此外，由于从颗粒大小、堆积密度角度研究热惯性及风化壳结构需要高达 1K 分辨率的表面温度信息（Bauch，et al.，2020），温度变化的精细观测必不可少。

④水星表面热环境对于撞击过程产物也存在一定影响

Cintala（1992）评估了水星风化层温度对撞击过程的影响。水星表面比月球表面热得多，一个适用于月球和水星环境的撞击熔融和气化模型表明，相比于月球，水星风化层中每单位时间产生的撞击熔融物几乎多出 14 倍，气化物多出 20 倍。该研究也强调，虽然表面温度在决定熔体和蒸汽量方面起着一定的作用，但撞击速度影响更为显著。

⑤水星表面热环境对于光谱探测的影响研究尚不充分

水星围绕太阳的特殊轨道（3∶2 轨道共振）和稀薄大气层产生了太阳系行星体表面最宽的温度变化范围。温度变化在不同程度上影响矿物的物理性质，从而影响矿物的光谱性质。例如热红外光谱，波长大于 1.5 μm 时尤为明显（Clark，1979）。Maturilli 等人（2014）在模拟的水星环境中测量了科马提岩样品的可见光、热红外反射光谱，发现可见光和热红外上均产生普遍变暗和变红的变化。因此，实验室矿物模拟可以作为未来解释 MERTIS 测量数据的基础。

（4）未来探测介绍

水星表面温度将由贝皮·科伦坡任务的 MPO（Mercury Planetary Orbiter）轨道飞行器上的水星辐射计和热红外探测仪（MErcury Radiometer and Thermal Infrared Spectrometer，MERTIS）观测。MERTIS 是 ESA－JAXA 贝皮·科伦坡联合任务有效载

荷的一部分，于 2018 年 10 月发射。该探测仪的设计目的是绘制表面成分图、识别成岩矿物、绘制表面矿物学图，并研究表面温度变化。它也是全球首个从水星轨道上获取水星中红外光谱并同时测量其表面温度的成像探测仪。该仪器具有先进的红外技术，旨在研究水星的表面成分和表面温度变化。MERTIS 的辐射计（TIR）工作在 7～40 μm 波段，将测量日侧和夜侧的水星表面温度，实现 100～725 K 之间的表面温度探测，精度为 1 K。MERTIS 获得的高分辨率、全球性中红外光谱和温度数据将有助于更好地了解水星的起源和演化（Bauch，et al.，2020）。

参考文献

[1] Ambili K M, Babu S S, Choudhary R K. On the Relative Roles of the Neutral Density and Photo Chemistry on the Solar Zenith Angle Variations in the V2 Layer Characteristics of the Venus Ionosphere Under Different Solar Activity Conditions [J]. Icarus, 2019, 321: 661 - 670.

[2] Anderson B J, M H Acuna, H Korth, et al. The Structure of Mercury's Magnetic Field from Messenger's First Flyby [J]. Science, 2008, 321: 82 - 85.

[3] Anderson K A, Arnoldy R, Hoffman R, et al. Observations of Low Energy Solar Cosmic Rays From the Flare of August 22, 1958 [J/OL]. J Geophys Res, 1959, 64: 1133 - 1147. https://doi.org/10.1029/JZ064i009p01133.

[4] Andersson L. The Langmuir Probe and Waves (LPW) Instrument for MAVEN [J]. Space Science Reviews, 2015, 195: 173 - 198. doi: 10.1007/s11214 - 015 - 0194 - 3.

[5] Applebaum D C, Harteck P, Reeves Jr R R, et al. Some Comments on the Venus Temperature [J]. Journal of Geophysical Research, 1966, 71 (23): 5541 - 5545.

[6] Arnold G E, Drossart P, Piccioni G, et al. Venus Atmospheric and Surface Studies from VIRTIS on Venus Express [J]. Infrared Remote Sensing and Instrumentation XIX. SPIE, 2011, 8154: 233 - 249.

[7] Auster H U. The THEMIS Fluxgate Magnetometer [J]. Space Science Reviews, 2008, 141: 235 - 264. doi: 10.1007/s11214 - 008 - 9365 - 9.

[8] Baker D N, et al. Space Environment of Mercury at the Time of the First MESSENGER Flyby: Solar Wind and Interplanetary Magnetic Field Modeling of Upstream Conditions [J]. J Geophys Res, 2009, 114: A10101.

[9] Barabash S, Sauvaud J A, Gunell H, et al. The Analyser of Space Plasmas and Energetic Atoms (Aspera - 4) for the Venus Express Mission [J]. Planetary and Space Science, 2007, 55 (12): 1772 - 1792.

[10] Basilevsky A T, Head J W. The Surface of Venus [J]. Reports on Progress in Physics, 2003, 66 (10): 1699.

[11] Bauch K E, et al. Deconvolution of Laboratory IR Spectral Reflectance Measurements of Olivine - Pyroxene Mineral Mixtures. EGU General Assembly Conference Abstracts, 2020. doi: 10.5194/egusphere - egu2020 - 13099.

[12] Bauch K E, Hiesinger H, Greenhagen B T, et al. Estimation of Surface Temperatures on Mercury in Preparation of the MERTIS Experiment Onboard BepiColombo [J]. Icarus, 2021 (354): 114083.

[13] Baumjohann W, G Paschmann, C A Cattell. Average Plasma Properties in the Central Plasma Sheet [J]. J Geophys Res, 1989, 94: 6597 - 6606.

[14] Belcher J W, Davis L Jr. Large - amplitude Alfvén Waves in the Interplanetary Medium [J]. J Geophys Res, 1971, 76: 3534 - 3563.

[15] Biermann V L, Cowling T G. Chemische Zusammensetzung und dynamische Stabilität der Sterne II [J]. Mit 1 Abbildung. Zap, 1940, 19: 1.

[16] Bierson C J, Zhang X. Chemical Cycling in the Venusian Atmosphere: A Full Photochemical Model from the Surface to 110 km [J]. Journal of Geophysical Research: Planets, 2020, 125 (7): e2019JE006159.

[17] Blamont J, Ragent B. Further Results of the Pioneer Venus Nephelometer Experiment [J]. Science, 1979, 205 (4401): 67 - 70.

[18] Bott N, Brunetto R, Doressoundiram A, et al. Effects of Temperature on Visible and Infrared Spectra of Mercury Minerals Analogues [J]. Minerals, 2023, 13 (2): 250.

[19] Brace L H, Theis R F, Krehbiel J P, et al. Electron Temperatures and Densities in the Venus Ionosphere: Pioneer Venus Orbiter Electron Temperature Probe Results [J]. Science, 1979, 203 (4382): 763 - 765.

[20] Brace L H, Kliore A J. The Structure of the Venus Ionosphere [J]. Space Science Reviews, 1991, 55: 1 - 4.

[21] Caballero - Lopez R A, Moraal H, McCracken K G, et al. The heliospheric magnetic field from 850 to 2000 AD inferred from 10Be records [J]. Journal of Geophysical Research: Space Physics, 2004a, 109 (A12). doi: 10. 1029/2004JA010633.

[22] Cane H V, MacGuire R E, von Rosenvinge, et al. Two Classes of Solar Energetic Particle Events Associated with Impulsive and Long - Duration Soft X - ray Flares [J]. Astrophys J, 1986, 301: 448 - 459.

[23] Cane H V, von Rosenvinge T T, Cohen C M S, et al. Two Components in Major Solar Particle Events [J]. Geophys Res, 2003, 30: 8017.

[24] Carrington R C. Description of a Singular Appearance seen in the Sun on September 1, 1859 [J]. Mon Not Roy Astron Soc, 1859, 20: 13 - 15. http: //dx. doi. org/10. 1093/mnras/20. 1. 13.

[25] Chappell C R. The Retarding Ion Mass Spectrometer on Dynamics Explorer - A [J]. Space Science Instrumentation, 1981, 5: 477 - 491.

[26] Chase Jr S C, et al. Mariner 10 Infrared Radiometer Results: Temperatures and Thermal Properties of the Surface of Mercury [J]. Icarus, 1976, 28 (4): 565 - 578.

[27] Chase S C, Kaplan L D, Neugebauer G. The Mariner 2 Infrared Radiometer Experiment [J]. Journal of Geophysical Research, 1963, 68 (22): 6157 - 6169.

[28] Chase S C, Ruiz R D, Munch G, et al. Pioneer 10 Infrared Radiometer Experiment: Preliminary Results [J]. Science, 1974, 183: 315 - 317. doi: 10. 1126/science. 183. 4122. 315.

[29] Chree C. Some Phenomena of Sunspots and of Terrestrial Magnetism at Kew Observatory [J]. Phil Trans Roy Soc Lon Series A, 1913, 212: 75 - 116.

[30] Cintala M J. Impact - induced Thermal Effects in the Lunar and Mercurian Regoliths [J]. Journal of Geophysical Research: Planets, 1992, 97 (E1): 947 - 973.

[31] Clark R N. Planetary Reflectance Measurements in the Region of Planetary Thermal Emission [J]. Icarus, 1979, 40 (1): 94 - 103.

[32] Connerney J E P, N F Ness. Mercury's Magnetic Field and Interior, in Mercury [M]. Edited by F Vilas, C R Chapman, M S Matthews, pp. 494 - 513, Univ of Ariz Press, Tuscon, Ariz, 1988.

[33] Cravens T E，Gombosi T I，Kozyra J，et al. Model Calculations of the Dayside Ionosphere of Venus：Energetics [J]. Journal of Geophysical Research：Space Physics，1980，85 (A13)：7778 - 7786.

[34] Dehant V，Puica M，Folgueira M，et al. 2014. Topographic coupling at core - mantle boundary in rotation and orientation changes of planets. European Planetary Science Congress.

[35] Delcourt D C，S Grimald，F Leblanc，et al. A Quantitative Model of the Planetary Na^+ Contribution to Mercury's Magnetosphere [J]. Ann Geophys，2003，21：1723 - 1736.

[36] Dessler A J，Parker E N. Hydromagnetic Theory of Geomagnetic Storms [J]. J Geophys Res，1959，64：2239 - 2252.

[37] Dibraccio G A，et al. MESSENGER observations of magnetopause structure and dynamics at Mercury [J]. Journal of Geophysical Research (Space Physics)，2013，118：997 - 1008. doi：10. 1002/jgra. 50123.

[38] Donahue T M，Hoffman J H，Hodges R R，et al. Venus Was Wet：A Measurement of the Ratio of Deuterium to Hydrogen [J]. Science，1982，216 (4546)：630 - 633.

[39] Emery J P，et al. Mercury：Thermal Modeling and Mid - infrared (5 - 12 μm) Observations [J]. Icarus，1998，136 (1)：104 - 123.

[40] Esposito L W. The Cassini Ultraviolet Imaging Spectrograph Investigation [J]. Space Science Reviews，2004，115：299 - 361. doi：10. 1007/s11214 - 004 - 1455 - 8.

[41] Fjeldbo G，Kliore A J，Eshleman V R. The Neutral Atmosphere of Venus as Studied with the Mariner Ⅴ Radio Occultation Experiments [J]. The Astronomical Journal，1971，76：123.

[42] Forbush S E. Three Unusual Cosmic - ray Increases Possibly Due to Charged Particles from the Sun [J]. Phys Rev，1946，70：711. https：//doi. org/10. 1103/PhysRev. 70. 771.

[43] Freier P S，Webber W R. Exponential Rigidity Spectrum for Solar Flare Cosmic Rays [J]. J Geophys Res，1963，68：1605 - 1629.

[44] Fröhlich C，Lean J. Solar Radiative Output and Its Variability：Evidence and Mechanisms [J]. Astronomy and Astrophysics Review，2004，12 (4)：273 - 320. doi：10. 1007/s00159 - 004 - 0024 - 1.

[45] Futaana Y，et al. Solar Wind Interaction and Impact on the Venus Atmosphere [J]. Space Science Reviews，2017，212 (3 - 4)：1453 - 1509.

[46] G Bruce Andrews，Thomas H Zurbuchen，Barry H Mauk，et al. The Energetic Particle and Plasma Spectrometer Instrument on the MESSENGER Spacecraft [J]. Space Sci Rev，2007，131：523 - 556.

[47] Garvin J B，Getty S A，Arney G N，et al. Revealing the Mysteries of Venus：The DAVINCI Mission [J]. The Planetary Science Journal，2022，3 (5)：117.

[48] Gershman D J，J A Slavin，J M Raines，et al. Ion Kinetic Properties in Mercury's Pre - midnight Plasma Sheet [J]. Geophys Res Lett，2014，41：5740 - 5747. doi：10. 1002/ 2014GL060468.

[49] Gilli G，Navarro T，Lebonnois S，et al. Venus Upper Atmosphere Revealed by a Gcm：Ⅱ. Model Validation with Temperature and Density Measurements [J]. Icarus，2021，366：114432.

[50] Glaze L S，Wilson C F，Zasova L V，et al. Future of Venus Research and Exploration [J]. Space Science Reviews，2018，214：1 - 37.

[51] Gläser P，Oberst J. Modeling the Thermal Environment of Mercury's North Pole Using Mla Implications for Locations of Water Ice [J]. Icarus，2023 (391)：115349.

[52] Gnedykh V I, Zasova L V, Moroz V I, et al. Vertical Structure of the Venus Cloud Layer at the Vega - 1 and Vega - 2 Landing Points [M]. Kosmich Issled, 1987, 25: 707 - 714.

[53] Gringauz K L. Some Results of Experiments in Interplanetary Space by Means of Charged Particle Traps on Soviet Space Probes [J]. Space Res, 1961, 2: 539 - 553.

[54] Hale A S, Hapke B. A Time - dependent Model of Radiative and Conductive Thermal Energy Transport in Planetary Regoliths with Applications to the Moon and Mercury [J]. Icarus, 2002, 156 (2): 318 - 334.

[55] Harmon J K, Slade M A, Velez R A, et al. Radar Mapping of Mercury's Polar Anomalies [J]. Nature, 1994, 369 (6477): 213 - 215.

[56] Hasegawa A. Plasma Instabilities and Nonlinear Effects [J]. Phys and Chem in Space, 1975, 8: 94. Springer - Verlag, New York.

[57] Haus R, Kappel D, Tellmann S, et al. Radiative Energy Balance of Venus Based on Improved Models of the Middle and Lower Atmosphere [J]. Icarus, 2016, 272: 178 - 205.

[58] Henderson B G, Jakosky B M. Near - surface Thermal Gradients and Their Effects on Mid - infrared Emission Spectra of Planetary Surfaces [J]. Journal of Geophysical Research: Planets, 1994, 99 (E9): 19063 - 19073.

[59] Hodgson R. On a Curious Appearance Seen in The Sun [J]. Mon Not R Astron Soc, 1859, 20: 15 - 16.

[60] Ingersoll A P. The Runaway Greenhouse: A History of Water on Venus [J]. Journal of Atmospheric Sciences, 1969, 26 (6): 1191 - 1198.

[61] Irvine W M. Monochromatic Phase Curves and Albedos for Venus [J]. Journal of Atmospheric Sciences, 1968, 25 (4): 610 - 616.

[62] Jastrow R. The Planet Venus: Information Received from Mariner V and Venera 4 is Compared [J]. Science, 1968, 160 (3835): 1403 - 1410.

[63] Jenkins J M, Steffes P G, Hinson D P, et al. Radio Occultation Studies of the Venus Atmosphere With the Magellan Spacecraft: 2. Results From the October 1991 Experiments [J]. Icarus, 1994, 110 (1): 79 - 94.

[64] Jim M Raines, James A Slavin, Thomas H Zurbuchen, et al. MESSENGER Observations of the Plasma Environment Near Mercury [J]. Planetary and Space Science, 2011, 59: 2004 - 2015.

[65] Jokipii J R. Variations of the Cosmic - Ray Flux with Time [J]. in The Sun in Time, 1991, 205.

[66] Kallenrode M B, Cliver E W, Wibberenz G. Composition and Azimuthal Spread of Solar Energetic Particles from Impulsive and Gradual Flares [J]. Astrophys J, 1992, 391: 370 - 379.

[67] Kallenrode M B. Radial Dependence of Solar Energetic Particle Events [J]. In Connecting Sun and Heliosphere (eds. B Fleck and T Zurbuchen), ESA SP - 592, 2006, 87 - 94.

[68] Kallenrode M B. Space Physics, An Introduction to Plasmas and Particles in the Heliosphere and Magnetospheres [J]. Springer - Verlag, Berlin, 2004.

[69] Kliore A J, Patel I R, Nagy A F, et al. Initial Observations of the Nightside Ionosphere of Venus From Pioneer Venus Orbiter Radio Occultations [J]. Science, 1979, 205 (4401): 99 - 102.

[70] Kliore A J, Woo R, Armstrong J W, et al. The Polar Ionosphere of Venus Near the Terminator From Early Pioneer Venus Orbiter Radio Occultations [J]. Science, 1979, 203 (4382): 765 - 768.

[71] Kliore A, Levy G S, Cain D L, et al. Atmosphere and Ionosphere of Venus from the Mariner Ⅴ S -

band Radio Occultation Measurement [J]. Science，1967，158 (3809)：1683 - 1688.

[72] Knollenberg R G，Hunten，D M. The Microphysics of the Clouds of Venus：Results of the Pioneer Venus Particle Size Spectrometer Experiment [J]. Journal of Geophysical Research：Space Physics，1980，85 (A13)：8039 - 8058.

[73] Knudsen W C，et al. Measurement of Solar Wind Electron Density and Temperature in the Shocked Region of Venus and the Density and Temperature of Photoelectrons Within the Ionosphere of Venus [J]. Journal of Geophysical Research：Space Physics，2016，121 (8)：7753 - 7770.

[74] Krasnopolsky V A. A photochemical model for the Venus atmosphere at 47 - 112 km [J]. Icarus，2012，218 (1)：230 - 246.

[75] Krieger A S，Timothy A F，Roelof E C. A Coronal Hole and its Identification as the Source of a High Velocity Solar Wind Stream [J]. Solar Phys，1973，29：505 - 525.

[76] Li G，Zank G P，Rice W K M. Energetic Particle Acceleration and Transport at Coronal Mass Ejection - driven Shocks [J]. J Geophys Res，2003，108：1082.

[77] Li G，Zank G P. Mixed Particle Acceleration at CME - driven Shocks and Flares [J]. Geophys Res Lett，2005，32：L02101.

[78] Lichtenstein B R，Sonett C P. Dynamic Magnetic Structure of Large Amplitude AlfvéNic Variations in the Solar Wind [J]. Geophys Res Lett，1980，7：189 - 192.

[79] Lilley A E. The Temperature of Venus [J]. The Astronomical Journal，1961，70：290.

[80] Limaye S S，Grassi D，Mahieux A，et al. Venus Atmospheric Thermal Structure and Radiative Balance [J]. Space Science Reviews，2018，214：1 - 71.

[81] Limaye S S，Lebonnois S，Mahieux A，et al. The Thermal Structure of the Venus Atmosphere：Intercomparison of Venus Express and Ground Based Observations of Vertical Temperature and Density Profiles [J]. Icarus，2017，294：124 - 155.

[82] Marcq E，Mills F P，Parkinson C D，et al. Composition and Chemistry of the Neutral Atmosphere of Venus [J]. Space Science Reviews，2017，214 (1)：10.

[83] Mariner Stanford Group. Venus：Ionosphere and Atmosphere as Measured by Dual - Frequency Radio Occultation of Mariner V [J]. Science，1967，158 (3809)：1678 - 1683.

[84] Markiewicz W J，Titov D V，Ignatiev N，et al. Venus Monitoring Camera for Venus Express [J]. Planetary and Space Science，2007，55 (12)：1701 - 1711.

[85] Markiewicz W J，Titov D V，Limaye S S，et al. Morphology and Dynamics of the Upper Cloud Layer of Venus [J]. Nature，2007，450 (7170)：633 - 636.

[86] Marov M Y. Results of Venus Missions [J]. Annual Review of Astronomy and Astrophysics，1978，16 (1)：141 - 169.

[87] Marsch E，Mühlhäuser K H，Schwenn R，et al. Solar wind protons：Three - dimensional velocity distributions and derived plasma parameters measured between 0. 3 and 1 AU [J]. Journal of Geophysical Research：Space Physics，1982，87 (A1)：52 - 72. doi：10. 1029/JA087iA01p00052.

[88] Marsch N D，Svensmark H. Low Cloud Properties Influenced by Cosmic Rays [J]. Phys Rev Lett，2000，85：5004.

[89] Maturilli A，Helbert J，John J M S，et al. Komatiites as Mercury Surface Analogues：Spectral Measurements at PEL [J]. Earth and Planetary Science Letters，2014 (398)：58 - 65.

[90] Maunder W E. Magnetic Disturbances, 1882 to 1903, as Recorded at the Royal Observatory, Greenwich, and Their Association with Sunspots [J]. Mon Not R Astron Soc, 1904, 65: 2-18.

[91] Mayer C H, McCullough T P, Sloanaker R M. Observations of Venus at 3.15-CM Wave Length [J]. The Astrophysical Journal, 1958, 127: 1.

[92] McElroy M B, Prather M J, Rodriguez J M. Escape of Hydrogen from Venus [J]. Science, 1982, 215 (4540): 1614-1615.

[93] McFadden J P. MAVEN Supra Thermal and Thermal Ion Compostion (STATIC) Instrument [J]. Space Science Reviews, 2015, 195: 199-256. doi: 10.1007/s11214-015-0175-6.

[94] McIlwain C E. Coordinates for Mapping the Distribution of Magnetically Trapped Particles [J]. J Geophys Res, 1961, 66: 3681-3691. https://doi.org/10.1029/JZ066i011p03681.

[95] Michel N C, Hauck S A, Solomon S C, et al. Thermal Evolution of Mercury as Constrained by Messenger Observations [J]. Journal of Geophysical Research: Planets, 2013, 118 (5): 1033-1044.

[96] Miller J A, LaRosa T N, et al. Stochastic Electron Acceleration by Cascading Fast Mode Waves in Impulsive Solar Flares [J]. Astrophys J, 1996, 461: 445-464.

[97] Miller K L, Knudsen W C, Spenner K, et al. Solar Zenith Angle Dependence of Ionospheric Ion and Electron Temperatures and Density on Venus [J]. Journal of Geophysical Research: Space Physics, 1980, 85 (A13): 7759-7764.

[98] Mills F P, Allen M. A Review of Selected Issues Concerning the Chemistry in Venus' Middle Atmosphere [J]. Planetary and Space Science, 2007, 55 (12): 1729-1740.

[99] Moroz V I, Ekonomov A P, Moshkin B E, et al. Solar and Thermal Radiation in the Venus Atmosphere [J]. Advances in Space Research, 1985, 5 (11): 197-232.

[100] Morrion D. Thermal Studies of Planetary Surfaces. Symposium-International Astronomical Union. Vol. 96 [M]. Cambridge University Press, 1981.

[101] Mukai T, K Ogasawara, Y Saito. An Empirical Model of the Plasma Environment Around Mercury [J]. Adv Space Res, 2004, 33: 2166-2171.

[102] Murray B C, Wildey R L, Westphal J A. Infrared Photometric Mapping of Venus Through the 8-to 14-micron Atmospheric Window [J]. Journal of Geophysical Research, 1963, 68 (16): 4813-4818.

[103] Nagy A F, Sinkovics A, Cravens T E, et al. Magnetic Field Control of the Dayside Ion Temperatures in the Ionosphere of Venus [J]. Journal of Geophysical Research: Space Physics, 1997, 102 (A1): 435-438.

[104] Nakamura M, Imamura T, Ueno M, et al. Planet-C: Venus Climate Orbiter Mission of Japan [J]. Planetary and Space Science, 2007, 55 (12): 1831-1842

[105] Ness N F, K W Behannon, R P Lepping, et al. Magnetic Field Observations Near Mercury: Preliminary Results from Mariner 10 [J]. Science, 1974, 185: 151-160.

[106] Neugebauer M, Snyder C W. Mariner 2 Observations of the Solar Wind: 1. Average properties [J]. J Geophys Res, 1966, 71: 4469-4484.

[107] Niemann H B, Hartle R E, Hedin A E, et al. Venus Upper Atmosphere Neutral Gas Composition: First Observations of the Diurnal Variations [J]. Science, 1979, 205 (4401): 54-56.

[108] Niemann H B, Hartle R E, Kasprzak W T, et al. Venus Upper Atmosphere Neutral Composition: Preliminary Results from the Pioneer Venus Orbiter [J]. Science, 1979, 203 (4382): 770-772.

[109] Ogilvie K W, J D Scudder, V M Vasyliunas, et al. Observations at the Planet Mercury by the Plasma Electron Experiment: Mariner 10 [J]. J Geophys Res, 1977, 82: 1807 - 1824.

[110] Paige D A, Wood S E, Vasavada A R, et al. The Thermal Stability of Water Ice at the Poles of Mercury [J]. Science, 1992, 258 (5082): 643 - 646.

[111] Parker E N. The Passage of Energetic Charged Particles Through Interplanetary Space [J]. Planetary and Space Science, 1965, 13: 9 - 49. doi: 10.1016/0032 - 0633 (65) 90131 - 5.

[112] Parkinson C D, Gao P, Esposito L, et al. Photochemical Control of the Distribution of Venusian Water [J]. Planetary and Space Science, 2015, 113 - 114: 226 - 236.

[113] Pavel M Travnıcek, Petr Hellinger, David Schriver, et al. Kinetic Instabilities in Mercury's Magnetosphere: Three - dimensional Simulation Results [J]. GEOPHYSICAL RESEARCH LETTERS, 2009, 36: L07104.

[114] Pettit E, Nicholson S B. Temperature of the Planet Mercury from Radiation Measurements. Publications of the American Astronomical Society [M]. volume 5. Edited by Joel Stebbins. Published by the American Astronomical Society, 1927 (5): 271.

[115] Piccioni G, Drossart P, Sanchez - Lavega A, et al. South - polar Features on Venus Similar to Those Near the North Pole [J]. Nature, 2007, 450 (7170): 637 - 640.

[116] Reames D V. The two Sources of Solar Energetic Particles [J]. Space Sci Rev, 2013, 175: 53 - 92.

[117] Rice W K M, Zank G P, Li G. Particle Acceleration and Coronal Mass Ejection Driven Shocks: Shocks of Arbitrary Strength [J]. J Geophys Res, 2003, 108: 1369. https: //doi.org/10.1029/2002JA009756.

[118] Rothwell P, McIlwain C. Satellite Observations of Solar Cosmic Rays [J]. Nature, 1959, 184: 138 - 140. https: //doi.org/10.1038/184138a0.

[119] Salvail J R, Fanale F P. Near - surface ice on Mercury and the Moon: A Topographic Thermal Model [J]. Icarus 1994, 111 (2): 441 - 455.

[120] Sandor B J, Clancy R T. Observations of HCl Altitude Dependence and Temporal Variation in the 70 - 100 km Mesosphere of Venus [J]. Icarus, 2012, 220 (2): 618 - 626.

[121] Schrijver C J, Zwaan C. Solar and Stellar Magnetic Activity [M]. Cambridge: Cambridge Univ Press, 2000.

[122] Scott H E M, Aherne J. Mercury concentrations in Irish headwater lake catchments [J]. Biogeochemistry, 2013, 116: 161 - 173. doi: 10. 1007/s10533 - 013 - 9885 - 6.

[123] Siegler M A, Bills B G, Paige D A. Orbital Eccentricity Driven Temperature Variation at Mercury's Poles [J]. Journal of Geophysical Research: Planets, 2013, 118 (5): 930 - 937.

[124] Singh D. Venus Nightside Surface Temperature [J]. Scientific Reports, 2019, 9 (1): 1137.

[125] Slavin J A, et al. Mercury's Magnetosphere After MESSENGER's first flyby [J]. Science, 2008, 321: 85 - 89.

[126] Slavin J A, et al. MESSENGER Observations of Magnetic Reconnection in Mercury's Magnetosphere [J]. Science, 2009, 324: 606. doi: 10. 1126/science. 1172011.

[127] Smith E J, Wolfe J H. Observations of Interaction Regions and Corotating Shocks Between one and Five AU: Pioneers 10 and 11 [J]. Geophys Res Lett, 1976, 3: 137 - 140.

[128] Smrekar S E, Stofan E R, Mueller N. Venus: Surface and Interior//Encyclopedia of the Solar

System [M]. Elsevier，2014：323 - 341.

[129] Smrekar S，Hensley S，Nybakken R，et al. VERITAS (Venus Emissivity，Radio Science，Insar，Topography，and Spectroscopy)：a Discovery Mission. 2022 IEEE Aerospace Conference (AERO) [J]. IEEE，2022：1 - 20.

[130] Spohn T，Doris B，et al. Encyclopedia of the Solar System [M]. [Sl]：Elsevier，2014.

[131] Sprague A L，Hunten D M，Lodders K. Sulfur at Mercury，Elemental at the Poles and Sulfides in the Regolith [J]. Icarus，1995，118 (1)：211 - 215.

[132] Spruit H C. Pressure Equilibrium and Energy Balance of Small Photospheric Fluxtubes [J]. Solar Physics，1976，50：269 - 295. doi：10.1007/BF00155003.

[133] Stewart A I，Anderson Jr D E，Esposito L W，et al. Ultraviolet Spectroscopy of Venus：Initial Results from the Pioneer Venus Orbiter [J]. Science，1979，203 (4382)：777 - 779.

[134] Stillman C. Chase，Infrared Radiometer for the 1969 Mariner Mission to Mars [J]. Appl，1969，8：639 - 643.

[135] Svedhem H，Titov D V，McCoy D，et al. Venus Express - the first European Mission to Venus [J]. Planetary and Space Science，2007，55 (12)：1636 - 1652.

[136] Svedhem H，Titov D V，McCoy D，et al. Venus Express - the first European Mission to Venus [J]. Planetary and Space Science，2007，55 (12)：1636 - 1652.

[137] Thomas G E. Mercury：Does its Atmosphere Contain Water? [J]. Science，1974，183 (4130)：1197 - 1198.

[138] Titov D V，Piccioni G，Drossart P，et al. Radiative Energy Balance in the Venus Atmosphere [M]. Towards Understanding the Climate of Venus：Applications of Terrestrial Models to Our Sister Planet，2013：23 - 53.

[139] Titov D V，Svedhem H，Koschny D，et al. Venus Express Science Planning [J]. Planetary and Space Science，2006，54 (13 - 14)：1279 - 1297.

[140] Tomasko M G，Doose L R，Smith P H，et al. Measurements of the Flux of Sunlight in the Atmosphere of Venus [J]. Journal of Geophysical Research：Space Physics，1980，85 (A13)：8167 - 8186.

[141] Travis L D，Coffeen D L，Del Genio，et al. Cloud Images from the Pioneer Venus Orbiter [J]. Science，1979，205 (4401)：74 - 76.

[142] Travnicek P M，P Hellinger，D Schriver，et al. Kinetic instabilities in Mercury's magnetosphere：Three - dimensional simulation results [J]. Geophys Res Lett，2009，36，L07104. doi：10.1029/2008GL036630.

[143] Tsurutani B T，Ho C M，Arballo J K，et al. Interplanetary Discontinuities and Alfvén Waves at High Heliographic Latitudes：Ulysses [J]. J Geophys Res，1996，101：11027 - 11038. https：//doi.org/10.1029/95JA03479.

[144] Tsurutani B T，Ho C M. A Review of Discontinuities and Alfvén Waves in Interplanetary Space：Ulysses results [J]. Rev Geophys，1999，37：517 - 541.

[145] Tsurutani B T，Smith E J，Pyle K R，et al. Energetic Protons Accelerated at Coronal Shocks：Pioneer 10 and 11 Observations from 1 to 6 AU [J]. J Geophys Res，1982，87：7389 - 7404.

[146] Tsurutani B T. Solar/interplanetary Plasma Phenomena Causing Geomagnetic Activity at Earth [M].

Proc Int Sch Phys . "Enrico Fermi" Course CXLII, edited by B Coppi, A Ferrari and E Sindori, 2000, 273.

[147] Turbet M, Bolmont E, Chaverot G, et al. Day - night Cloud Asymmetry Prevents Early Oceans on Venus but not on Earth [J]. Nature, 2021, 598 (7880): 276 - 280.

[148] Vandaele A C, Korablev O, Belyaev D, et al. Sulfur Dioxide in the Venus Atmosphere: Ⅱ. Spatial and temporal variability [J]. Icarus, 2017, 295: 1 - 15.

[149] Vasavada A R, Paige D A, Wood S E. Near - surface Temperatures on Mercury and the Moon and the Stability of Polar Ice Deposits [J]. Icarus, 1999, 141 (2): 179 - 193.

[150] Verkhoglyadova O P, Li G, Zank G P, et al. Understanding Large SEP Events with the PATH Code: Modeling of the 13 December 2006 SEP Event [J]. J Geophys Res, 2010, 115: A12103.

[151] Vinogradov A P, Surkov U A, Florensky C P. The Chemical Composition of the Venus Atmosphere Based on the Data of the Interplanetary Station Venera 4 [J]. Journal of Atmospheric Sciences, 1968, 25 (4): 535 - 536.

[152] Widemann T, Ghail R, Wilson C F, et al. EnVision: Europe's Proposed Mission to Venus [J]. AGU fall Meeting Abstracts, 2020, 2020: P022 - 02.

[153] Yan N, Chassefière E, Leblanc F, et al. Thermal Model of Mercury'S Surface and Subsurface: Impact of Subsurface Physical Heterogeneities on the Surface Temperature [J]. Advances in Space Research, 2006, 38 (4): 583 - 588.

[154] Zank G P, Rice W K M, Wu C C. Particle Acceleration and Coronal Mass Ejection Driven Shocks: A Theoretical Model [J]. J Geophys Res, 2000, 105: 25079 - 25095.

[155] Zhang T L, Baumjohann W, Delva M, et al. Magnetic Field Investigation of the Venus Plasma Environment: Expected New Results from Venus Express [J]. Planetary and Space Science, 2006, 54 (13 - 14): 1336 - 1343.

[156] Zhang X, Liang M C, Mills F P, et al. Sulfur Chemistry in the Middle Atmosphere of Venus [J]. Icarus, 2012, 217 (2): 714 - 739.

[157] Zhang X, Liang M C, Montmessin F, et al. Photolysis of Sulphuric Acid as the Source of Sulphur Oxides in the Mesosphere of Venus [J]. Nature Geoscience, 2010, 3 (12): 834 - 837.

[158] Zurbuchen T H, Gloeckler G, Cain J C, et al. Low - weight plasma instrument to be used in the inner heliosphere [J]. Missions to the Sun Ⅱ, 1998, 3442: 217 - 224. doi: 10. 1117/12. 330260.

第4章 地质学特征

水星是太阳系中直径最小、最靠近太阳，且公转轨道扁率最大的行星。由于水星的特殊轨道特征和较小的表面重力加速度，很难对水星开展地基观测和航天器环绕探测。目前仅有两个人造航天器造访过水星，分别是20世纪70年代水手10号探测器对水星的三次飞掠任务，以及2004—2015年执行的信使号探测任务。因此，在所有太阳系内类地天体中，水星的研究程度最低。

水星和月球的大小相似，两者均缺乏大气。水手10号和早期地基探测发现水星和月球的表面形态十分相似，推测水星的地质概况也和月球相似。信使号任务却出人意料地发现，水星在地质演化、表面物质成分、地形地貌单元等方面具有不同于其他内太阳系类地天体的特点。由于上述特点，水星在比较行星学研究中占有重要的位置，其形成和演化研究可以丰富行星科学的类比范畴，对了解太阳系起源和系外行星的早期轨道迁移也具有重要的指示意义。

4.1 表面物质组成

人类尚未开展水星样品返回的探测任务。在已有的地球陨石库中，尚未识别到来自水星的陨石。因此，水星的岩石学和地球化学特征尚缺乏实际样品的约束。对水星地质的综合研究已发现水星表面物质主要是火山活动和高速撞击共同作用的产物（Denevi，et al.，2013）。信使号搭载的X射线能谱仪（XRS）和伽马射线-中子谱仪（GRNS）在大于百千米的解析度上系统地探测了水星表面的元素丰度及其空间分布特征。研究发现，水星表面物质的元素含量差异明显，在地球化学特征上具有显著的多样性（Nittler，et al.，2011；Peplowski，et al.，2011，2016；Evans，et al.，2012，2015；Weider，et al.，2012，2016；McCoy，et al.，2018）。基于元素丰度和内部结构数据，实验岩石学模拟研究发现水星幔部发生部分熔融而形成的熔体的密度小于水星岩石圈物质，因此岩浆会持续上涌至喷发。（Vander Kaaden，et al.，2017）。因此，表面火山物质的成分很大程度上反映了幔部的成分。根据XRS和GRNS探测到的元素分布特征，前人选取不同的阈值，将水星表面细分为4～9个地球化学单元，指示了高度不均一的幔部成分（McCoy，et al.，2018；Weider，et al.，2015；Peplowski，Stockstill - Cahill，2019）。本节基于Peplowski和Stockstill - Cahill（2019）最近更新的水星地球化学单元的分类方法（表4 - 1）总结了水星表面的主要矿物种类、岩石类型及其物理化学性质。

表 4-1　水星表面各类地球化学单元的元素分布特征（Peplowski 和 Stockstill-Cahill，2019），数据来源于信使号 XRS

	中性高钾单元（IHK）	高铝单元（HAl）	北部平原低镁单元（N-LMg）	北部平原高镁单元（N-HMg）	拉赫玛尼诺夫盆地（RB）	高镁单元（HMg）	低镁高铝单元（LMg-HAl）
元素丰度比（标准差），除钾元素外，单位均为质量比，钾元素单位为 ppm							
Mg/Si	0.42 (0.02)	0.38 (0.02)	0.20 (0.02)	0.47 (0.03)	0.52 (0.03)	0.64 (0.04)	0.28 (0.03)
Al/Si	0.22 (0.00)	0.33 (0.01)	0.15 (0.01)	0.26 (0.02)	0.25 (0.01)	0.20 (0.02)	0.32 (0.01)
Ca/Si	0.16 (0.02)	0.16 (0.01)	0.15 (0.04)	0.15 (0.03)	0.16 (0.01)	0.23 (0.02)	0.15 (0.01)
S/Si	0.06 (0.01)	0.08 (0.01)	0.07 (0.01)	0.07 (0.01)	0.05 (0.01)	0.12 (0.01)	0.05 (0.01)
Fe/Si	0.06*	0.06*	0.06 (0.01)	0.06*	0.06*	0.07 (0.01)	0.03 (0.01)
Na/Si	0.11 (0.02)	0.11 (0.02)	0.19 (0.04)	0.11 (0.02)	0.11 (0.02)	0.11 (0.02)	0.11 (0.02)
K	1511 (186)	525 (0)	1755 (127)	1027 (262)	1148 (156)	1382 (416)	803 (266)
基于元素丰度计算所得氧化物含量（标准误差传递），单位为质量百分比							
SiO_2	57.24	55.07	64.06	55.06	54.11	50.87	58.88
Al_2O_3	11.12 (0.00)	16.05 (0.49)	8.49 (0.57)	12.64 (0.97)	11.95 (0.48)	8.99 (0.90)	16.64 (0.52)
FeO	2.07*	1.99*	2.31 (0.00)	1.99*	1.95*	2.14 (0.00)	1.06 (0.00)
MgO	18.63 (0.89)	16.22 (0.85)	9.93 (0.99)	20.06 (1.28)	21.81 (1.26)	25.23 (1.58)	12.78 (1.37)
CaO	5.99 (0.75)	5.76 (0.36)	6.28 (1.68)	5.40 (1.08)	5.66 (0.35)	7.65 (0.67)	5.78 (0.39)
Na_2O	3.97 (0.72)	3.82 (0.69)	7.67 (1.61)	3.82 (0.69)	3.75 (0.68)	3.53 (0.64)	4.08 (0.74)
K_2O	0.18 (0.02)	0.06 (0.00)	0.21 (0.02)	0.12 (0.03)	0.14 (0.02)	0.17 (0.05)	0.10 (0.03)
S	1.61 (0.27)	2.06 (0.26)	2.10 (0.30)	1.80 (0.26)	1.26 (0.25)	2.85 (0.24)	1.38 (0.28)
−O=S	0.80	1.03	1.05	0.90	0.63	1.43	0.69 (0.14)
总和	100.00	100.00	100.00	100.00	100.00	100.00	100.00
IUGS 分类	科马提质安山岩	玻安质玄武安山岩	玻安质粗面岩	科马提质玄武安山岩	科马提质玄武安山岩	科马提质玄武岩	玻安质安山岩

注：* 表示该区域没有 Fe/Si 数据，所以使用全球平均值 0.06（Weider，et al.，2014）替代。

水星的平均密度在太阳系类地天体中最大，地球物理探测认为铁元素是水星的重要组成部分。但是，信使号探明水星表面物质中的铁质量分数异常低，远小于 2%，小于 0.4%质量分数（Weider，et al.，2015；McCoy，et al.，2018）。对比其他类地天体表面的火成岩的元素分布特征，水星表面的火成岩的镁质量分数（9wt%～25wt%）和硫质量分数（4%）很高（McCoy，et al.，2018），推测水星内部氧逸度范围在 IW-3～IW-7 之间（Zolotov，et al.，2013）。按照传统的全碱硅酸盐分类图解（TAS；Le Bas，2000）和高镁岩石的分类方法，水星表面的元素特征对应的岩石类型是富碱性元素的科马提岩和玻安岩［图 4-1（a）］（Vander Kaaden，et al.，2017；McCoy，et al.，2018；Peplowski，Stockstill-Cahill，2019）。

实验岩石学模拟计算发现，水星表面的主要矿物有长石、辉石、橄榄石和少量的石英（表 4-2）（Stockstill-Cahill，et al.，2012；Charlier，et al.，2013；Namur，et al.，2016；

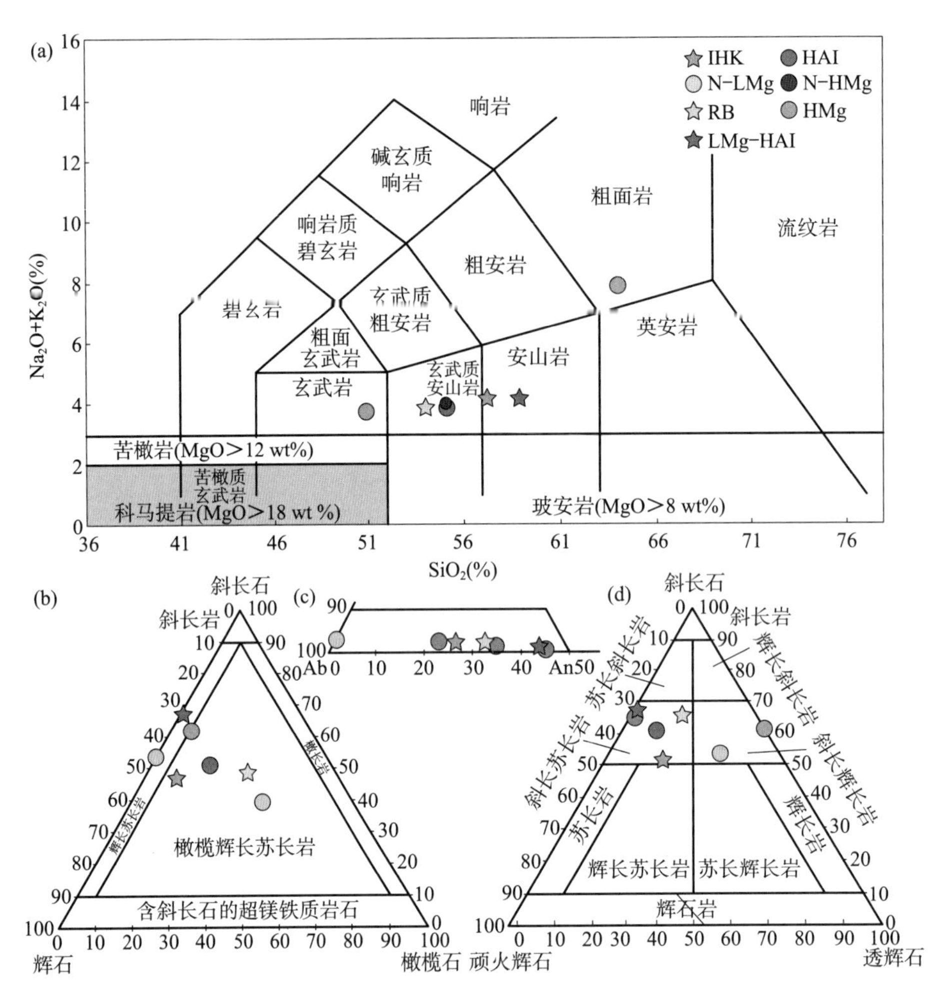

图 4-1 水星表面火成岩分类图解（Peplowski，Stockstill-Cahill，2019）（见彩插）

（a）水星表面 7 个地球化学单元的 TAS 图解，引自 Peplowski 和 Stockstill-Cahill（2019）；

（b）～（d）IUGS 岩石学分类图解；（c）显示不同地球化学单元间斜长石组分的变化

Vander Kaaden，McCubbin，2016；Vander Kaaden，et al.，2017)，且不同地球化学单元之间的矿物丰度存在差别［表 4-2，图 4-1（b）～（d）］。其中，水星上的长石较为富钠，斜长石牌号小于 45［表 4-2，图 4-1（c）］(Vander Kaaden，McCubbin，2016)。在地球上，富镁的铁镁硅酸盐是典型的最原始的熔体之一，而较低的斜长石牌号则对应着演化程度较高的岩石类型。这两类极端的情况在水星表面的共存，表明水星具有明显不同于其他类地天体的火成岩组合（Byrne，et al.，2018a）。

表 4-2　实验岩石学模拟估算的水星表面各地球化学单元的标准矿物组成

（Peplowski 和 Stockstill-Cahill，2019）

	中性高钾单元（IHK）	高铝单元（HAl）	北部平原低镁单元（N-LMg）	北部平原高镁单元（N-HMg）	拉赫玛尼诺夫盆地（RB）	高镁单元（HMg）	低镁高铝单元（LMg-HAl）
Qtz	—	—	11	—	—	—	5
Or	1	<1	1	<1	<1	1	<1
Plag	47（An_{26}）	61（An_{45}）	44（An_0）	51（An_{34}）	48（An_{33}）	39（An_{34}）	63（An_{44}）
Neph	—	—	—	—	—	<1	—
Diop	14	1	25	8	10	24	1
Hy	30	32	13	25	15	—	30
Oliv	8	5	—	15	27	36	—
Ns	—	—	5	—	—	—	—
总和	100	99	99	99	100	100	99
$T_{liq}{}^{a}$/℃	1464.65	1410.94	1304.10	1485.35	1518.75	1533.98	1336.91
$Visc^{b}$/(Pa·s)	2.79	7.58	82.0	1.82	0.876	0.427	51.2

注：Qtz＝石英（SiO_2）；Or＝正长石（$KAlSi_3O_8$）；Plag＝斜长石（钠长石－钙长石：$NaAlSi_3O_8-CaAl_2Si_3O_8$）；Neph＝霞石（$Na_3KAl_4Si_4O_{16}$）；Diop＝透辉石（$CaMgSi_2O_8$）；Hy＝紫苏辉石（$(Mg,Fe)SiO_3$）；Oliv＝橄榄石（$(Mg,Fe)_2SiO_4$）；Ns＝钠硅酸盐（$Na_2SiO_3$）。

[a]全岩熔体温度。

[b]岩浆黏度。

水星内部挥发性元素的含量（以 K/Th 值为代表）远高于月球和其他类地行星，与模型预测的太阳系原始星盘内的物质分布特征不吻合，这是目前研究水星的起源和演化的难点和热点（Nittler，et al.，2011；Weider，Nittler，2013）。在水星的火成岩中，存在富含挥发性元素的副矿物，例如硫化物（Vander Kaaden，McCubbin，2016；Vander Kaaden，et al.，2017）和氯化物（Evans，et al.，2015）。另外，在水星表面意外地发现了大量的碳（质量分数为 1.4％±0.9％；Murchie，et al.，2015；Peplowski，et al.，2016）。基于水星极低的氧逸度和元素丰度数据，实验岩石学模拟发现碳在水星上的产出形式是石墨，而石墨是水星早期岩浆洋分异阶段唯一能上浮并形成原始壳层的物质，因此代表了水星表面最古老的物质（Vander Kaaden，McCubbin，2015）。该理论认识得到了大量地质研究的支持，研究发现水星上最暗的光谱单元，低反照率物质（Low-reflectance Materials，LRM）一般位于大型撞击盆地的溅射物中，是水星地层序列中最老的物质之一。另外，石墨可能与太阳风注入的高能氢离子反应，形成甲烷并耗散至太空，导致水星表面的挥发分丢失（Blewett，et al.，2016；Wang，et al.，2020）。这种挥发分丢失机制可能是形成水星表面的白晕凹陷（Bright-haloed Hollows；Blewett，et al.，2013）的原因。白晕凹陷是水星上的小尺度负地形地貌（一般小于 1 km，深度小于 40 m），缺乏隆起的边缘，往往具有平坦的底部和陡直的内壁，部分发育高反照率的晕状边缘。最近，研究发现水星的浅表层存在一套持续活跃但机理不详的碳迁移机制，形成地质历史上持续产出的白晕凹陷（Wang，et al.，2020）。

由于水星岩浆中的镁质量分数很高、钛铁质量分数很低，因此其黏度很低（黏度为0.4～82 Pa·s；表4-2）（McCoy，et al.，2018；Peplowski，Stockstill-Cahill，2019），流动性比地球、月球、火星、木卫一上的拉斑质和科马提质玄武岩浆更高（Stockstill-Cahill，et al.，2012；Byrne，et al.，2018a）。这意味着在足够大的喷发速率下，水星上喷发的岩浆可以形成类似月海和地球上大火成岩省（Large Igneous Province，LIP）一样的火山平原（Sehlke，Whittington，2015）。水星岩浆中的钛铁含量整体很低，不同成分的岩浆在密度上的差别很小，且均低于地球上的岩浆，因此几乎所有的水星幔源岩浆都能在浮力驱动下上涌至水星表面（Vander Kaaden，McCubbin，2015），难以在浅表层形成岩浆房。

4.2 表面物理性质

在可见光-近红外波段，水星表面的反射率远低于月球，且缺乏吸收特征（Vilas，1988）。在无大气的含硅酸盐类岩石的天体（如月球和一些小行星）表面，暗色物质（如钛铁矿、石墨）的含量以及空间风化的程度（如颗粒物性和纳米铁的含量）是影响不同地质单元反射率差异的主要原因（Pieters，Nobel，2016）。钛、铁含量是造成月球表面反射率差异的主要原因之一（Pieters，1993）。早期研究认为造成月球和水星表面低反射率的原因类似（Robinson，Lucey，1997），Fe是构成水星的主要元素（Smith，et al.，2012）。但是，信使号搭载的X射线谱仪（X-ray Spectrometer；XRS）探测发现水星表层的Ti质量分数小于0.8%（Nittler，et al.，2011），Fe质量分数小于2%（Weider，et al.，2014），且Fe含量的空间分布与不同反射率的地质单元没有对应关系（Weider，et al.，2014）。对比造成月球和小行星表面物质反射率差异的原因发现，钛铁矿、陨硫铁和空间风化形成的纳米-微米相的还原铁都不是造成水星低反射率的主要原因（Murchie，et al.，2015）。

水星表面曾发生过大面积的火山活动，古老的严重撞击区域（>4 Ga）和较年轻的火山平原物质（约3.9～3.6 Ga）具有不同的反射率（Denevi，et al.，2009）。但相比月球高地和月海区域的反射率差异，水星表面地质单元之间的反射率差异很小，仅在光谱斜率上存在一定的差异，且普遍存在一个位于750 nm波段的吸收特征（Murchie，et al.，2015）。其中，高反射率平原物质（High-reflectance Plain Material，HRP）的反射率高于全球平均值，在可见光-近红外波段的光谱斜率较陡，例如卡路里盆地内的平原区［图4-2（a）］。低反射率物质LRM一般伴随着撞击坑/盆地产出，代表了撞击挖掘的下伏物质［（图4-2（b）］，是地层记录中相对较老的物质（Denevi，et al.，2009）。全球多处LRM的反照率光谱在约600 nm波长位置表现出微弱的吸收特征（Klima，et al.，2018），指示石墨可能是水星表面暗色物质的主要成分（Peplowski，et al.，2016；Klima，et al.，2018）。低反射率、低光谱斜率的平原物质（Low-reflectance Blue Plains，LBP）仅出现在卡路里盆地周围［图4-2（c）］，最新的研究发现，LBP可能是卡路里撞击事件产生的撞击熔融物（Wang，et al.，2021）。

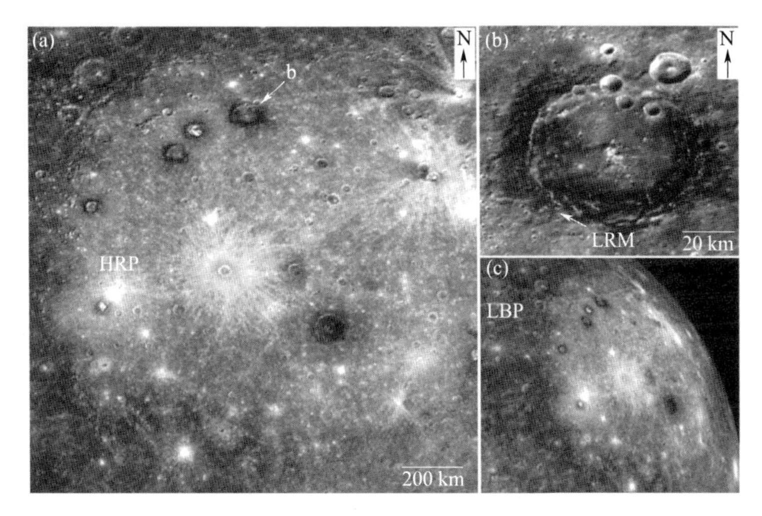

图 4-2　水星卡路里盆地（直径 1 550 km）内外不同反射率的地质单元
(a) 卡路里盆地内平原属于高反射率平原（HRP）；(b) 卡路里盆地内的 Poe 撞击坑挖掘了下伏的低反射率物质（LRM）；(c) 卡路里盆地外的平原物质低反射率、低光谱斜率平原（LBP），其反射率高于 LRM，但表面形态和成因与 LRM 不同

水星壳层物质的平均密度为（2 900 ± 300）kg/m^3，且存在明显的横向上的差别（Phillips，et al.，2018）。北部平原物质的密度为（2 602 ± 470）kg/m^3（James，et al.，2015），高镁地体壳层物质密度则高达 3 100 kg/m^3（Smith，et al.，2012），水星表面严重撞击区和坑间平原的物质密度分别为 3 014 kg/m^3 和 3 082 kg/m^3（Padovan，et al.，2015）。水星表面具有较高的重力加速度，会减少水星壳层物质的孔隙度，Phillips 等人（2018）基于水星布格重力数据反演出水星壳层物质的孔隙度约为 6%，明显低于月壳的 12%的孔隙度（Wieczorek，et al.，2013）。

激光高度计数据揭示了水星表面不同地质单元的粗糙度差别，以及水星和月球整体的粗糙度对比（Fa，et al.，2016）。在百米尺度上，水星平坦平原的粗糙度高于坑间平原和严重撞击区域；在千米尺度上，坑间平原和严重撞击区域的粗糙度更高。与月球相比，水星平坦平原在任何尺度下的粗糙度都高于月海；水星严重撞击区域和坑间平原在大于2 km 尺度下粗糙度低于月球高地，而小于 2 km 尺度下粗糙度高于月球高地。

目前，水星表面小尺度地质特征，特别是露头尺度的物质特性尚不清楚，水星表层物质的绝对粒度大小未知。然而光学特征可以揭示不同地质单元的航天器相机亚分辨率尺度下的相对粒度关系，并指示对应物质形成过程的相对快慢程度。Blewett 等人（2014）使用相比率技术发现，水星表面火成碎屑沉积物和白晕凹陷的晕状物质的粒度小于水星表层风化物，水星上撞击熔融物的粒度大于水星表层风化物（图 4-3）。近期对水星年轻挥发分活动单元（白晕凹陷和暗斑）的相比率研究发现：白晕凹陷底部沉积物和暗斑物质的粒度或粗糙度大于背景单元水星表层土壤颗粒粒度或粗糙度，其中，白晕凹陷底部沉积物粒度比暗斑物质更粗，高反射率晕状物质粒度小于水星土壤（Wang，et al.，2020，Wang，et al.，2022b）。

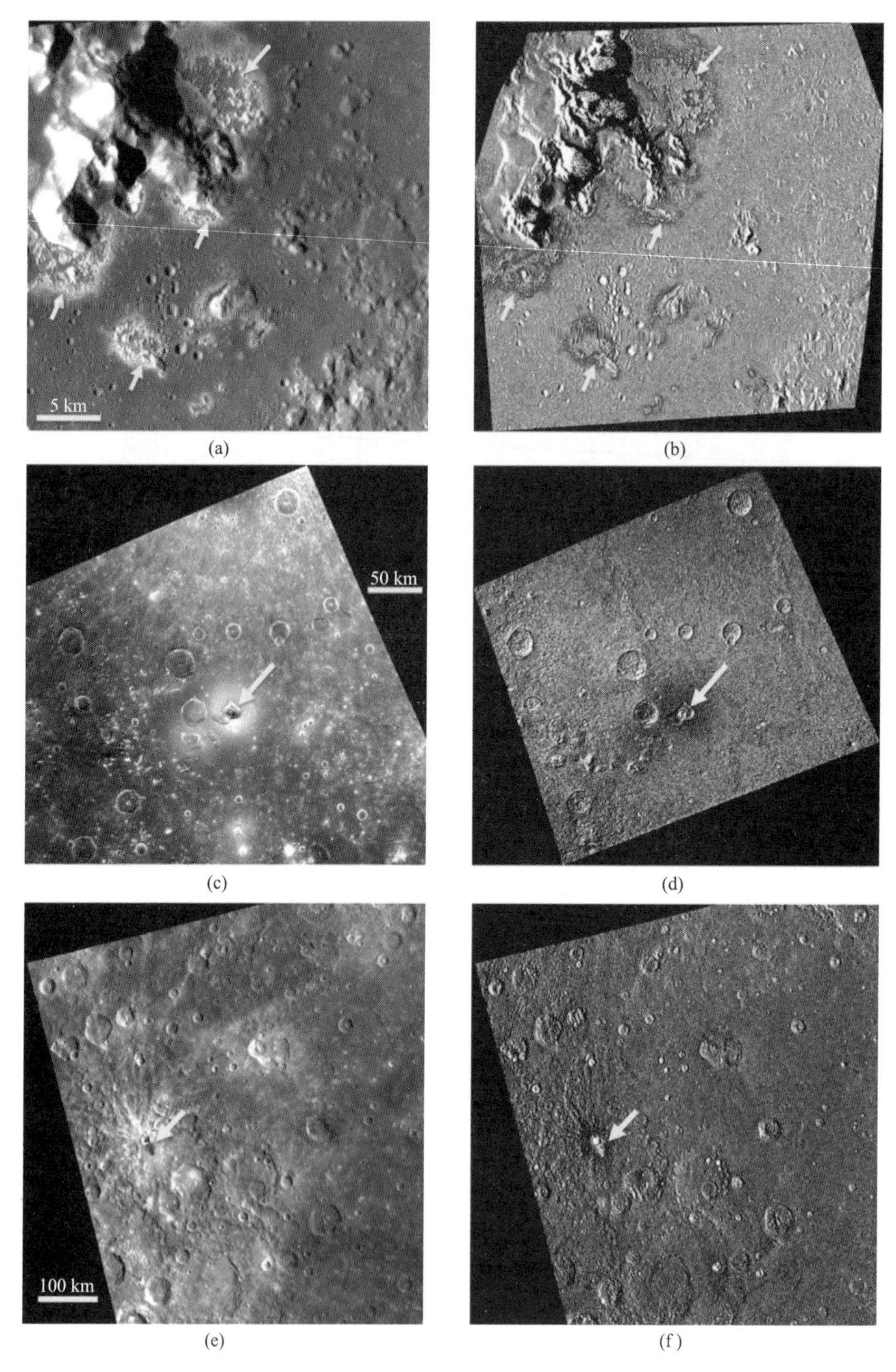

(a) (b)

(c) (d)

(e) (f)

图 4－3 水星表面不同物质的相对粒度大小关系（Blewett，et al.，2014）

(a)、(b) 水星 Eminescu 撞击坑内部白晕凹陷（10.7°N，245.7°E）；(c)、(d) 水星表面火成碎屑沉积物（22.0°N，146.1°E）；(e)、(f) Waters 撞击坑熔融物（9.0°S，254.6°E）。左列为 750 nm 波段影像数据，右列为相比率图像，其中暗色表示物质粒度相对较细

4.3 地形地貌和地质过程

塑造水星表面的主要地质过程包括撞击作用、火山活动和构造活动。其他的地质过程，如空间风化、坡面物质移动、挥发分活动等对水星表面局部地貌的改造也起到重要的作用。

(1) 撞击作用

撞击作用是水星表面最重要的地质过程。大的撞击盆地改变水星的壳层以及幔部结构，影响水星的热演化过程，改造水星的整体形貌，挖掘和混合不同层位的物质，例如形成卡路里盆地的撞击事件。小的撞击事件在改变水星局部地貌和混合水星壳层物质中具有重要的作用。与其他类地行星和月球一样，水星表面的撞击坑随直径的增大，形态越趋于复杂（Pike，1988）。随着直径增大，水星表面的撞击坑从简单撞击坑向多环盆地变化。水星上撞击坑按照其形态复杂度可分为7类（图4-4）：直径小于14.4 km的撞击坑统称为简单撞击坑，简单撞击坑底部呈底部平坦的碗状，坑壁均匀；一些直径在4.6～12.2 km的撞击坑的坑壁发育初始阶地和滑塌构造，称为被改造的简单撞击坑；直径在9.5～29.1 km的撞击坑称为未成熟的复杂撞击坑，复杂撞击坑具有完整的坑壁阶地以及大量的滑塌构造，中央峰偶尔出现；直径在30～160 km的撞击坑称为成熟的复杂撞击坑，内部发育有形态各异的中央峰，坑底被撞击熔融物覆盖；直径在72～165 km的撞击构造被称为初始盆地，其内部具有不完整的中央峰和中央峰环，盆地的深度较浅；直径在132～310 km的撞击盆地称为双环盆地，双环盆地内部发育有完整的中央峰环和中央峰，与盆地边缘一起形成双环；直径在285～1 600 km的称为峰环盆地，多环盆地内部发育有多个中央峰环（Pike，1988；Baker，et al.，2011）。

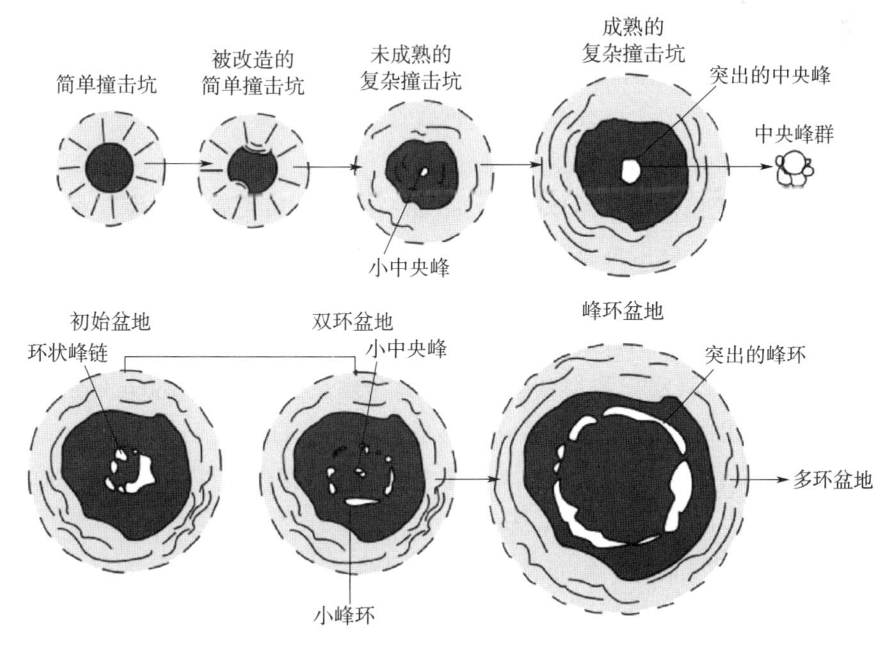

图4-4 水星撞击坑形态随直径而变化

（2）火山活动

与其他内太阳系天体一样，水星表面经历了大规模和长时期的火山活动。水星表面广泛分布着坑间平原（Intercrater Plain；Trask，Guest，1975）和平坦平原［Smooth Plain；Denevi，et al.，2013；图 4－5（a）］。坑间平原是水星表面最广泛分布的一类平原物质［图 4－5（b）］，最重要的特征是内部大量小于 15 km 的撞击坑被平原物质覆盖，20～128 km 的撞击坑密度比月球高地上的低（Fassett，et al.，2011）。这些特征指示了坑间平原是古老撞击区受后期改造形成的，代表水星表面最古老的地质单元（Marchi，et al.，2013）。坑间平原的火山成因和撞击成因一直是水星地质学的争论问题（Spudis and Guest，1988；Strom，et al.，2011）。信使号发现部分坑间平原的反照率光谱和地球化学特征与水星表面典型熔岩流和熔岩平原相似（Murchie，et al.，2018），且两者在地层交切关系和撞击坑密度上存在渐变过渡的关系（Whitten，et al.，2014）。这些证据均支持坑间平原形成于溢流型熔岩流充填。同时，已探明的水星大型撞击盆地溅射物的体积与分布范围和坑间平原不一致（Byrne，et al.，2018a），说明单依靠撞击溅射物的置位无法形成全球坑间平原。

平坦平原是高反照率、地势平坦、撞击坑密度低于全球平均值的平原物质，约覆盖水星表面面积的 27%［图 4－5（a）、（c）；Denevi，et al.，2013；Wang，et al.，2021］。单个平坦平原的面积有最高可达 4 个数量级（10^2～10^6 km^2）的差别（Byrne，et al.，2016；Wang，et al.，2021）。其中，大型平坦平原（面积大于 10^5 km^2）占据水星表面面积约 24%（Denevi，et al.，2013；Byrne，et al.，2016），包括北部平原（Northern Smooth Plains，NSP）、卡路里内平原（Caloris Interior Plains，CIP）、卡路里外平原（Caloris Exterior Plains，CEP），以及托尔斯泰盆地和贝多芬盆地等一些大撞击盆地的内平原（Byrne，et al.，2016）。小型平坦平原（面积小于 10^5 km^2）占水星表面面积约 3.1%（Wang，et al.，2021）。水星上火山平原的单次形成时间很短，是具有高喷发速率、低黏度的溢流型火山活动的产物，熔岩厚度可超过数百米，因此其喷发量和喷发速率与地球上的大火成岩省类似（Hurwitz，et al.，2013）。

平坦平原主要形成在低地势（Denevi，et al.，2013）和壳厚度较薄（Wang，et al.，2021）的区域，通常位于撞击坑或撞击盆地内部（Wang，et al.，2021）。水手 10 号探测发现，平坦平原是水星上最年轻的火山平原，成因和月海类似（Strom，et al.，1975；Trask，Guest，1975；Spudis，Guest，1988；Robinson，Lucey，1997）。信使号数据在平坦平原内部发现了被平原物质掩埋的撞击坑，称为幽灵撞击坑［Ghost Crater；图 4－5（e）］，表明平坦平原是后期火山物质填埋形成的单元（Head，et al.，2009；Ernst，et al.，2010；Denevi，et al.，2013。根据幽灵撞击坑的埋藏深度，可推算平坦平原物质的厚度小于 2 km（Head，et al.，2011；Ostrach，et al.，2015；Du，et al.，2020）。平坦平原的时空分布特征与卡路里盆地、伦布兰特盆地、贝多芬盆地等形成于 38 亿年前后的大撞击盆地（Whitten，Head，2015；Mancinelli，et al.，2016；Byrne，et al.，2018a；Hirata et al.，2022）有着紧密的联系。平坦平原集中产出在这些盆地周围，而在这些盆地的对趾

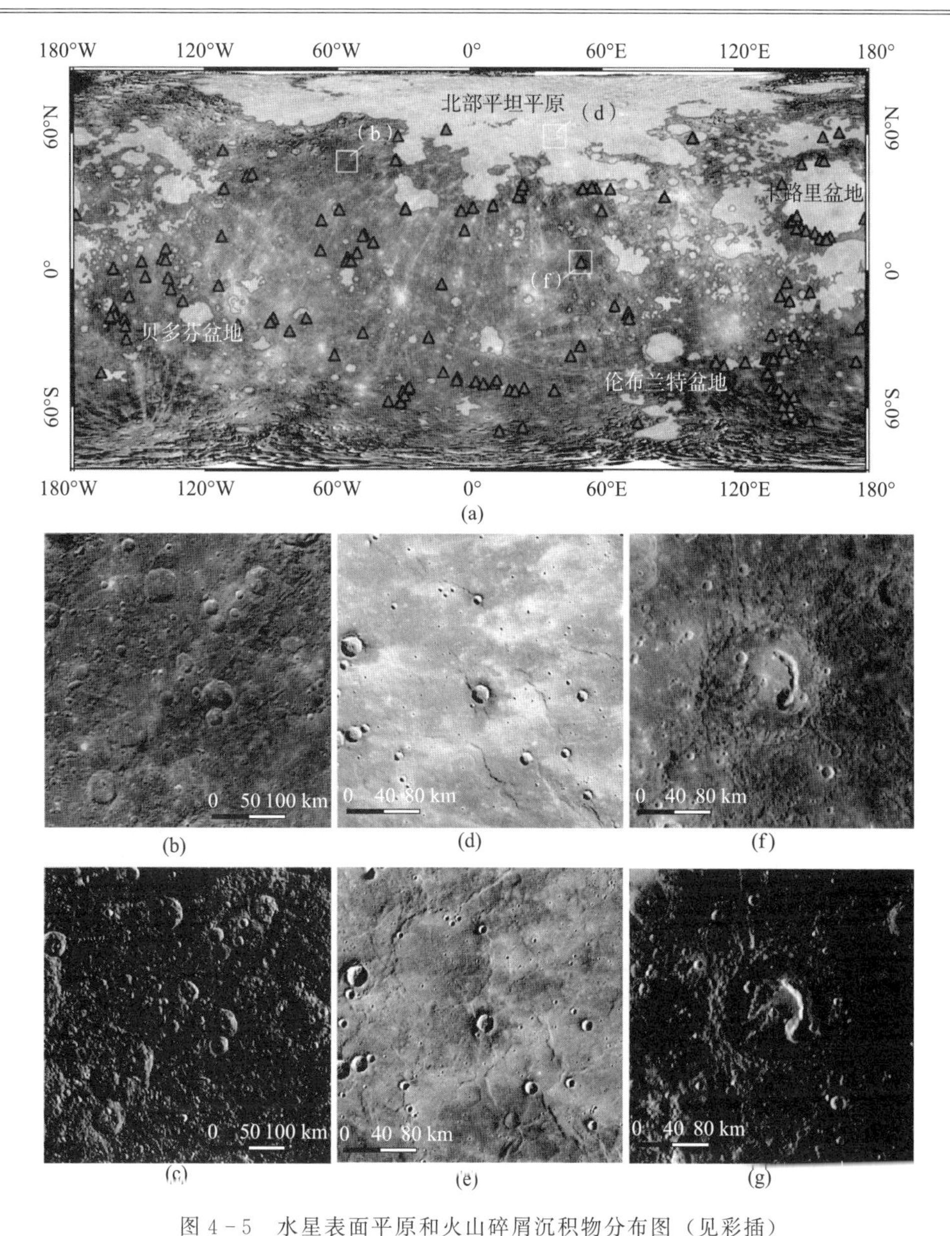

图4-5　水星表面平原和火山碎屑沉积物分布图（见彩插）

（a）蓝色边界内部粉色区域为火山成因的平坦平原，红色边界的黄色区域为无法明确火山成因的平坦平原，红色三角为火成碎屑沉积物。底图数据为水星主成分增强彩色镶嵌图；（b）、（c）坑间平原；（d）、（e）平坦平原；（f）、（g）火山口与周围的火成碎屑沉积物

区域，平坦平原的数量和面积均较少［图4-5（a）；Wang，et al.，2021］。平坦平原几乎都形成于37亿年前后，大部分介于36亿～38亿年以前（Denevi，et al.，2013；Byrne，et al.，2016；Wang，et al.，2021），均在上述大型撞击事件引发的内部热扰动的持续时间内（>1亿年；Padovan，et al.，2017）。因此，大撞击事件通过增强局部幔部物质的部分熔融程度，并在盆地周围形成大量的易于岩浆上涌的岩石圈深大断裂，导致了水星平坦平原的形成。

熔岩渠道是月球火山区域的典型地貌特征，但是水星上少见熔岩渠道。北部平原的南部存在一处典型的熔岩渠道（图 4－6）。渠道源头可见尺度超过 30 km 的巨型塌陷，代表了熔岩溢流的出口之一，在熔岩渠的中央可见泪滴状残丘（图 4－6 中白色箭头所示），是原始表面受熔岩流的机械侵蚀和热侵蚀作用下冲刷形成的地貌（Head，et al.，2011；Byrne，et al.，2013；Hurwitz，et al.，2013）。平坦平原物质的成分数据表明其黏度很低（Ostrach，et al.，2015），因此目前并未发现形成平坦平原的熔岩流的前锋面（Byrne，et al.，2018a）。少数工作基于形貌相似性将一些线性构造解释为熔岩流的前锋面（Head，et al.，2011），但精细的形貌分析发现，这些线性构造更可能是全球收缩作用在平坦平原上形成的叶片状悬崖。在地球上，侵入岩和喷出岩的体积比为 8∶1（Crisp，1984），而火星（Black，Manga，2016）和月球（Head，Wilson，1992）的表面重力加速度更低，因此在相同的岩浆密度下，围岩静岩压力较低的地外天外（如水星）内，岩浆更容易到达表面形成火山岩，而不是在地下冷却形成侵入岩。水星上的火山岩主要是科马提岩和玻安岩，因此内部同样也存在着相应的侵入岩，如橄榄石堆晶岩（Shirey，Hanson，1984），但信使号并未在水星上找到确切的侵入岩存在的证据。

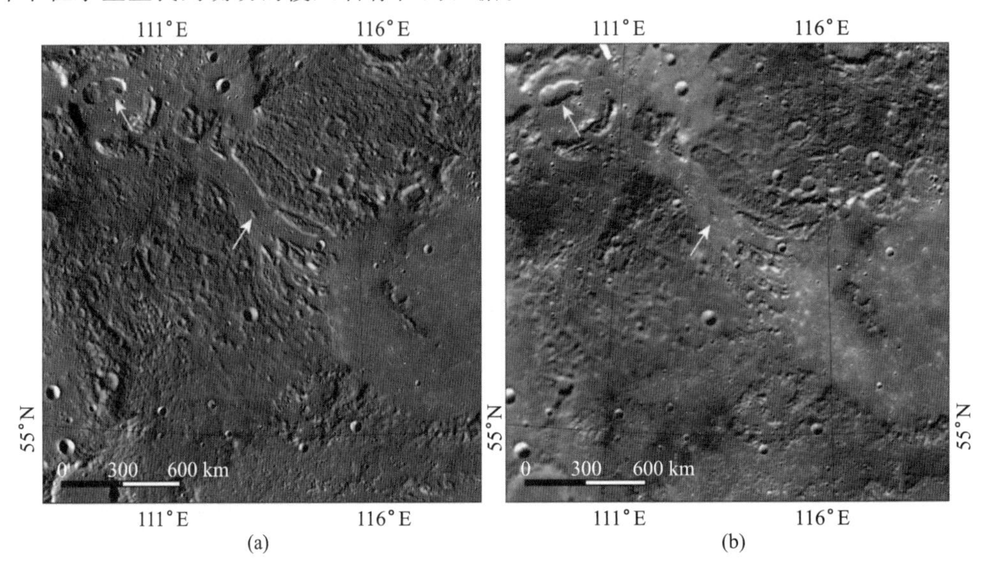

图 4－6 水星表面的熔岩渠道（见彩插）

（a）、（b）熔岩渠道首部的火山口（黄色箭头所示）以及熔岩渠道内部的泪滴状残丘（白色箭头所示），长轴方向指示熔岩流动方向

在水星上共发现了 170 余处围绕不规则凹陷发育的、具有弥散边界的亮色薄层物质［图 4－7（a）］。综合地质分析发现这些薄层物质是爆发性火山喷发形成的火成碎屑沉积物（Pyroclastic Deposits，PDs），在水星上被称为 Facula（亮斑）；其中央的凹陷是火山口［Vents/pits；图 4－5（f）；图 4－7（a）～（c）；Head，et al.，2008；Kerber，et al.，2009，2011；Goudge，et al.，2014；Thomas，et al.，2014；Jozwiak，et al.，2018］。和典型的撞击坑不同，水星上的爆发性火山活动形成的火山口不具有隆起的边缘，深度大约为

1～2 km（Kerber，et al.，2011；Goudge，et al.，2014；Rothery，et al.，2014）。部分火山口内部具有多级的、深度不一的、粗糙底面，可能是多期火山爆发相互叠加或经历多期岩浆回退崩塌形成的复合型火山口（Rothery，et al.，2014；Jozwiak，et al.，2018）。Xu 等人（2022）系统地报道了一类特殊形态的、形成于柯伊伯纪的密集型火山口（Pitted-ground volcanoes）。它们由许多大小相似、退化状态相当、形状不规则的火山口组成。这些火山口是爆发性火山活动的产物，形成了大量高反照率的火山灰。地质和地球物理联合分析发现，此类火山喷发可能是在长期存在的幔部热异常和广泛分布的浅表层断裂系统共同作用下产生。

水星上的火成碎屑沉积物大多和撞击坑、断裂构造以及先前存在的火山口有关（Goudge，et al.，2014；Jozwiak，et al.，2018）；在空间分布上呈聚集性，主要围绕卡路里盆地等大型撞击构造产出［图 4-5（a）］。水星上的火成碎屑沉积物的地形和空间分布表明其形成于伏尔坎宁式的火山喷发（Besse，et al.，2015）。驱动这些火山喷发的挥发分可能主要来自于水星幔部，抑或是幔源岩浆从围岩中提取出的硫和碳（Weider，et al.，2016；Xiao，et al.，2021）。在岩浆上升的过程中，火山气体在浅表层汇聚和增压，当超过上覆压力时发生剧烈爆炸，形成火山口和火成碎屑沉积物。

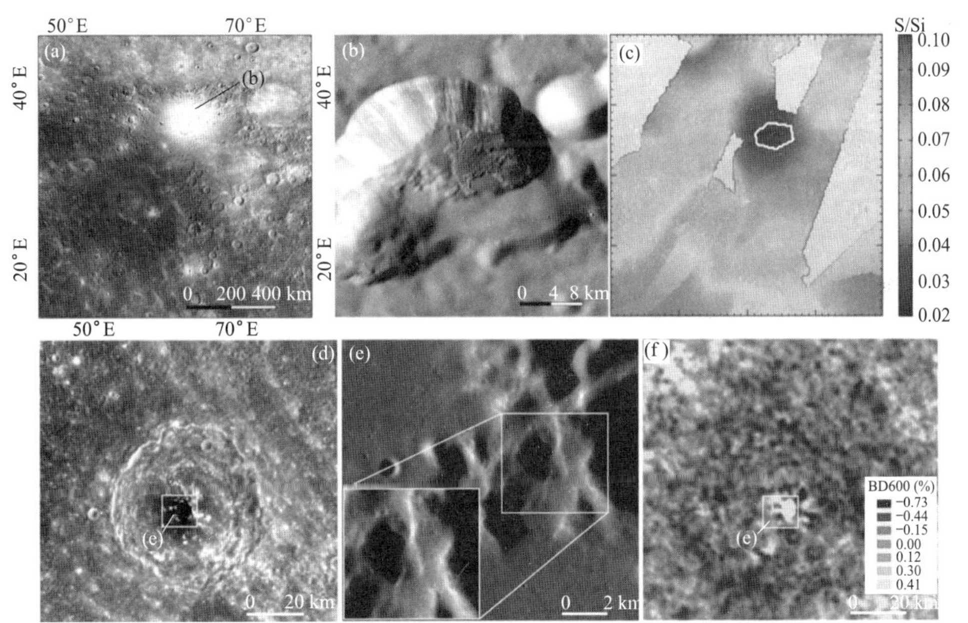

图 4-7　水星表面亮色与暗色火成碎屑沉积物及其挥发分组成（见彩插）

（a）箭头指示 Nathair Facula；（b）Nathair Facula 中央火山口；（c）S/Si 分布图显示火成碎屑沉积物贫 S；（d）一未命名撞击坑（155.8 °E，4.7 °N）内的暗色火成碎屑沉积物；（e）暗色火成碎屑沉积物内的火山口；（f）暗色火成碎屑沉积物具有微弱的 600 nm 波段 C 吸收特征

水星上的火成碎屑沉积物的覆盖范围比月球上的更大（Kerber，et al.，2009；Besse，et al.，2020）。考虑到水星表面的重力加速度大于月球，水星上的爆发性火山活动应当伴随着更高的喷发速率，这意味着水星的岩浆中含有更多的挥发分（Kerber，et al.，2009；

Thomas, et al., 2015)，且挥发分含量远远高于地球。部分水星上的火山喷发事件比地球上夏威夷岛上的基拉韦厄喷发还要强烈（该火山属于挥发分含量高的地球火山）。使用相比率法（Phase Ratio Technique）分析 750 nm 波段的影像数据，前人注意到水星上的火成碎屑沉积物的亚相元粗糙度比水星的表壤更细（Blewett, et al., 2014)，表明火山灰（Tephra）是火成碎屑沉积物的主要物质（Byrne, et al., 2018a)。信使号元素探测发现水星表面最大的一处火成碎屑沉积物［Nathair Facula；图 4－7（a）～（c）］的硫（Weider, et al., 2016）和碳含量（Peplowski, et al., 2016）低于周围地质单元，意味着硫和碳的氧化物气体可能是驱动该爆发性火山喷发的主要组分。

最近，水星表面还发现了一类柯伊伯纪的暗色火成碎屑沉积物，部分此类暗色火成碎屑沉积物在 600 nm 波段具有微弱的吸收特征，表明其中存在石墨［图 4－7（d）～（f）；Xiao, et al., 2021］。这些石墨可能是幔源岩浆中的石墨未完全氧化的部分，抑或是火山爆发发生在富含 LRM 的物质中，因此卷入了围岩内的 LRM。另外，也有一些暗色的火成碎屑沉积物不具有石墨的吸收特征（BD600＜0)，表明水星表面的暗色物质并非只有石墨，也可能存在其他暗色物质，例如还原态的铁（Xiao, et al., 2021)。

（3）构造活动

构造活动在水星表面形成了大量大尺度岩石变形（Strom, et al., 1975；Byrne, et al., 2018b)。水星上的构造形迹主要包括挤压构造（叶片状悬崖和皱脊）和伸展构造（地堑)，其中伸展构造很少（图 4－8)。水星表面缺乏大尺度的走滑构造。水星表面的皱脊大多形成在平坦平原上，如卡路里内平原和北部平原（图 4－8)，而水星上的伸展构造较少，主要为发育在大型撞击盆地内的火山平原上的地堑（图 4－8)。叶片状悬崖是水星表面最

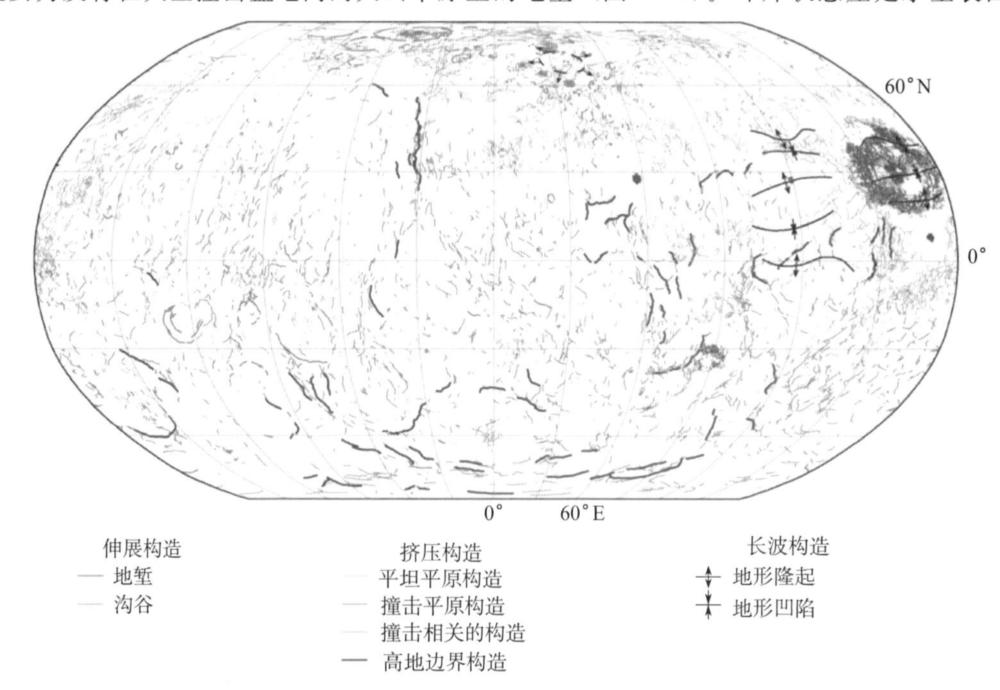

图 4－8 水星挤压和伸展构造全球分布图（Byrne, et al., 2018b)

显著的构造样式（图 4－9）。水星表面的叶片状悬崖的规模普遍比月球上的大，其延展可达数百千米（Strom，et al.，1975；Watters，et al.，2009）。一些大型叶片状悬崖的前锋面与周围背景单元的高差可达 3 km（Harmon，et al.，2007）。水星上的叶片状悬崖主要是由于内部冷凝造成表面面积收缩形成的。水星皱脊的数量比叶片状悬崖少。与月海皱脊的分布规律类似，水星表面的皱脊大多形成在平坦平原上，如卡路里内平原和北部平原（图 4－8）。这些皱脊可能是由于盆地内充填的熔岩的重力沉降和全球冷却收缩作用共同形成的（Strom，et al.，1975；Watters，et al.，2012；Byrne，et al.，2018b）。另外，在水星表面发现了一些较小的叶片状悬崖切割柯伊伯纪的小型撞击坑，表明水星的全球收缩在柯伊伯纪依然在进行（Banks，et al.，2016）。

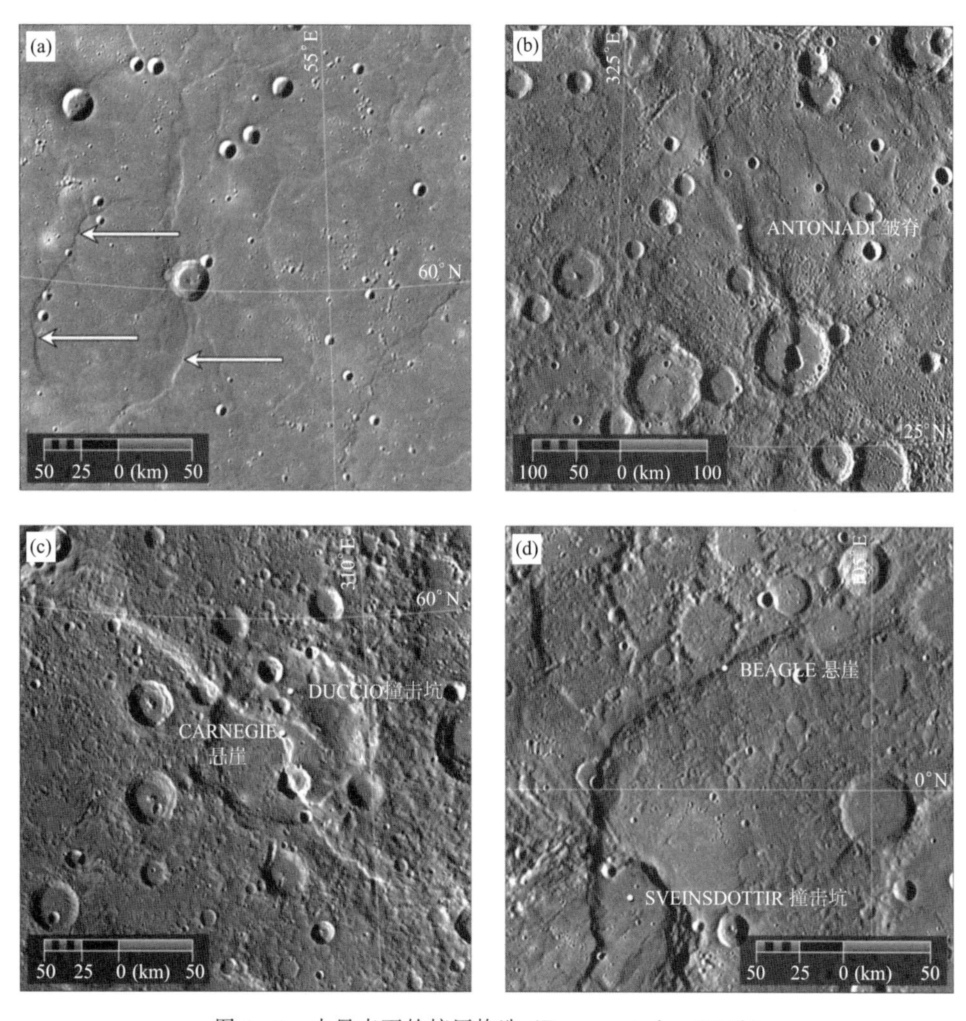

图 4－9　水星表面的挤压构造（Byrne，et al.，2018b）

（a）水星北部平原上的皱脊（60.3°N，52.9°E）；（b）长 360 km 的 Antoniadi 皱脊（29.0°N，329.5°E）；（c）长 270 km 的 Carnegie 悬崖（58.5°N，306.7°E）；（d）长 630 km 的 Beagle 悬崖（2.0°S，103.0 °E）

与月球相比，水星表面的伸展构造较少，主要包括发育在大型撞击盆地内的火山平原上的地堑（图 4－8），例如在卡路里盆地、伦布兰特盆地等盆地内平原上的地堑（图 4－10），以及由于岩浆冷凝形成的张性冷凝裂隙［Xiao，et al.，2014；图 4－10（b）、（c）］。卡路里盆地内平原汇集了水星表面几乎所有的构造样式（图 4－8），且具有不同于地球和月球上的构造形迹的分布方式。卡路里内平原上的皱脊和地堑均具有两种组合方式：与盆地边缘平行的环状分布和从盆地中心向外的径向辐射状分布［图 4－10（a），Strom，et al.，1975；Murchie，et al.，2008；Byrne，et al.，2018b］。这些地堑和皱脊均没有切割卡路里盆地的边缘。环形皱脊可能主要与卡路里内平原的火山物质的重力沉降有关，而形成盆地内地堑的拉张应力可能来自卡路里外平原形成后造成的环形重力加载（Melosh，McKinnon，1988）。另外，最近的研究工作报道了一类相对年轻的、规模较小的（深 10～150 m，宽小于 1 km，长数十千米）、全球性广泛分布的地堑（Man，et al.，2023）。该类地堑作为次级构造特征伴随出现在大型挤压构造（如叶片状悬崖）上，表明主体的挤压构造在水星的地质历史近期仍处于持续性地活动中。

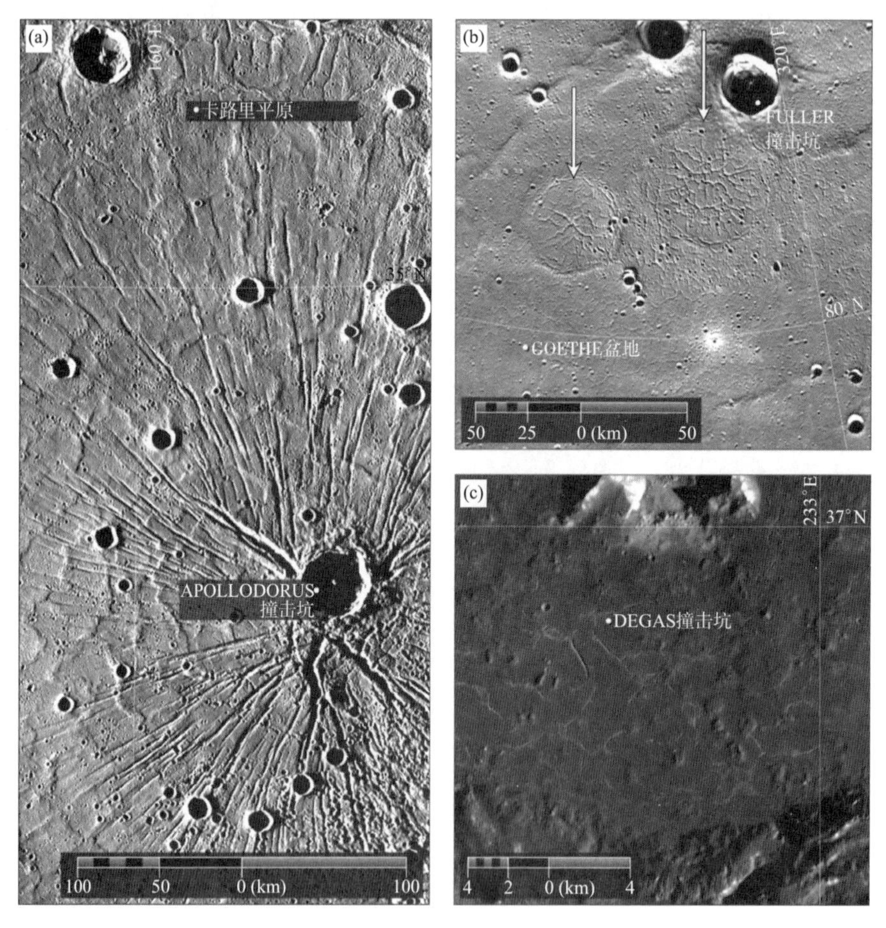

图 4－10 水星表面的伸展构造（Byrne，et al.，2018b）

(a) 卡路里盆地内平原上 Apollodorus 撞击坑周围的辐射状地堑（30.0°N，161.0°E）；

(b) 北部平原上 Gothe Basin Fuller 撞击坑附近幽灵撞击坑内部的无定向的地堑（81.0°N，309.0°E）；

(c) Degas 撞击坑坑底的冷凝裂隙（60.3°N，52.9°E）

（4）壳层挥发分活动

水星表面 Na、K、S 等挥发性元素广泛存在（Nittler, et al., 2011; Peplowski, et al., 2011; Evans, et al., 2012），含量高于月球和其他类地天体（Nittler, Weider, 2019）。水星表面存在形成于地质历史近期并可能至今仍活跃的挥发分活动，形成了极为年轻的白晕凹陷［图 4－11（a）；Blewett, et al., 2013, 2016; Wang, et al., 2020］、暗斑（Xiao, et al., 2013）和爆发型火成碎屑沉积物（Kerber, et al., 2009, 2011; Xiao, et al., 2021）。白晕凹陷是水星表面一类大小形状不规则，无隆起边缘，具有平坦底部的凹陷单元（Blewett, et al., 2011; 2013），围绕白晕凹陷分布有高反射率晕状物质（Halo）。暗斑（dark spot）是水星表面围绕白晕凹陷发育的呈现低反射率特征的薄层状小型地质单元（Xiao, et al., 2013）。每个暗斑中心都存在有一个中央白晕凹陷，且暗斑是水星表面已探测到的反射率最低的物质（Xiao, et al., 2013）。反照率光谱吸收特征以及全球 600 nm 波段吸收深度参数（BD600）均表明暗斑内存在高丰度的石墨（Wang, et al., 2022b）。近期研究发现，石墨与太阳风注入的氢离子反应形成甲烷（Blewett, et al., 2016）可能是挥发分丢失的机理（Wang, et al., 2020）。但至今仍在活跃的以供给长期发育的白晕凹陷和暗斑的浅表层挥发分迁移机制仍不详（Wang, et al., 2020）。此外，水星极区永久阴影区内也很可能存在水冰［图 4－11（b）］，但其含量、性质、来源、年龄以及内部是否存在有机物等也存在诸多未知（Lawrence, et al., 2013; Chabot, et al., 2018; Deutsch, et al., 2016, 2019）。

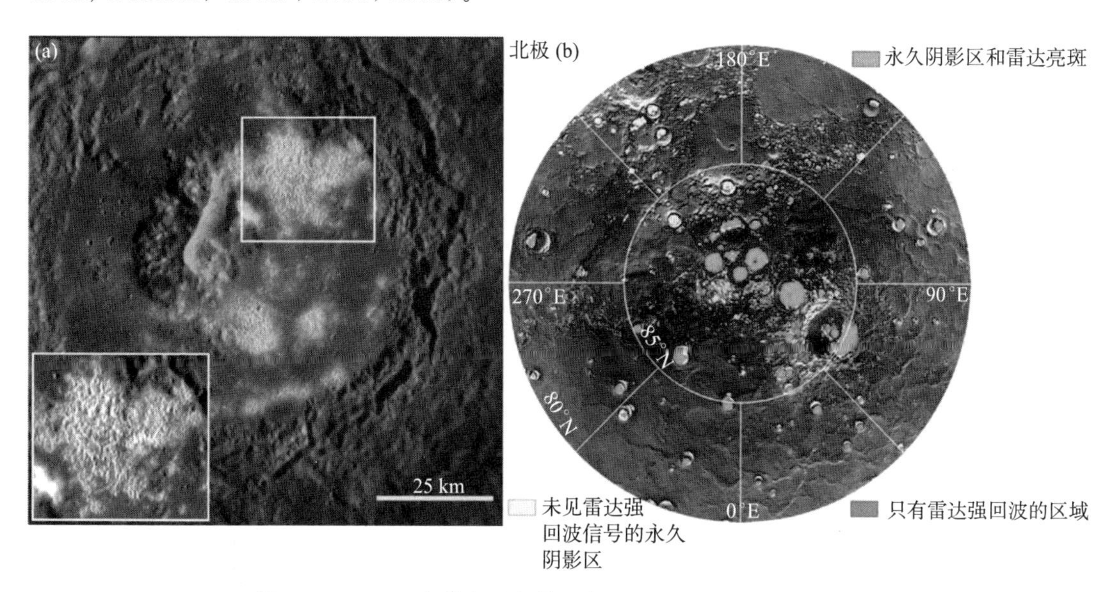

图 4－11　（a）水星表面白晕凹陷（Blewett, et al., 2018）；
（b）水星极区水冰分布（Deutsch, et al., 2016）（见彩插）

4.4　地质演化

与其他类地行星一样，水星形成于大约45亿年前。水星形成时的增生事件汇集了大量能量，因此在水星形成之后的约（10～100）$\times 10^6$年内，水星形成全球的岩浆洋（Charlier，et al.，2013）。之后岩浆洋冷凝，水星经历核、幔、壳的圈层分异。

由于缺乏水星样品，水星表面地质单元的绝对年龄仍未知。参照月球上地层年代的划分方法，基于水手10号影像数据揭示的表面地质交切关系，水星上的地层年代被划分为五个时代（Spudis，Guest，1988）：前托尔斯泰纪（Pre－Tolstojan）、托尔斯泰纪（Tolstojan）、卡路里纪（Calorian）、曼苏尔纪（Mansurian）和柯伊伯纪（Kuiperian）。前托尔斯泰纪是最古老的地层年代，自水星形成持续到形成托尔斯泰盆地的撞击事件，对应月球上的前酒海纪；托尔斯泰纪对应月球上的酒海纪，起始于托尔斯泰盆地的撞击事件，结束于形成卡路里盆地的撞击事件；卡路里盆地被认为是水星表面晚期大轰击事件的结束标志（约38亿年），与月球东海盆地相似；卡路里纪起始于约38亿年，对应于月球上的雨海纪；曼苏尔纪是以水星上的曼苏尔撞击坑命名的，对应月球上的埃拉托迅纪；水星上最年轻的地层年代是柯伊伯纪，以柯伊伯撞击坑命名，对应着月球上的哥白尼纪。值得注意的是，由于缺乏原位采集的水星样品，以上地层时代的绝对起止年龄无法校订。使用不同的撞击坑产生方程（Marchi，et al.，2009；Le Feuvre，Wieczorek，2011），水星的地质时代的起止时间具有极大的不确定性（表4－3，Denevi，et al.，2018）。

表4－3　水星各地层年代单元模式年龄（10亿年）

	托尔斯泰纪	卡路里纪	曼苏尔纪	柯伊伯纪
Spudis 和 Guest（1988）	3.9～4.0	3.9	3.0～3.5	1.0
Marchi 等人（2009）	3.9	3.8	1.7	0.28
Le Feuvre 和 Wieczorek（2011）	3.7	3.5	0.85	0.13

注：Spudis 和 Guest（1988）的模式年龄基于月球地层年代划分；曼苏尔纪和柯伊伯纪的模式年龄来自 Banks 等人（2016）；托尔斯泰纪和卡路里纪的模式年龄来源于 Ernst 等人（2017）

（1）前托尔斯泰纪

增生形成的水星经历了岩浆洋事件，发生早期圈层分异，以及大量猛烈的撞击事件。水星上的晚期大轰击事件起始于前托尔斯泰纪晚期。在水星的全球地层记录中，最古老的物质是位于卡路里盆地南侧（140～160 °E，25～45 °S；Byrne，et al.，2018a）的一处低反射率物质单元（Low－Reflectance Materials，LRM），其绝对模式年龄约为41亿年（Marchi，et al.，2013）。另外，前托尔斯泰纪形成了一处宽约为2 000 km、Mg明显富集的区域，可能对应着一个古老的撞击盆地（Wang，et al.，2022a）。水星更早的地质历史已经被一次近似全球性的岩浆活动完全抹去（Marchi，et al.，2013）。

（2）托尔斯泰纪

水星表面的晚期大轰击事件仍在继续，大量的撞击盆地形成于该时期，并形成了水星上的严重撞击区域。水星表面的坑间平原（Intercrater Plains）的形成始于前托尔斯泰纪，持续至托尔斯泰纪，指示水星历史早期全球性的火山活动。水星热演化的数值模拟显示，在托尔斯泰纪以前，水星内部处于热膨胀阶段，内部动力过程活跃；托尔斯泰纪结束后，水星整体进入快速冷却阶段（Deng，et al.，2020）。造成热演化时间线上的分水岭的原因可能是早期的剧烈撞击事件：在水星形成之初，内太阳系天体上可能经历了大规模的、强烈的撞击事件，向水星内部传递了大量能量（Padovan，et al.，2017），内部的高温环境持续至托尔斯泰纪结束，驱动了多期全球性溢流性火山活动的发生。

（3）卡路里纪

进入卡路里纪，水星上的撞击频率急剧下降。大面积溢流型火山活动在水星表面形成了大规模的平坦平原（Smooth Plains；Head，et al.，2011；Denevi，et al.，2013）。最新系统的绝对模式年龄估算的工作发现，火山成因的平坦平原几乎都形成于37亿年前后，具体在35亿～39亿年以前，大部分在36亿～38亿年以前。其中，卡路里内平原、北部平原的绝对模式年龄约为37亿年（Denevi，et al.，2013；Wang，et al.，2021）；托尔斯泰内平原、贝多芬内平原等大型平坦平原的形成年龄集中在37亿～38亿年（Byrne，et al.，2016）；绝大部分小型平坦平原的年龄也主要在36亿～38亿年之间（Wang，et al.，2021）。大规模溢流性火山活动在35亿年前后的迅速停止（Byrne，et al.，2016；Wang，et al.，2021），与水星全球冷却收缩的起始时间一致。内部冷却使幔部物质部分熔融量减小，岩石圈收缩阻碍了岩浆上升至表面，两者共同导致了大规模火山活动的停止。因此，37亿年前后这次大规模火山活动可能释放了水星内部大量能量，整体的热演化由热对流进入热传导阶段，内部动力不足以形成更年轻的大规模溢流性熔岩流。自35亿年前以来，水星表面的火山活动主要是挥发分驱动岩浆沿岩石圈薄弱带快速上升引起的爆发性火山活动（Thomas，et al.，2014；Byrne，et al.，2018a；Byrne，2019）。

（4）曼苏尔纪

该时期形成的撞击坑/撞击盆地的溅射纹被侵蚀殆尽。水星进入其地质历史的休止期。水星表面仅存在两处形成于10亿年左右的平坦平原，分别为拉赫玛尼诺夫盆地的内平原和拉蒂特拉迪盆地的内平原。它们的面积均小于大部分的平坦平原，约为10^4 km^2。最新的撞击坑年代学表明，这两处火山成因的平坦平原分别形成于16亿年前和11亿年前（Wang，et al.，2021）。它们位于峰环盆地内部，局部的壳厚度是水星上最小的区域（Beuthe，et al.，2020）。因此，在全球挤压的应力背景下，幔源岩浆更容易通过壳层构造薄弱带迁移至表面并形成溢流性熔岩流。此外，拉赫马尼诺夫盆地底部的火山平原极富Mg贫Al，与更老的熔岩平原相似，这意味着水星幔部存在持续时间较长的、局部的热异常，足以驱动高度部分熔融的晚期岩浆（Wang，et al.，2022a）。

（5）柯伊伯纪

水星表面形成了大量具有明亮溅射纹的撞击坑，有些撞击坑的溅射纹延伸数百千米，覆盖整个水星北半球。水星进入地质演化的休止期，表面不能发育大范围的构造和岩浆事件。火成碎屑沉积物与叶片状悬崖和撞击坑溅射纹的交切关系以及撞击坑模式年龄共同表明，爆发性火山活动可一直持续至柯伊伯纪（Xiao，et al.，2021）。这说明水星内部的挥发分含量依然很高，并足以克服全球收缩形成的压应力，形成爆发式喷发。同时，水星浅表层的挥发分物质活动可以在水星表面形成极为年轻的白晕凹陷（Hollow；Blewett，et al.，2013；Wang，et al.，2020）和暗斑（Xiao，et al.，2013）。

4.5 前沿科学问题及未来研究方向

尽管信使号计划已经极大地增进了人们对于水星火山活动和热演化历程的认识，但仍有一些关键的谜团。整体而言，目前对水星表面火成岩成分的认识还很粗浅。信使号搭载的XRS和GRNS的分辨率无法精细地揭示水星表面局部的物质成分的差别。同时，XRS和GRNS的探测深度仅为厘米级至米级，表面成分的差别能否完全指示深部的成分变化也犹未可知。水星热演化研究中的重要问题是对水星早期的热演化形式缺乏系统的认识。在前托尔斯泰纪，大规模溢流性火山活动的形成期次，以及单次溢流性火山活动的喷发方式不详。目前，水星全球地质填图工作尚未系统划分不同期次的火山物质（如坑间平原）的边界。该问题制约了对早期火山活动样式（如喷发通量和岩浆的产生速率）的认识，也是水星热演化研究的一大空白。

水星壳层内是否存在侵入体，以及水星内部的侵入岩和喷出岩的体积比是水星岩浆活动研究中的另一问题。在地球上，侵入岩和喷出岩的体积比为8∶1，而火星和月球的表面重力加速度更低，因此该比例可能更高。水星上的火山岩主要是科马提岩和玻安岩，因此内部同样也存在着相应的侵入岩，如橄榄石堆晶岩。信使号探测并未在水星上找到确切的侵入岩存在的证据。相比之下，月球上很多撞击坑底部存在特殊的断裂系统，高分辨率重力测量、形态观测和数值模拟发现这些断裂是下伏位置较浅的、体积较小的侵入体顶托形成，称为坑底断裂型撞击坑（Floor-fractured Crater）。水星上仅存在唯一一处和月球坑底断裂型撞击坑相似的例子。但是，信使号获取的重力数据和影像数据的分辨率远不足以识别水星壳层的内部构造。

最近，ESA和JAXA于2018年10月成功发射了贝皮·科伦坡号探测器，携带比信使号更全面、更强大的科学载荷，即将于2025年12月抵达水星的轨道。届时，对水星火山活动的问题研究将会得到本质的提升。

参考文献

[1] Baker D M H, Head J W, Prockter L M, et al. 2011. New Morphometric Measurments of Peak - ring Basins on Mercury and the Moon: Results from the Mercury Laser Altimeter and Lunar Orbiter Laser Altimeter [J]. Lunar Planet Sci, 43, Abstract 1238.

[2] Banks M E, Xiao Z, Braden S E, et al. 2016. Revised Age Constraints for Mercury's Kuiperian and Mansurian Systems [J]. Lunar Planet Sci, 47, abstract 2943.

[3] Besse S, Doressoundiram A, Benkhoff J. Spectroscopic Properties of Explosive Volcanism Within the Caloris Basin with MESSENGER Observations [J]. J Geophys Res Planets, 2015, 120: 2102 - 2117.

[4] Besse S, Doressoundiram A, Barraud O, et al. Spectral Properties and Physical Extent of Pyroclastic Deposits on Mercury: Variability Within Selected Deposits and Implication for Explosive Volcanism [J]. J Geophys Res Planets, 2020, 125: e2018JE005879.

[5] Beuthe M, Charlier B, Namur O, et al. Mercury's Crsutal Thickness Correlates with Lateral Variations in Mantle Melt Production [J]. Geophys Res Lett, 2020, 47, e2020GL087261.

[6] Black B A, Manga M. The Eruptibility of Magmas at Tharsis and Syrtis Major on Mars [J] . J Geophys Res Planets, 2016, 121: 944 - 964.

[7] Blewett D T, Chabot N L, Denevi B W, et al. Hollows on Mercury: MESSENGER Evidence for Geologically Recent Volatile - related Activity [J]. Science, 2011, 333 (6051): 1856 - 1859.

[8] Blewett D T, Vaughan W M, Xiao Z, et al. Mercury's Hollows: Constraints on Formation and Composition from Analysis of Geological Setting and Spectral Reflectance [J]. J Geophys Res Planets, 2013, 118: 1013 - 1032.

[9] Blewett D T, Levy C L, Chabot N L, et al. Phase - ratio Images of the Surface of Mercury: Evidence for Differences in Sub - resolution Texture [J]. Icarus, 2014, 242: 142 - 148.

[10] Blewett D T, Stadermann A C, Susorney A C, et al. Analysis of MESSENGER High - resolution Images of Mercury's Hollows and Implications for Hollow Formation [J]. J Geophys Res Planets, 2016, 121: 1798 - 1813.

[11] Blewett D T, Ernst C M, Murchie S L, et al. Mercury's Hollows [M]. In Mercury: The View After MESSENGER. Cambridge: Cambridge University Press, 2018: 324 - 346.

[12] Byrne P K, Klimczak C, S,engör A M C, et al. Mercury's global Contraction Much Greater Than Earlier Estimates [J]. Nat Geosci, 2014, 7: 301 - 307.

[13] Byrne P K, Ostrach L R, Fassett C I, et al. Widespread Effusive Volcanism on Mercury Likely Ended by About 3.5 Ga [J]. Geophys Res Lett, 2016, 43: 2016GL069412.

[14] Byrne P K, Whitten J L, Klimczak C, et al. The Volcanic Character of Mercury. In Mercury: The View After MESSENGER [M]. Cambridge: Cambridge University Press, 2018a: 287 - 323.

[15] Byrne P K, Klimczak C, Celalsengor A M. The Tectonic Character of Mercury. In Mercury: The

View After MESSENGER [M]. Cambridge: Cambridge University Press, 2018b: 249 - 287.

[16] Byrne P K. A Comparison of Inner Solar System Volcanism [J]. Nat Astron, 2019, 4: 321 - 327.

[17] Byrne P K, Klimczak C, Williams D A, et al. An assemblage of lava flow features on Mercury [J]. J Geophys Res Planets, 2013, 118: 1303 - 1322.

[18] Chabot N L, Lawrence D J, Neumann G A, et al. Mercury's Polar Deposits [M]. In Mercury: The View after MESSENGER. Cambridge: Cambridge University Press, 2018, 346 - 371.

[19] Chapman C R, Baker D M H, Barnouin O S, et al. Impact Cratering of Mercury [M]. In Mercury: The View After MESSENGER. Cambridge: Cambridge University Press, 2018, 217 - 248.

[20] Charlier B, Grove T L, Zuber M T. Phase Equilibria of Ultramafic Compositions on Mercury and the Origin of the Compositional Dichotomy [J]. Earth Planet Sci Lett, 2013, 363: 50 - 60.

[21] Crisp J A. Rates of Magma Emplacemnt and Volcanic Output [J]. J Volcanol Geotherm Res, 1984, 20: 177 - 211.

[22] Denevi B T, Robinson M S, Solomon S C, et al. The Evolution of Mercury's Crust: a Global Perspective from MESSENGER [J]. Science, 2009, 324: 613 - 618.

[23] Denevi B W, Ernst C M, Meyer H M, et al. The Distribution and Origin of Smooth Plains on Mercury [J]. J Geophys Res Planets, 2013, 118: 891 - 907.

[24] Denevi B W, Ernst C M, Prockter L M, et al. The Geologic History of Mercury [M]. In Mercury: The View After MESSENGER. Cambridge University Press, 2018: 144 - 175.

[25] Deng Q Y, Li F, Yan J G, et al. The Thermal Evolution of Mercury Over the past ~4.2 Ga as Revealed by Relaxation States of Mantle Plugs Beneath Impact Basins [J]. Geophys Res Lett, 2020, 47: e2020GL089051.

[26] Deutsch A N, Chabot N L, Mazarico E, et al. Comparison of Areas in Shadow from Imaging and Altime - try in the North Polar Region of Mercury and Implications for Polar ice Deposits [J]. Icarus, 2016, 280: 158 - 171.

[27] Deutsch A N, Head J W, Neumann G A. Age Constraints of Mercury's Polar Deposits Suggest Recent Delivery of ice [J]. Earth Planet Sci Lett, 2019, 520: 26 - 33.

[28] Du J, Wieczorek M A, Fa W, et al. Thickness of Lava Flows Within the Northern Smooth Plains on Mercury as Estimated by Partially Buried Craters [J]. Geophys Res Lett, 2020, 47: e2020GL090578.

[29] Ernst C M, Murchie S L, Barnouin O S, et al. Exposure of Spectrally Distinct Material by Impact Craters on Mercury: Implications for Global Stratigraphy [J]. Icarus, 2010, 209: 210 - 223.

[30] Ernst C M, Denevi B W, Ostrach L R. Updated Absolute age Estimates for the Tolstoj and Caloris Basins, Mercury [C]. Lunar Planet Sci, 2017, 48, abstract 2934.

[31] Evans L G, Peplowski P N, Rhodes E A, et al. Major - element Abundances on the Surface of Mercury: Results from the MESSENGER Gamma - Ray Spectrometer [J]. J Geophys Res, 2012, 117: E00L07.

[32] Evans L G, Peplowski P N, McCubbin F M, et al. Chlorine on the Surface of Mercury: MESSENGER Gamma - ray Measurements and Implications for the Planet's Formation and Evolution [J]. Icarus, 2015, 257: 417 - 427.

[33] Fa W, Cai Y, Xiao Z, et al. Topographic Roughness of the Northern High Latitudes of Mercury from

MESSENGER Laser Altimeter Data [J]. Geophys Res Lett, 2016, 43: 3078 - 3087.

[34] Fassett C I, Kadish S J, Head J W, et al. The Global Population of Large Craters on Mercury and Comparisons with the Moon [J]. Geophys Res Lett, 2011, 38: L10202.

[35] Harmon J K, Slade M A, Butler B, et al. Mercury: Radar Images of the Equatorial and Midlatitude Zones [J]. Icarus, 2007, 187 (2): 374 - 405.

[36] Head J W, Wilson L. Lunar Graben Formation Due to Near - surface Deformation Accompanying Dike Emplacement [J]. Geochim Cosmochim Acta, 1992, 56: 2155 - 2175.

[37] Head J W, Murchie S L, Prockter L M, et al. Volcanism on Mercury: Evidence from the First MESSENGER flyby [J]. Science, 2008, 321: 69 - 72.

[38] Head J W, Murchie S L, Prockter L M, et al. Volcanism on Mercury: Evidence from the First MESSENGER Flyby for Extrusive and Explosive Activity and the Volcanic Origin of Plains [J]. Earth Planet Sci Lett, 2009, 285: 227 - 242.

[39] Head J W, Chapman C R, Strom R G, et al. Flood Volcanism in the Northern High Latitudes of Mercury Revealed by MESSENGER [J]. Science, 2011, 333: 1853 - 1856.

[40] Hirata K, Morota T, Sugita S, et al. Magma eruption ages and fluxes in the Rembrandt and Caloris interior plains on Mercury: Implications for the north - south smooth plains asymmetry [J]. Icarus, 2022, 382: 115034.

[41] Hurwitz D M, Head J W, Byrne P K, et al. Investigating the Origin of Candidate Lave Channels on Mercury with MESSENGER Data: Theory and Observations [J]. J Geophys Res, 2013, 118: 471 - 486.

[42] Goudge T A, Head J W, Kerber L, et al. Global Invertory and Characterization of Pyroclastic Deposits on Mercury: New Insights Into Pyroclastic Activity from MESSENGER Orbital Data [J]. J Geophy Res Planets, 2014, 119: 635 - 658.

[43] James P B, Mazarico E, Genova A, et al. Mercury's Lithospheric Thickness and Crustal Density, as Inferred from MESSENGER Observations [C]. Presented at 2015 Fall Meeting, American Geophysical Union, abstract P53A - 2102.

[44] Jozwiak L M, Head J W, Wilson L. Explosive Volcanism on Mercury: Analysis of Vent and Deposit Morphology and Modes of Eruption [J]. Icarus, 2018, 302: 191 - 212.

[45] Kerber L, Head J W, Solomon S C, et al. Explosive Volcanic Eruptions on Mercury: Eruption Conditions, Magma Volatile Content, and Implications for Interior Volatile Abundances [J]. Earth Planet Sci Lett, 2009, 285: 263 - 271.

[46] Kerber L, Head J W, Blewett D T, et al. The global distribution of pyroclastic deposits on Mercury: The view from MESSENGER flybys 1 - 3 [J]. Planet Space Sci, 2011, 59: 1895 - 1909.

[47] Klima R L, Denevi B W, Ernst C M, et al. Global Distributon and Spectral Properties of Low - reflectance Material on Mercury [J]. Geophys Res Lett, 2018, 45: 2945 - 2953.

[48] Lawrence D J, Feldman W C, Goldsten J O, et al. Evidence for Water Ice Near Mercury's North Pole from MESSENGER Neutron Spectrometer Measurements [J] . Science, 2013, 339: 292 - 296.

[49] Le Bas M J. IUGS Reclassification of the High - Mg and Picritic Volcanic Rocks [J]. J Petrap, 2000, 41: 1467 - 1470.

[50] Le Feuvre M, Wieczorek M A. Nonuniform Cratering of the Moon and a Reviesd Crater Chronology

of the Inner Solar System [J]. Icarus, 2011, 214: 1 - 20.

[51] Man B, Rothery D A, Balme M R, et al. Widespread small grabens consistent with recent tectonism on Mercury [J]. Nature Geoscience, 2023, 16: 856 - 862.

[52] Mancinelli P, Minelli F, Pauselli C, et al. Geology of the Raditladi Quadrangle, Mercury (H04) [J]. J Maps, 2016, 12: 190 - 202.

[53] Marchi S, Mottola S, Cremonese G, et al. A New Chronology for the Moon and Mercury [J]. Astron J, 2009, 137: 4936 - 4948.

[54] Marchi S, Chapman C R, Fassett C I, et al. Global Resurfacing of Mercury 4. 0 - 4. 1 Billion Years Ago by Heavy Bombardment and Volcanism [J]. Nature, 2013, 499: 59 - 61.

[55] Melosh H J, McKinnon W B. The Tectonics of Mercury [M]. In Mercury, ed. F Vilas, C R Chapman and M S Matthews. University of Arizona Press, 1988: 374 - 400.

[56] McCoy T J, Peplowski P N, McCubbin F M, et al. The Geochemical and Mineralogical Diversity of Mercury [M]. In Mercury: The View After MESSENGER. Cambridge: Cambridge University Press, 2018: 176 - 190.

[57] Murchie S L, Klima R L, Izenberg N R, et al. Spectral reflectance constraints on the composition and evolution of Mercury's surface. In Mercury: The View After MESSENGER [M]. Cambridge: Cambridge University Press, 2018: 191 - 261.

[58] Murchie S L, Watters T R, Robinson M S, et al. Geology of the Caloris Basin, Mercury: A View from MESSENGER [J]. Science, 2013, 321: 73 - 76.

[59] Murchie S L, Klima R L, Denevi B W, et al. Orbital Multispectral Mapping of Mercury with the MESSENGER Mercury Dual Imaging System: Evidence for the Origins of Plains Units and Low - reflectance Materials [J]. Icarus, 2015, 254: 287 - 305.

[60] Murchie S L, Watters T R, Robinson M S, et al., Geology of the Caloris basin, Mercury [J]. Science, 2008, 321: 73 - 76.

[61] Namur O, Collinet M, Charlier B, et al. Melting Processes and Mantle Sources of Surface Lavas on Mercury [J]. Earth Planet Sci Lett, 2016, 439: 117 - 128.

[62] Nittler L R, Starr R D, Weider S Z, et al. The Major - element Composition of Mercury's Surface from MESSENGER X - ray Spectrometry [J]. Science, 2011, 333: 1847 - 1850.

[63] Nittler L R, Weider S Z. The Surface Composition of Mercury [J]. Elements, 2019, 10. 2138/gselements. 15. 1. 33.

[64] Ostrach L R, Robinson M S, Whitten J L, et al. Extent, age, and Resurfacing History of the Northern Smooth Plains on Mercury from MESSENGER Observations [J]. Icarus, 2015, 250: 602 - 622.

[65] Padovan S, Wieczorek M A, Margot J - L, et al. Thickness of the Crust of Mercury from Geoid -to - Topography Ratios [J]. Geophys Res Lett, 2015, 42: 1029 - 1038.

[66] Padovan S, Tosi N, Plesa A, et al. Impact - induced Changes in Source Depth and Volume of Magmatism on Mercury and Their Observational Signatures [J]. Nat Commun, 2017, 8: 1945.

[67] Peplowski P N, Evans L G, Hauck S A, et al. Radioactive Elements on Mercury's Surface from MESSENGER: Implcations for the Planet's Formation and Evolution [J]. Science, 2011, 333: 1850 - 1852.

[68] Peplowski P N, Klima R L, Lawrence D J, et al. Remote Sensing Evidence for an Ancient Carbon - bearing Crust on Mercury [J]. Nature Geosci, 2016, 9: 273 - 276.

[69] Peplowski P N, Stockstill - Cahill K. Analytical Identification and Characterization of the Major Geochemical Terranes of Mercury's Northern Hemisphere [J]. J Geophys Res Planets, 2019, 124: 2019JE005997.

[70] Phillips R J, Byrne P K, James P B, et al. Mercury's Crust and Lithosphere: Structure and Mechanics [M]. In Mercury: The View After MESSENGER. Cambridge: Cambridge University Press, 2018: 52 - 84.

[71] Pieters C M. Remote Geochemical Analysis: Elemental and Mineralogic Composition [M]. Cambridge University Press, 1993, 309 - 340.

[72] Pieters C M, Nobel S K. Space Weathering on Airless Bodies [J]. J Geophys Res Planet, 2016, 121: 1865 - 1884.

[73] Pike R J. Geomorphology of Impact Craters on Mercury [M]. In Mercury, ed. F Vilas, C R Chapman and M S Matthews. University of Arizona Press, 1988: 165 - 273.

[74] Prockter L M, Kinczyk M J, Byrne P K, et al. The First Global Geological Map of Mercury [C]. Lunar Planet Sci, 2016, 47: 1245.

[75] Robinson M S, Lucey P G. Recalibrated Mariner 10 Color Mosaics: Implications for Mercurian Volcanism [J]. Science, 1997, 275: 197 - 200.

[76] Rothery D A, Thomas R J, Kerber L. Prolonged Eruptive History of a Compound Volcano on Mercury: Volcanic and Tectonic Implications [J]. Earth Planets Sci Lett, 2014, 385: 59 - 67.

[77] Sehlke A, Whittington A G. Rheology of Lava Flows on Mercury: An Analog Experiment Study [J]. J Geophys Res Planets, 2015, 120: 1924 - 1955.

[78] Shirey S B, Hanson G N. Mantle - derived Archaean Monzodiorites and Trachyandesites [J]. Nature, 1984, 310: 222 - 224.

[79] Smith D E, Zuber M T, Phillips R J, et al. Gravity Field and Internal Structure of Mercury from MESSENGER [J]. Science, 2012, 336: 214 - 217.

[80] Spudis P D, Guest J E. Stratigraphy and Geologic History of Mercury [M]. In Mercury, ed. F Vilas, C R Chapman and M S Matthews. University of Arizona Press, 1988: 118 - 164.

[81] Stockstill - Cahill K R, McCoy T J, Nittler L R, et al. Magnesium - rich Crustal Compositions on Mercury: Implications for Magmatism from Petrologic Modeling [J]. J Geophys Res, 2012, 117: E00L15.

[82] Strom R G, Trask N J, Guest J E. Tectonism and Volcanism on Mercury [J]. J Geophys Res, 1975, 80: 2478 - 2507.

[83] Strom G R, Chapman C R, Merline W J, et al. Mercury Cratering Record Viewed from MESSENGER's First Flyby [J]. Science, 2008, 321: 79 - 81.

[84] Strom R G, Banks M E, Chapman C R, et al. Mercury Crater Statistics from MESSENGER Flybys: Implications for Stratigraphy and Resurfacing History [J]. Planet Space Sci, 2011, 59: 1960 - 1967.

[85] Thomas R J, Rothery D A, Conway S J, et al. Long - lived Explosive Volcanism on Mercury [J]. Geophys Res Lett, 2014, 41: 6084 - 6092.

[86] Thomas R J, Rothery D A, Conway S J, et al. Explosive Volcanism in Complex Impact Craters on

Mercury and the Moon: Influence of Tectonic Regime on Depth of Magmatic Intrusion [J]. Earth Planet Sci Lett, 2015, 431: 164 - 172.

[87] Trask N J, Guest J E. Preliminary Geologic Terrain Map of Mercury [J]. J Geophys Res, 1975, 80: 2461 - 2477.

[88] Vander Kaaden K E, McCubbin F M. The Origin of Boninites on Mercury: An Experimental Study of the Northern Volcanic Plains Lava [J]. Geochim Cosmochim Acta, 2015, 173: 246 - 263.

[89] Vander Kaaden K E, McCubbin F M. The Origin of Boninites on Mercury: An Experiment Study of the Northern Volcanic Plains Lava [J]. Geochim Cosmochim Acta, 2016, 173: 246 - 263.

[90] Vander Kaaden K E, McCubbin F M, Nittler L R, et al. Geochemistry, Mineralogy, and Petrology of Boninitic and Komatiitic Rocks on the Mercurian Surface: Insights Into the Mercurian Mantle [J]. Icarus, 2017, 285: 155 - 168.

[91] Vilas F. Surface Composition of Mercury From Reflectance Spectrophotometry [M]. In Mercury, ed. F Vilas, C R Chapman and M S Matthews. University of Arizona Press, 1988: 59 - 76.

[92] Wang Y, Xiao Z, Chang Y, et al. Lost Volatiles During the Formation of Hollows on Mercury [J]. J Geophys Res Planets, 2020, 125: e2020JE006559.

[93] Wang Y, Xiao Z, Chang Y, et al. Short - term and Global - wide Effusive Volcanism on Mercury Around 3. 7 Ga [J]. Geophys Res Lett, 2021, 48: e2021GL094503.

[94] Wang Y, Xiao Z, Xu R. Multiple mantle sources of high - magnesium terranes on Mercury [J]. J Geophys Res Planets, 2022a, 127: e2022JE007218.

[95] Wang Y, Xiao Z, Xu R, et al. Dark spots on Mercury show no signs of weathering during 30 Earth months [J]. Commun Earth Enviro, 2022b, 3: 299.

[96] Watters T R, Solomon S C, Robinson M S. The Tectonics of Mercury: The View After MESSENGER's First Flyby [J]. Earth Planet Sci Lett, 2009, 285: 283 - 296.

[97] Watters T R, Solomon S C, Klimczak C. Extension and Contraction Within Volcanically Buried Impact Craters and Basins on Mercury [J]. Geology, 2012, 40: 1123 - 1126.

[98] Weider S Z, Nittler L R, Murchie S L, et al. Evidence from MESSENGER for Sulfur - and Carbon - driven Explosive Volcanism on Mercury [J]. Geophys Res Lett, 2016, 43: 3653 - 3661.

[99] Weider S Z, Nittler L R, Starr R D, et al. Chemical Heterogeneity on Mercury's Surface Revealed by the MESSENGER X - Ray Spectrometer [J]. J Geophys Res, 2012, 117: E00L05.

[100] Weider S Z, Nittler L R, Starr R D, et al. Evidence for Geochemical Terranes on Mercury: The First Global Mapping of Major Elements on the Surface of the Innermost Planet [J]. Earth Planet Sci Lett, 2015, 416: 109 - 120.

[101] Weider S Z, Nittler L R, Starr R D, et al. Variations in the Abundance of Iron on Mercury's Surface from MESSENGER X - Ray Spectrometer Observations [J]. Icarus, 2014, 235: 170 - 186.

[102] Weider S Z, Nittler L R. The Surface Composition of Mercury as Seen from MESSENGER [J]. Element, 2013, 9 (2): 90 - 91.

[103] Whitten J L, Head J W, Denevi B W, et al. Intercrater Plains on Mercury: Insights Into Unit Definition, Characterization, and Origin from MESSENGER Datasets [J]. Icarus, 2014, 241: 97 - 113.

[104] Whitten J L, Head J W. Rembrandt Impact Basin: Distinguishing Between Volcanic and Impact -

produced Plains on Mercury [J]. Icarus, 2015, 258: 350 - 365.

[105] Wieczorek M A, Neumann G A, Nimmo F, et al. The Crust of the Moon as Seen by GRAIL [J]. Science, 2013, 339: 671 - 675.

[106] Xiao Z, Strom R G, Blewett D T, et al. Dark Spots on Mercury: A Distinctive Low - reflectance Material and its Relation to Hollows [J]. J Geophys Res Planets, 2013, 118: 1752 - 1765.

[107] Xiao Z, Strom R G, Chapman C R, et al. Comparisons of Fresh Complex Impact Craters on Mercury and the Moon: Implications for Controlling Factors in Impact Excavation Processes [J]. Icarus, 2014, 228: 260 - 275. doi: 10.1016/j.icarus.2013.10.002.

[108] Xiao Z, Komatsu G. Reprint of: Impact Craters with Ejecta Flows and Central Pits on Mercury [J]. Planetary and Space Science, 2014, 95: 103 - 119. http: //dx.doi.org/10.1016/j.pss.2013.07.001.

[109] Xiao Z, Zeng Z, Li Z, et al. Cooling Fractures in Impact Melt Deposits on the Moon and Mercury: Indications of Cooling Solely by Thermal Radiation [J]. Journal of Geophysics Research, 2014, 119: 1496 - 1515. doi: 10.1002/2013JE004560.

[110] Xiao Z, Prieur N C, Werner S C. The Self - secondary Crater Population of the Hokusai Crater on Mercury [J]. Geophys Res Lett, 2016, 43, 7424 - 7432. doi: 10.1002/2016GL069868.

[111] Xiao Z. Size - frequency Distribution of Different Secondary Crater Populations: 1. Equilibrium Caused by Secondary Impacts [J]. J Geophys Res Planets, 2016, 121: 2404 - 2425. doi: 10.1002/2016JE005139.

[112] Xiao Z, Xu R, Wang Y, et al. Recent Dark Pyroclastic Deposits on Mercury [J]. Geophys Res Lett, 2021, 48: e2021GL092532.

[113] Xu R, Xiao Z, Wang Y, et al. Pitted - Ground Volcanoes on Mercury [J]. Remote Sens, 2022, 14: 4164.

[114] Zolotov M Y, Sprague A L, Hauck S A, et al. The Redox State, FeO Content, and Origin of Sulfur - rich Magmas on Mercury [J]. J Geophys Res Planets, 2013, 118: 138 - 146.

第5章　内禀磁场

5.1　引言

行星磁场与行星多个圈层的物理过程密切相关，因此是连接行星多圈层耦合的一个纽带。目前普遍认为，类地行星全球尺度的磁场是在液态金属核中通过磁流体发电机过程产生并维持，因此行星磁场的演化与其内部结构和动力学过程密切相关（Stevenson，2003）。行星磁场观测为研究行星内部物理过程提供了一个重要窗口。在行星深部产生的磁场向外延伸到行星际空间，并且与太阳风相互作用形成行星磁层，为行星提供了一个天然屏障，使其免遭高能粒子的直接侵袭。因此，行星磁场与行星的外部空间环境与宜居性密切相关（Lazio，2021）。

迄今为止，人类的探测器已经造访了太阳系的所有行星，并且获取了大量行星磁场的观测数据。观测结果表明，大多行星现在或者曾经拥有全球尺度的内禀磁场（Connerney，2015）。目前只有金星上没有探测到显著的内部磁场（Russell，Vaisberg，1983），可以确定金星没有发电机产生的内禀磁场。由于金星表面温度大约为 700 K，高于大多数磁性矿物的居里温度，因此金星也没有岩石圈剩磁，难以确定金星过去是否有过发电机产生的磁场（Connerney，2015）。目前火星没有发电机产生的全球磁场，但 MGS 等探测器的磁场观测发现火星壳层拥有比地球岩石圈更强的剩磁，表明火星早期曾经拥有发电机产生的内禀磁场（Acuna，et al.，1999）。水手 10 号在 1974 年和 1975 年飞掠水星时发现水星可能拥有偶极子为主的全球磁场，但是水星磁场强度大约只有地球磁场的 1%（Ness，et al.，1975），表明水星目前仍然拥有较弱的内禀磁场。这一观测也被后来的信使号观测所证实，表明水星现今仍然有通过发电机产生的弱偶极磁场（Anderson，et al.，2011）。信使号在任务后期的轨道高度降到低于 150 km，并且观测到水星壳层可能有小尺度的剩磁，推断水星在 37 亿～39 亿年前可能就拥有发电机产生的磁场（Johnson，et al.，2015）。

水星内禀磁场的发现完全出乎意料，是水星探测历史中最重要的发现之一。在水手 10 号探测之前水星热演化研究表明水星的金属核经过 46 亿年的冷却应该已经完全固化（Siegfried，Solomon，1974），因此不太可能在水星内部通过磁流体发电机产生并维持磁场。有学者提出利用壳层剩磁来解释水手 10 号观测的水星磁场（Stephenson，1976；Srnka，1976），但剩磁模型需要很强的磁化以及很厚的可磁化圈层才有可能解释观测结果，因此目前认为也不太可能。Stevenson（1987）也曾经提出用水星幔的热电效应（Thermoelectric）来解释水星磁场，但这一模型预测水星磁场空间分布比较复杂，与目前观测的偶极子为主的磁场形态不符合。随着信使号获得了更加精细全面的水星磁场观测数据以及水星内部结构的探测等方面的进展，目前科学家普遍认为水星内禀磁场是在液态核中通过磁流体发电机产生并维持。发电机理论约在一个世纪前由 Larmor（1919）提出来以解释太阳的磁场起源，该理论目前是科学界普遍接受的恒星与行星磁场起源理论。经过100 年的研究和发展，磁流体发电机的基本理论框架已经建立（Moffatt，Dormy，2019），但是磁流体发电机在行星内部的具体运行机制仍然不清楚，行星磁场发电机仍然是行星科学的热点和难点问题。对于水星磁场发电机，很多学者开展了一系列的数值模拟研究（Stanley，Glatzmaier，2010），但目前主要的问题是大多模型难以同时再现高度轴对称、南北不对称的弱偶极子磁场。当然这些观测的水星磁场特征可能也是水星内部的特殊结构或者动力学过程的体现，因此磁场观测也为研究水星内部物理过程提供了一个重要窗口。

本章剩余部分将主要围绕水星磁场观测和磁场发电机模型展开。第二节将总结水手 10 号探测器和信使号探测器关于水星磁场的观测。第三节综述利用磁场观测数据对水星内部磁场的建模方法以及主要模型。第四节总结目前关于水星磁场发电机模拟以及对其发电机运行机制的认知。最后在第五节总结以及展望关于水星内部磁场的认知以及尚未解决的关键科学问题。

5.2　磁场观测

5.2.1　水手 10 号观测

水手 10 号在 1974—1975 年之间三次飞掠水星，利用其携带的磁强计首次获取了水星磁场观测数据（Ness，et al.，1974，1975）。1974 年 3 月 29 日，水手 10 号第一次近距离飞掠水星，靠近夜侧近赤道区域。探测器从昏侧靠近水星，从晨侧远离水星，在离水星最近时轨道高度为 704 km［飞掠轨迹见图 5－1（a）］。在飞掠过程中观测的磁场特征表明探测器分别从外到里穿越弓激波和磁层顶，然后又从里到外穿越磁层顶和弓激波，在磁层顶内部观测的磁场基本都是指向远离太阳的方向［图 5－1（a）红色箭头］，磁场强度从磁层顶附近的45 nT 增加到 100 nT 然后又减小。以上观测结果表明，水星拥有全球磁层，进而推断水星可能拥有偶极子的内禀磁场，但表面磁场强度约为地球磁场的 1%，内禀磁场与太阳风相互作用产生与地球磁层结构类似的迷你磁层（Ness，et al.，1974）。

水手 10 号第二次飞掠水星时离水星较远，没有进入水星磁层，因此没有获取更多水星磁场的信息。1975 年 3 月 16 日，水手 10 号第三次飞掠水星，靠近水星北极附近，离水星最近时的轨道高度只有 323 km［飞掠轨迹见图 5－1（b）］。此次飞掠直接观测到了水星的内部磁场，磁场强度从磁层中 20 nT 左右增加到离水星最近时的 402 nT，呈现明显的偶极磁场特征（Ness，et al.，1975）。利用飞掠过程中的观测拟合估计水星内部磁场的偶极矩约为 342 nT · R_M^3（Ness，et al.，1976），其中 R_M 为水星半径。因此，水手 10 号第三次飞掠的磁场观测验证了第一次飞掠时基于磁层磁场的推断，确认水星拥有偶极子内部磁场。水星内部磁场的发现出乎科学家的意料，在水手 10 号观测之前普遍认为水星可能

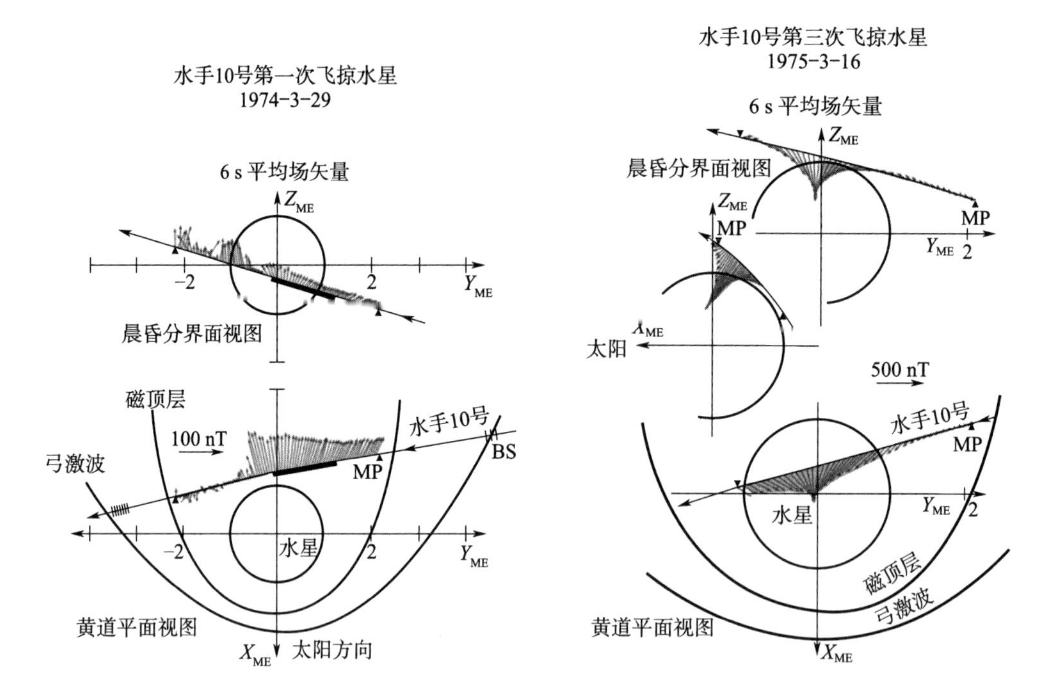

图 5-1　水手 10 号飞掠水星轨迹（黑色箭头）以及磁场观测（红色箭头）

(a) 第一次飞掠；(b) 第三次飞掠（Connerney，2015）（见彩插）

跟月球和火星类似，已经没有内部活跃的发电机产生内部磁场。这也是人类首次水星探测的最重要的发现之一。

5.2.2 信使号观测

信使号于 2004 年 8 月 3 日发射，在 2008 年 1 月—2009 年 9 月期间 3 次飞掠水星。信使号的 3 次飞掠与水手 10 号的第一次飞掠轨迹类似，都是靠近水星夜侧赤道附近。信使号 3 次飞掠水星的磁场观测与水手 10 号第一次飞掠的磁场观测在误差范围内有很好的吻合（Anderson，et al.，2008），因此也验证了水手 10 号的观测。信使号于 2011 年 3 月 18 日进入环绕水星轨道，开展了为期 4 年（17 个水星年）的环绕探测，于 2015 年 4 月 30 日撞向水星，结束探测任务。信使号在近极轨大椭圆轨道运行，轨道周期约为 12 h，近水星点在北纬 60°～74°，近水星点轨道高度约为 200～500 km，而远水星点的轨道高度达 15 200 km（图 5-2）。当探测器进入磁层顶之后，信使号所携带的磁强计以 20 Hz 的采样率对水星磁场进行矢量观测，在轨运行 4 年多期间获取了水星磁场的丰富信息（Johnson，et al.，2018）。

信使号以极地椭圆轨道运行，且轨道周期只有 10～12 h，随着水星的自转（周期约 56 天）和公转（约 88 天），经过一个水星年之后信使号的磁场观测可以覆盖水星所有地方时。图 5-3 展示了信使号磁场观测在前 7 个水星年的覆盖。由于信使号环绕轨道近水星点都在北半球（北纬 60°～74°），并且轨道偏心率较大，在水星南半球轨道基本都远远高

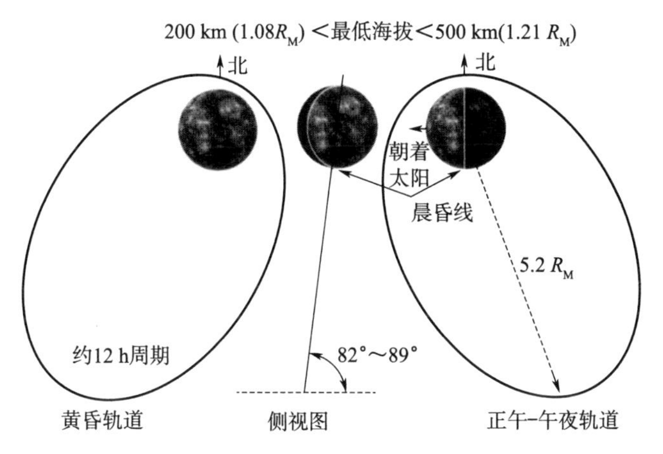

图 5-2 信使号环绕水星轨道示意图（Connerney，2015）

于磁层顶，因此信使号对水星南半球的磁场观测很少，这也是目前关于水星磁场观测最重要的缺陷。

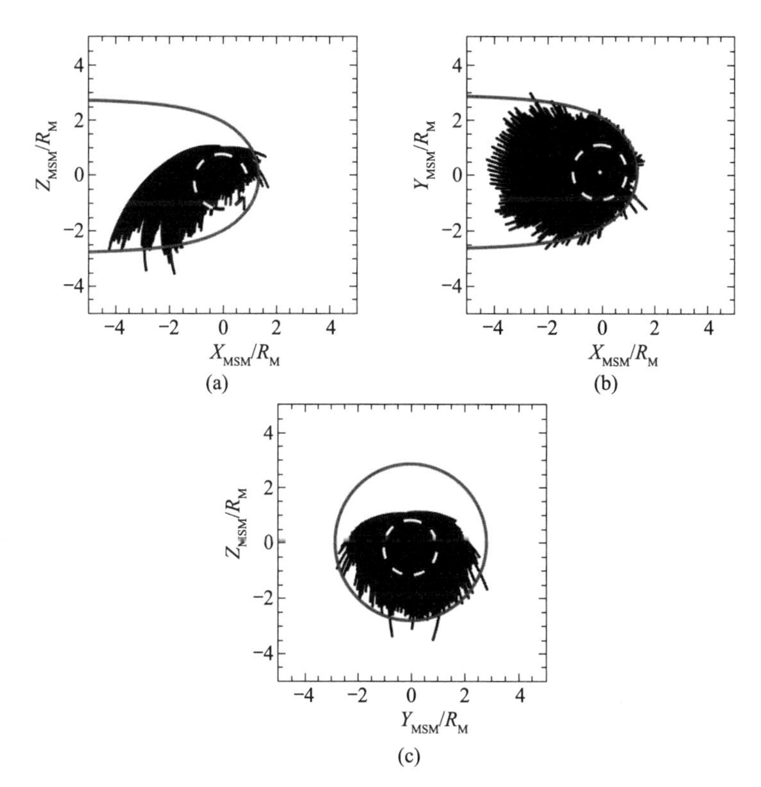

图 5-3 信使号在环绕轨道前7个水星年的磁场观测数据覆盖（Johnson，et al.，2018）

信使号在任务即将结束之前进一步降低轨道高度。从2014年4月开始，探测器的近水星点轨道高度低于200 km，有的轨道高度甚至低至25 km。信使号在低轨运行期间，在北半球水星平原区域观测到了小尺度的局部磁场，且局部磁异常与地形和地质单元有一定的相关性。因此，有学者推断观测的小尺度磁异常应该是由水星壳层的剩磁产生的

(Johnson, et al., 2015)(图 5-4)。

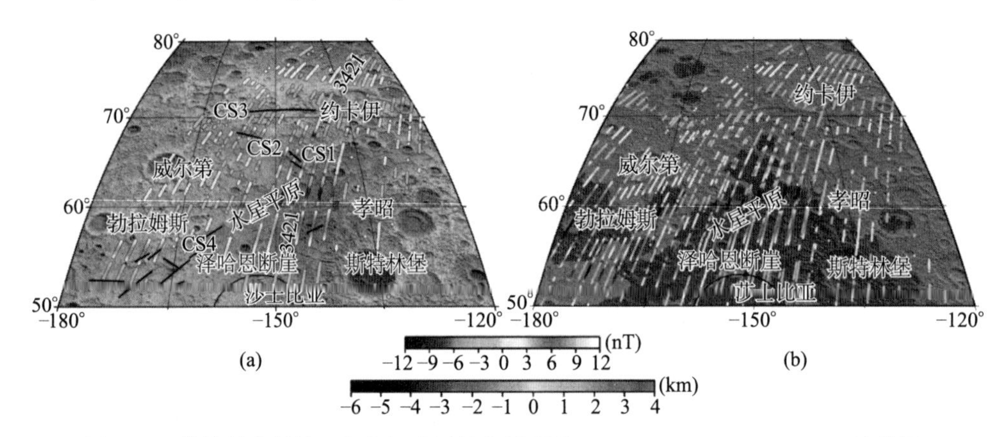

图 5-4 信使号在低轨运行期间观测的壳层剩磁(Johnson, et al., 2015)(见彩插)

总之,信使号在轨 4 年多获取了非常丰富的水星磁场数据。信使号的观测确认了水星全球偶极磁场的存在,而且首次观测到了壳层小尺度剩磁。大量高精度覆盖所有地方时的磁场观测可以用来进行水星磁场的精细建模,并且可以深入分析水星磁场的时空分布特征。这些观测和建模分析为水星磁场的演化以及水星内部结构和状态提供了重要约束(Johnson, et al., 2018)。

5.3 磁场模型

虽然信使号获取了非常全面的磁场观测,但所有的观测数据是离散的,而且磁强计在每一个位置测量的磁场包含各种场源产生的磁场,可能包含了发电机产生的内部磁场、壳层剩磁以及内部磁场与太阳相互作用产生的磁场。为了能够更好地刻画和分离不同来源磁场的时空分布特征,需要对不同场源磁场进行数学建模分析。目前针对行星磁场建模主要采用的是基于球谐函数展开的建模方法(Connerney, 2015)。该方法已经广泛应用于地球与行星磁场建模,在众多文献中详细介绍。在此简要地介绍基于球谐函数的建模方法。假设磁场观测是在没有电流源的区域,观测的磁场矢量 $\boldsymbol{B}$ 可以表示为标量势 V 的梯度

$$\boldsymbol{B} = \nabla V \tag{5-1}$$

由于没有磁单极子的存在,即磁场 $\boldsymbol{B}$ 的散度为零

$$\nabla \cdot \boldsymbol{B} = 0 \tag{5-2}$$

因此标量势 V 满足拉普拉斯方程

$$\nabla^2 V = 0 \tag{5-3}$$

该方程在球坐标系 (r, θ, ϕ) 下的通解为

$$
\begin{aligned}
V &= V_{\text{int}} + V_{\text{ext}} \\
&= R\sum_{l=1}^{L_{\text{int}}}\sum_{m=0}^{l}(g_l^m \cos m\phi + h_l^m \sin m\phi)\left(\frac{R}{r}\right)^{l+1} P_l^m(\cos\theta) + \\
&\quad R\sum_{l=1}^{L_{\text{ext}}}\sum_{m=0}^{l}(q_l^m \cos m\phi + s_l^m \sin m\phi)\left(\frac{r}{R}\right)^{l} P_l^m(\cos\theta)
\end{aligned}
\tag{5-4}
$$

式中，V_{int} 和 V_{ext} 分别表示内源场和外源场；$P_l^m(\cos\theta)$ 为 Schmidt Quasi-normalization 的伴随 Legendre 函数；(g_l^m，h_l^m）和（q_l^m，s_l^m）分别为内源场和外源场高斯系数（Gauss Coefficients）；L_{int} 和 L_{ext} 分别为内源场模型和外源场模型的最高球谐函数的阶数，表征模型的空间分辨率。经过以上的球谐函数展开，磁场建模过程本质上就是根据磁场观测数据反演高斯系数。一旦确定了高斯系数，就可以利用以上数学模型计算出任意位置的磁场。把所有位置磁场三分量的观测值代入式（5-1）和式（5-4），可以得到以下形式的方程

$$\boldsymbol{d} = \boldsymbol{G}\boldsymbol{x} + \boldsymbol{e}$$

式中，$\boldsymbol{d}$ 为由所有观测数据组成的列向量；$\boldsymbol{x}$ 是由未知的高斯系数（g_l^m，h_l^m，q_l^m，s_l^m）组成的列向量；$\boldsymbol{G}$ 是与观测位置和式（5-4）中的已知函数相关的核矩阵；$\boldsymbol{e}$ 为观测误差向量。以上方程可以利用经典的最小二乘方法求解未知的高斯系数

$$\boldsymbol{x} = (\boldsymbol{G}^{\mathrm{T}}\boldsymbol{G})^{-1}\boldsymbol{G}^{\mathrm{T}}\boldsymbol{d}$$

以上并没有考虑磁场随时间的变化。如果考虑时间变量，高斯系数需要进一步表示为随时间变化的函数，但上述的方法仍然适用。另外，在实际建模过程中，还需要考虑数据筛选等一系列细节问题，在此不再赘述。

目前，多个团队已经利用水手 10 号和信使号的磁场观测数据建立了水星内部磁场模型。虽然不同团队在数据选择以及外源场的描述略有不同，但得到的主磁场模型都非常类似。图 5-5 展示了水星主磁场模型给出的磁场径向分量在水星表面的投影。水星主磁场呈现轴对称，但南北不对称的偶极磁场。偶极轴与自转轴夹角小于 1°，磁场向北偏移约 480 km（≈ 0.2R_{M}），磁场强度约为地球磁场的 1%，磁偶极矩约为 190 nT · R_{M}^3。

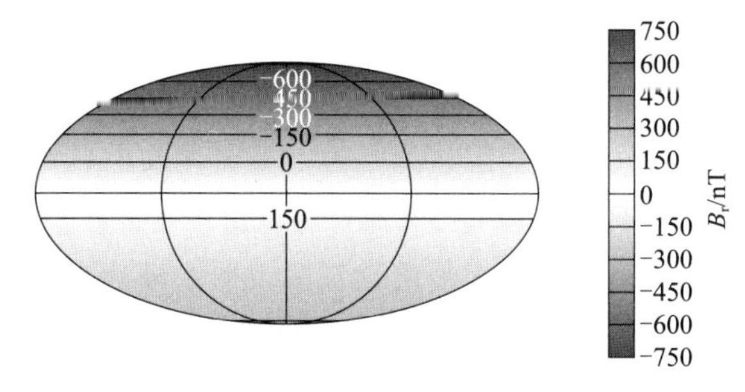

图 5-5　利用球谐函数展开建立水星内部主磁场模型。图中展示行星表面的磁场径向分量（Johnson，et al.，2018）（见彩插）

前文已经提到，信使号在任务最后的低轨运行阶段也观测到了小尺度的壳层剩磁。对于小尺度的壳层磁场，基于球谐函数展开的方法也可以适用，但需要展开到非常高阶的球谐函数才能准确描述小尺度磁场。因此，针对行星壳磁场建模也可以采用局部的等效偶极

源方法。该方法假设壳层剩磁可以等效成多个磁偶极子产生的磁异常，同样利用磁场观测可以反演磁偶极子的强度和方向参数，从而获得壳层磁场模型。图 5-6 展示了利用信使号低轨磁场观测基于等效偶极源建立的壳层磁场模型（Johnson，et al.，2016）。由于信使号的近水星点都在北半球，南半球由于探测器轨道太高，无法获得小尺度的磁场信息，因此目前的壳磁场模型只涵盖北半球。

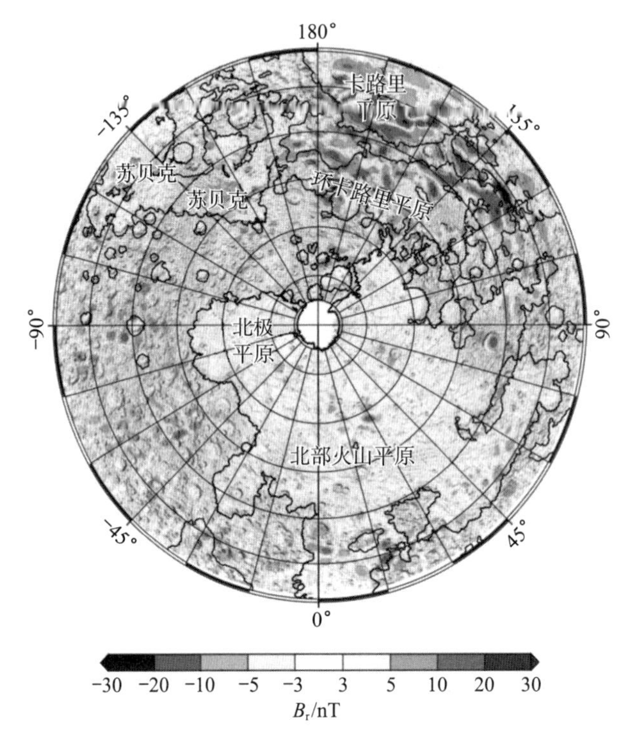

图 5-6 利用等效偶极源建立的水星壳层磁场模型（Johnson，et al.，2016）（见彩插）

5.4 磁场发电机模型

关于水星内部磁场起源，目前普遍认为是通过磁流体发电机在其液态核中产生并维持。发电机理论也普遍地用于解释地球与其他行星以及恒星的磁场起源。地面雷达观测、信使号的水星自转变化观测以及其他大地测量观测表明水星确实拥有液态（至少部分熔融）的金属核（Margot，et al.，2007；2012），这是维持水星发电机的前提条件。然而水星具有高度轴对称、南北不对称以及非常弱的偶极磁场的观测事实也为发电机理论带来了巨大挑战。数值发电机模拟在很大的参数空间范围内都比较容易产生类似于地球的偶极磁场结构，但很难再现类似于前文介绍的水星磁场结构。过去 10 多年，科学家也开展了一系列针对水星磁场的发电机数值模拟，为水星发电机的运行提供了一些探索性的认知，但目前仍然没有普遍接受的水星发电机运行机制。下文简单总结目前具有代表性的水星发电机模型以及目前数值模型可能存在的问题。

5.4.1　深部对流发电机模型

如前文所述，水星内禀磁场的一个重要特征是弱偶极子，水星磁场强度仅有地球磁场的1%。虽然水星比地球小，但两颗行星的半径并无量级上的差别，另外水星金属核的占比是类地行星中最大的，水星核半径可能超过水星半径的80%（Genova，et al.，2019），因此水星核与地核的空间尺度特征并无数量级的差别，但两者磁场强度相差两个数量级。由此推测水星相较于地球非常弱的磁场应该是由与地球发电机的运行模式的不同造成的。一般认为，现今的地球发电机是在整个液态外核中剧烈的对流运动维持的，而产生对流的驱动力包括通过地核温度梯度产生的热浮力和内核结晶生长释放轻元素产生的成分浮力（Nimmo，2015）。为了解释水星的弱磁场，有学者提出水星发电机并非在整个液态核中运行，而是只在液态核底部有对流运动通过发电机产生磁场。在液态核底部产生的磁场在金属核的外部由于电磁场的趋肤效应衰减，从而导致在水星外部观测到较弱的磁场（Christensen，2006），本文把这一类模型称为深部对流发电机模型。

图5-7展示了Christensen（2006）模拟的深部对流发电机模型。该模型假设水星由一个较小的固体内核与液态外核组成。液态外核中温度梯度小于绝热温度梯度，因此外核中不会发生热对流，但由于固体内核的结晶生长会释放轻元素，外核底部发生成分对流[图5-7（a）虚线以内区域]，进而通过磁流体发电机在外核底部产生磁场。由于虚线外部处于稳定分层状态，没有发生对流。随时间变化的电磁场在静止导体中由于趋肤效应呈指数衰减，因此在外核底部通过发电机产生的时变磁场经过水星核稳定分层区域迅速衰减。Christensen（2006）模拟结果表明，在内外核边界产生的约20 000 nT的磁场衰减到水星表面只有几十nT，在水星表面的磁场（径向分量）分布如图5-7（b）所示。以上深部对流发电机模型虽然能解释水星内禀磁场强度约为地球磁场的1%，但该模型产生的磁场的空间分布特征不符合实际观测到的水星磁场的高度轴对称特征。

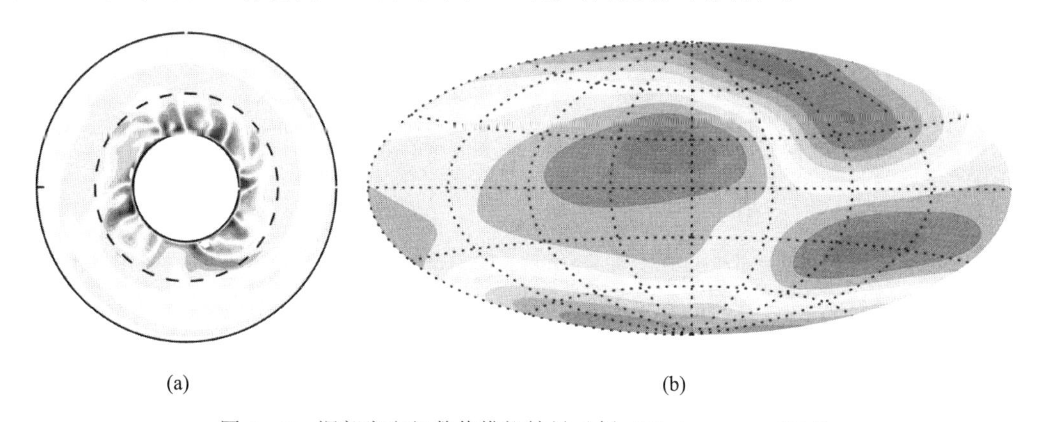

图5-7　深部发电机数值模拟结果示例（Christensen，2006）
（a）赤道面内的轴向涡量云图；（b）水星表明径向磁场分布图（见彩插）

5.4.2 薄壳发电机模型

为了解释水星的弱偶极子磁场，有学者也提出水星发电机只在水星核最外部的一个薄壳中运行（Stanley, et al., 2005; Takahashi, Matsushima, 2006），在此我们称为薄壳发电机模型。与上一小节介绍的深部对流发电机模型正好相反，这类模型假设水星核大部分都已经固化，只有最外面的一个薄层是液态的，因此对流运动只能在水星核最外面的一个薄层中发生［图 5-8（a）］，进而通过磁流体发电机产生磁场［图 5-8（b）］。由于在薄球壳中的对流模式与地球外核中（地球内外核半径比为 0.35）的对流模式会完全不同，因此磁流体发电机的运行模式可能也会非常不同。Stanley 等人（2005）开展了一些不同内外核半径比的发电机模拟，结果表明，当内外核半径比较大时（>0.8），对流发电机产生的磁场中环型场（Toroidal）能量要远远大于极型场（Poloidal）的能量［图 5-8（b）］。由于核幔边界上的法向电流密度为零，在液态外核中产生的环型磁场在核幔边界之外无法观测到，因此我们在行星外部只能观测到在行星核中产生的极型磁场。简而言之，薄壳发电机模型中产生的总的磁场强度仍然比较强，但大部分的能量在环型场中，在水星外部无法观测到，而探测器只能观测到极型磁场，因此观测得到的水星磁场强度只有地球的 1%。基于薄壳假设的水星发电机模型可以解释水星的弱偶极子磁场，但同深部对流模型一样并不能解释信使号后来观测的水星磁场高度轴对称和南北不对称特征。

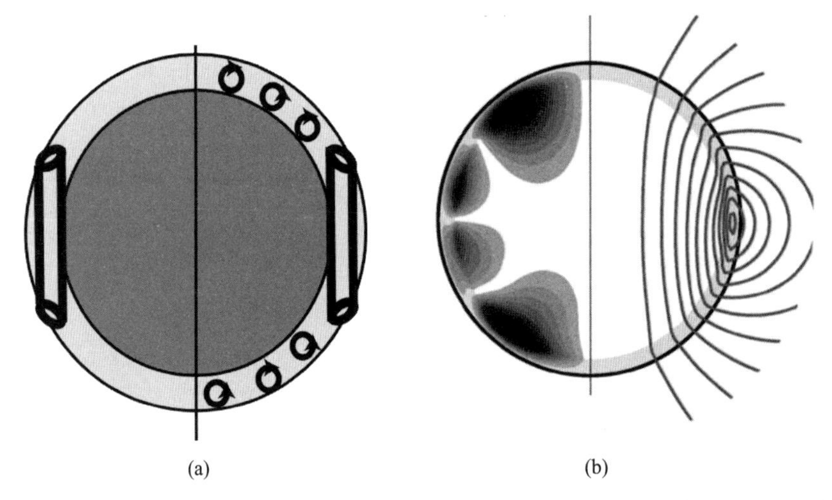

图 5-8 （a）薄壳发电机模型示意图（Stanley, Glatzmaier, 2010），绿色区域表示固体内核，粉色区域表示液体外核，黑色线条和箭头示意对流运动。（b）薄壳发电机模型数值模拟结果示例（Stanley, et al., 2005），展示子午面内轴对称磁场。左半球表示环型磁场的等值线图，右半球红色线条表示极型磁场磁力线（见彩插）

5.4.3 双层对流发电机模型

之前讨论的模型都假设水星核由固体内核和液态外核组成，而且固体内核结晶生长过程是与地核类似的从内向外增长，只是演化到现在内外核的半径比非常不一样。高温高压实验研究发现，特定比例的铁-硫体系在水星核的温度和压力条件下可能会产生非常奇特的铁的结晶过程，比如 Chen 等人（2008）高温高压实验研究表明水星核可能会呈现两个不同深度处以“铁雪”（iron snow）的形式沉降结晶，出现图 5－9（a）所示的水星核结构和状态。基于该研究推断水星液态外核可能存在两个独立的稳定分层区域以及两个独立的对流区域，其中两个对流区域中的液核流动可以通过磁流体发电机产生磁场，我们称为双层对流发电机模型。Vilim 等人（2010）基于双层对流模型开展了水星发电机模拟。数值模拟结果表明，在一些特定的参数范围内，上下两个分开的对流层中产生的磁场强度相当，但方向相反［图 5－9（b）］，因此两个区域产生的磁场会互相抵消，从而导致在水星外部观测到较弱的偶极子磁场。因此，水星核中的双层对流模型也是水星弱磁场的一种解释，但需要指出的是，水星核的结构、成分和状态目前仍然存在很大的不确定性。水星外核是否呈现如上文所述的双层对流状态，还需要更多的高温高压等矿物物理实验研究以及水星热演化等方面的研究做进一步约束。

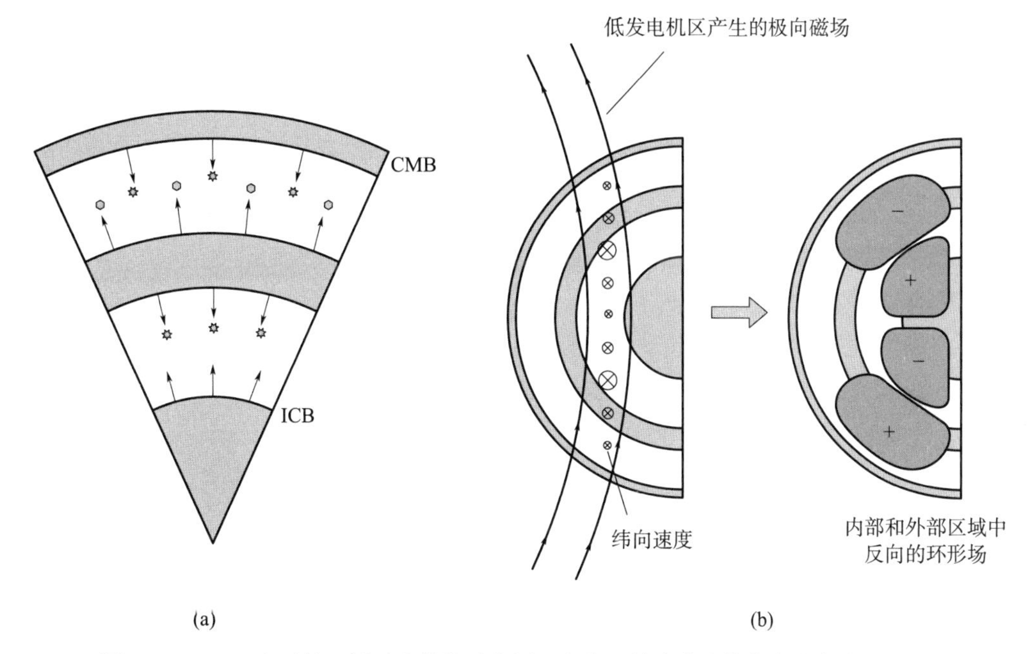

图 5－9　（a）水星核双层对流结构示意图。灰色区域为液态外核中稳定分层区域，粉色区域以及箭头表示液态外核对流区域，最底部的黄绿色区域表示固体内核；（b）双层对流发电机示意图（Vilim，et al.，2010）（见彩插）

5.4.4　磁层反馈发电机模型

以上三种用以解释水星弱磁场的发电机模型都是基于水星核的结构和状态不同引起的，可以归结为内部因素。除了以上的内部因素外，也有学者提出水星的内禀磁场较弱可能与其外部空间环境密切相关。由于水星内禀磁场较弱而且离太阳最近，因此水星磁场与太阳风相互作用形成的水星磁层范围很小，水星磁层电流产生的磁场可能会影响水星核中发电机的运行（Grosser, et al., 2004; Glassmeier, et al., 2007; Heyner, et al., 2011），人们把这一类模型称为磁层反馈发电机模型。Heyner 等人（2011）开展了水星液核发电机和外部磁层模型耦合数值模拟，模拟结果表明磁层顶电流产生的偶极磁场与内部发电机产生的偶极场正好方向相反，会互相部分抵消（图 5-10），导致观测到较弱的偶极子磁场。该模型在特殊的初始条件和控制参数下能解释水星现今的弱偶极子磁场，但是磁场反馈机制只有在发电机模型的初始磁场非常弱时才起作用。如果水星早期磁场比现今磁场强很多，磁层的反馈效应很难影响发电机的运行，因此该模型的普适性还是存在一些问题。

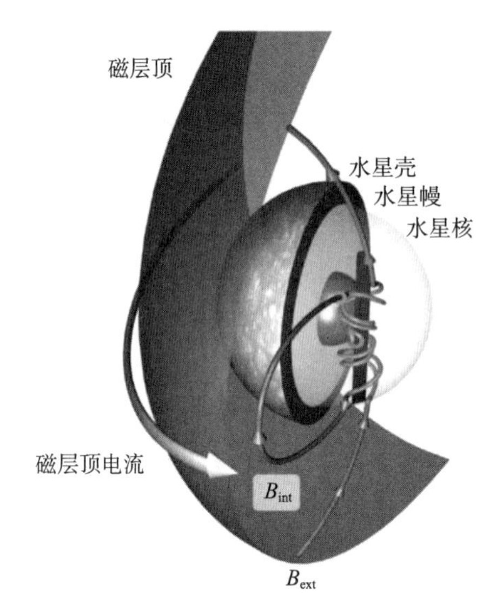

图 5-10　磁层反馈模型示意图（Heyner, et al., 2011）

5.4.5　特殊热流边界条件模型

以上介绍的模型都主要围绕水星发电机产生的弱偶极子磁场这一特征，随着信使号对水星磁场更加精细地观测，水星发电机模拟的相关研究也开始关注水星磁场的高度轴对称特征和磁场强度南北不对称（偶极子向北偏移）的特征（Cao, et al., 2014; Tian, et al., 2015）。由于行星自转产生的科里奥利力的影响，行星液态核的对流主要呈现沿着自转轴方向的柱状结构，对流运动会呈现关于赤道面对称为主的特征，因此产生的磁场强度一般也呈现南北对称特征（偶极磁场的方向南北半球相反）。基于以上原因，目前观测到的水星磁场强度的南北不对称可能是由水星液核中的对流运动的南北不对称引起的。相关的数值模拟研究表明，核幔边界不均一的热流边界条件有助于破坏行星液态核对流运动的赤道对称性（Cao, et al., 2014; Tian, et al., 2015）。

其中，Cao 等人（2014）通过数值模拟考虑了赤道热流大而两极热流较小但整体关于赤道对称的热流边界条件对磁场发电机的影响。模拟结果表明，在一定的模型控制参数范围内，这种特殊的热流边界条件会同时驱动关于赤道对称和反对称的对流模态，这两部分在北半球会相互加强而在南半球会相互抵消，从而导致整体上北半球的对流比南半球的对流强度大，进而通过磁流体发电机产生的磁场呈现北半球强于南半球，如图5-11（a）所示。

与上述模型不同，Tian等人（2015）的数值模拟研究考虑了南北不对称的热流边界条件，即北半球的热流值大而南半球的热流值小，这样直接导致了北半球的热对流运行比南半球更加剧烈，同样地通过磁流体发电机产生的磁场呈现北半球强于南半球，如图5-11（b）所示。其中，Tian等人（2015）的模型也考虑的水星核顶部有一个稳定分层区域，即热对流只在液态核底部发生，类似于5.4.1节中介绍的深部对流模型，因此该模型除了呈现磁场强度的南北不对称之外，也会导致磁场强度整体较弱。

以上的数值模型通过引入特定的核幔边界热流条件，在一定的参数范围内能够再现观测水星磁场强度的南北不对称特征，但是这些特定的边界条件在水星内部是否实际存在以及存在的原因还需要更多热演化等方面的研究。

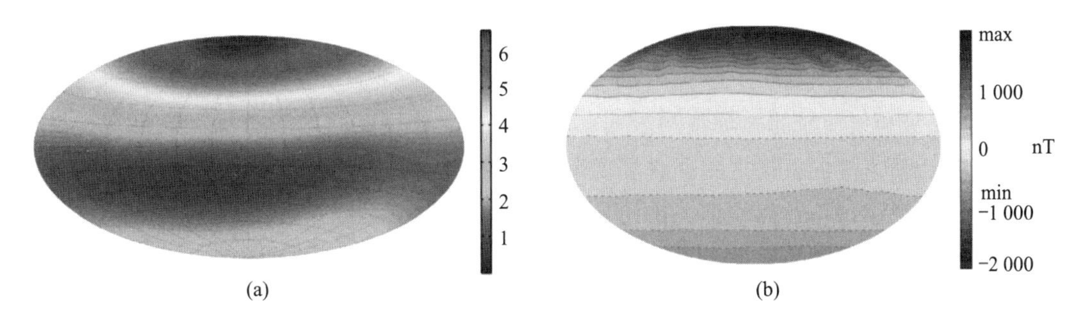

图5-11 特殊热流边界条件发电机模型产生的磁场（见彩插）

（a）引自Cao，et al.（2014）；（b）引自Tian，et al.（2015）

5.4.6 双扩散对流模型

以上介绍的水星发电机数值模拟通过引入特定的核幔边界热流条件在一定的参数范围内能够再现观测水星磁场强度的南北不对称特征，但是这些特定的边界条件在水星内部是否实际存在还需要更多热演化等方面的研究。Takahashi等人（2019）构建了一个自洽的三维水星发电机模型，能同时呈现水星磁场的强度较弱、轴对称特征和偶极子向北偏移等主要特征。该模型本质上还是深部对流模型（图5-12），但和之前介绍的深部对流模型主要的不同是考虑的液态外核深部发生对流为双扩散对流，即同时发生热对流和成分对流。由于热扩散系数和成分扩散系数不同，所以这种对流模式称为双扩散对流。与前文介绍的深部对流模型类似，水星核外面区域处于稳定分层状态，因此对深部对流发电机产生的磁场具有过滤的效应，导致水星表面的磁场较弱，而且呈轴对称特征。与特殊热流边界模型不同，该模型中的偶极子偏移特征是由磁流体动力学自发产生的南北不对称的对流运动造成的。该模型是目前唯一的能够同时再现水星磁场主要特征的发电机模型，但是模型采用的物理参数与水星实际参数仍然有较大差异。另外，该模型假设的水星核的状态是否真实也需要更多水星内部结构以及水星热演化方面的研究进一步确认。

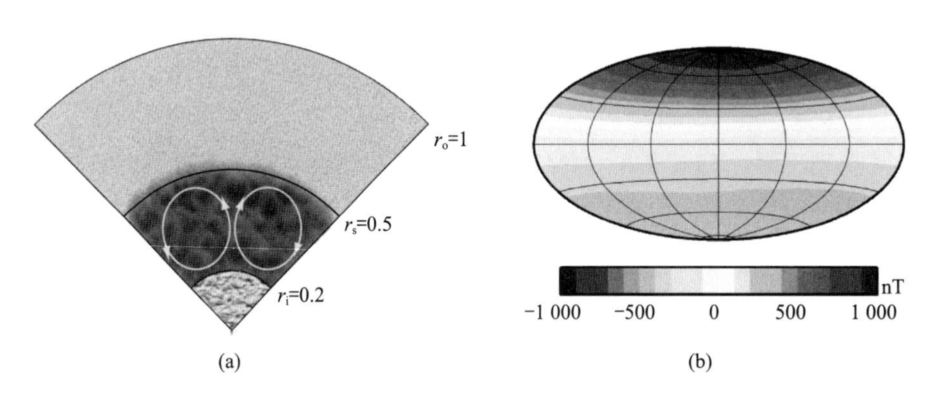

图 5 - 12　双扩散对流模型（见彩插）

(a) 模型假设的水星内部结构示意图；(b) 发电机模拟产生的磁场径向分量（Takahashi, et al., 2019）

5.5　前沿科学问题及未来研究方向

水手 10 号和信使号的磁场观测表明，水星拥有全球尺度的内禀磁场，这也是水星探测研究历程中最重要的发现之一。水星现今磁场强度约为地球磁场强度的 1%，呈现高度轴对称性和南北半球不对称特征。信使号任务后期的低轨观测发现水星壳层也有小尺度的剩磁，结合剩磁区域的地质演化表明水星可能在 37 亿年也拥有内禀磁场。目前，普遍认为水星内禀磁场是在其液态核中通过磁流体发电机产生并维持，前人也开展了一系列基于不同物理参数、边界条件和假设条件的水星磁场发电机模拟。水星发电机的数值模型可以再现水星磁场观测的一些主要特征，但目前的模型都难以同时解释水星的弱偶极子、高度轴对称和南北不对称的特征。另外，数值模拟所采用的控制参数和条件与水星内部的真实结构和状态有较大差距，存在很大的不确定性。虽然发电机理论是目前普遍接受的水星内禀磁场起源理论，但水星磁场发电机在液态核中的具体运行机制、能量来源等关键问题仍不清楚，而这些问题对于理解水星内部各圈层的演化历史和动力学过程至关重要。针对以上问题，今后的水星磁场探测和相关研究应主要围绕以下几个方面：

1）开展系统的水星磁场发电机模拟研究。磁流体发电机过程是一个涉及多物理场的高度非线性系统，基于高性能计算机的数值模拟是研究该问题的主要手段。由于计算机算力的制约以及水星内部结构和状态存在不确定性，数值模拟难以再现实际水星磁场发电机过程。虽然如此，大量的不同参数和条件下数值模拟实验将有助于我们理解控制水星内禀磁场产生的关键因素，从而推断产生类似水星磁场特征的发电机模型需要满足的条件。另外，数值模拟也可以测试不同驱动机制下水星磁场发电机的运行状态和产生的磁场特征。目前已有的模型都考虑了水星液态核内部热对流或者成分对流驱动的磁流体发电机，但潮汐力以及水星自转变化等外力作用也能驱动复杂的液态核流动，进而通过磁流体发电机产生磁场（Lin, et al., 2015; 2016）。由于水星离太阳很近，太阳潮汐等外力作用对水星磁场发电机的影响需要进一步做深入的研究。

2）结合水星内部结构探测、矿物物理以及热演化等约束水星磁场发电机模型。水星磁场发电机在水星液态核中运行，但目前我们对水星核的结构、状态以及热演化历史等方面的认知非常有限，而这些物理约束对磁场发电机的运行具有重要影响，决定了水星磁场发电机的运行区域和驱动机制等关键条件。因此，为了更好地约束水星磁场发电机模拟，需要结合水星内部结构探测（第 7 章），水星核的物质成分以及物性参数等方面的研究，确定水星核的结构和状态。在此基础上，还需要建立水星核的热演化模型，从而能够更好地约束水星核的动力学状态。

3）开展持续的水星磁场探测，获取更加精细的水星磁场时空变化特征。水手 10 号的飞掠观测和信使号环绕探测已经为我们提供了非常重要的水星磁场观测数据，刻画了水星内禀磁场的主要特征，但目前已有的水星磁场观测数据空间分布非常不均衡。由于信使号探测器轨道的近水星点都在北半球，而在南半球的轨道高度基本都在水星磁层之外，所以缺少南半球内禀磁场观测。南北半球比较均衡分布的观测对于精确刻画水星内禀磁场的南北不对称性至关重要。2018 年 10 月 20 日发射的贝皮·科伦坡号探测器预计将于 2025 年进入水星环绕探测并携带了磁强计，有望获得空间分布更加均衡的水星磁场观测（Heyner，et al.，2021）。环绕探测器虽然有较好的空间覆盖，但仍然难以获得小尺度并且强度比较弱的壳层剩磁，因此今后如果能够开展水星着陆探测（Ernst，et al.，2022），将能获取更多壳层剩磁信息，将为水星磁场的演化历史提供约束。最后，由于磁流体发电机是一个动态系统，因此通过发电机产生的磁场必然会呈现随时间变化的特征，而磁场随时间的变化（在地磁学中称为长期变，Secular Variations）将为磁场发电机提供非常重要的约束，能够揭示液态核中的流体动力学过程（Jackson，Finlay，2015）。结合已有的探测数据和今后持续水星探测任务将能获得水星内禀磁场在几十年时间尺度上的变化，这些观测可以为水星磁场起源机制提供非常重要的约束。

总之，行星磁场是探测行星内部物理过程的一个重要窗口，也是行星长期演化以及宜居性等关键问题的指示器。水星非常独特的内禀磁场特征为我们理解水星内部结构和演化历史提供了非常重要的信息，但由于观测数据的时空分布仍然比较有限以及水星磁场发电机的系统研究较少，目前关于水星内禀磁场的起源以及水星磁场发电机的运行机制等关键问题仍然没有解决。今后各个国家计划开展水星探测任务将有助于我们更加深入地理解水星磁场的起源与演化，揭示水星内部物理过程和演化历史。

参考文献

[1] Acuna M H，Connerney J E P，Ness N F，et al. Global Distribution of Crustal Magnetism Discovered by the Mars Global Surveyor MAG/ER Experiment [J]. Science，1999，284：790 - 793.

[2] Anderson B J，Acuna M H，Korth H，et al. The Structure of Mercury's Magnetic Field from MESSENGER's First Flyby [J/OL]. Science，2008，321：82. http：//dx. doi. org/10. 1126/science. 1159081.

[3] Anderson B J，Johnson C L，Korth H，et al. The Global Magnetic Field of Mercury from MESSENGER Orbital Observations [J]. Science，2011，333：1859 - 1862. doi：10. 1126/science. 1211001.

[4] Cao H，Aurnou J M，Wicht J，et al. A Dynamo Explanation for Mercury's Anomalous Magnetic Field [J]. Geophys Res Lett，2014，41：2014GL060196. doi：10. 1002/2014gl060196.

[5] Chen B，J Li，S A Hauck Ⅱ. Non - ideal Liquidus Curve in the Fe - S System and Mercury's Snowing Core [J]. Geophys Res Lett，2008，L07201. doi：10. 1029/2008GL033311.

[6] Christensen U R. A Deep Dynamo Generating Mercury's Magnetic Field [J]. Nature，2006，444：1056 - 1058. doi：10. 1038/nature05342.

[7] Connerney J E P. Planetary Magnetism. In Treatise on Geophysics (Second Edition) [C]. Elsevier B V，2015.

[8] Ernst C M，Chabot N L，Klima R L，et al. Science Goals and Mission Concept for a Landed Investigation of Mercury [J]. The Planetary Science Journal，2022，3 (3)：68.

[9] Glassmeier K H，Auster H U，Motschmann U. A Feedback Dynamo Generating Mercury's Magnetic Field [J]. Geophys Res Lett，2007，34. doi：10. 1029/2007GL031662.

[10] Genova A，Goossens S，Mazarico E，et al. Geodetic Evidence That Mercury Has A Solid Inner Core [J]. Geophysical Research Letters，2019，46 (7)：3625 - 3633. https：//doi. org/10. 1029/2018GL081135.

[11] Grosser J，Glassmeier K H，Stadelmann A. Induced Magnetic Field Effects at Planet Mercury [J]. Planet Space Sci，2004，52：1251 - 1260. doi：10. 1016/j. pss. 2004. 08. 005.

[12] Heyner D，Wicht J，Gomez - Perez N，et al. Evidence from Numerical Experiments for a Feedback Dynamo Generating Mercury's Magnetic Field [J]. Science，2011，334：1690 - 1693. doi：10. 1126/science. 1207290.

[13] Heyner D，Auster H U，Forna Çon K H，et al. The BepiColombo Planetary Magnetometer MPO - MAG：What Can We Learn from the Hermean Magnetic Field? [J] . In Space Science Reviews，2021. (Vol. 217) .

[14] Jackson A，Finlay C. Geomagnetic Secular Variation and Its Applications to the Core [C]. In Treatise on Geophysics：Second Edition，2015. (Vol. 5) .

[15] Johnson C，Anderson B，Korth H，et al. Mercury's Internal Magnetic Field. In S Solomon，L Nittler，& B Anderson (Eds.)，Mercury：The View after MESSENGER (Cambridge Planetary Science [C]. pp.

114 - 143). Cambridge: Cambridge University Press, 2018. doi: 10.1017/9781316650684.006.

[16] Johnson C L, Phillips R J, Purucker M E, et al. Low - altitude Magnetic Field Measurements by MESSENGER Reveal Mercury's Ancient Crustal Field [J]. Science, 2015, 348: 892 - 895. doi: 10.1126/science.aaa8720.

[17] Johnson C L, Phillips R J, Philpott L C, et al. Mercury's Lithospheric Magnetic Field [C]. Lunar Planet Sci, 2016, 47, Abstract 1391.

[18] Larmor J. How Could a Rotating Body Such as the Sun Become a Magnet [M]. Rep Brit Assoc Adv Sci, 1919: 159 - 160.

[19] Lazio T. Planetary Magnetic Fields, Planetary Interiors, and Habitability [C]. Bulletin of the AAS, 2021, 53 (3).

[20] Lin Y, Marti P, Noir J. Shear - driven Parametric Instability in a Precessing Sphere [J]. Physics of Fluids, 2015, 27 (4): 046601.

[21] Lin Y, Marti P, Noir J, et al. Precession - driven Dynamos in a Full Sphere and the Role of Large Scale Cyclonic Vortices [J]. Physics of Fluids, 2016, 28: 066601.

[22] Margot J L, Peale S J, Jurgens R F, et al. Large Longitude Libration of Mercury Reveals a Molten Core [J]. Science, 2007, 316: 710 - 714. doi: 10.1126/science.1140514.

[23] Margot J L, Peale S J, Solomon S C, et al. Mercury's Moment of Inertia from Spin and Gravity Data [J]. J Geophys Res, 2012, 117: E00L09. doi: 10.1029/ 2012JE004161.

[24] Moffatt K, Dormy E. Self - Exciting Fluid Dynamos [M]. Cambridge University Press, 2019.

[25] Ness N F, Behannon K W, Lepping R P, et al. Magnetic Field Observations Near Mercury: Preliminary Results from Mariner 10 [J]. Science, 1974, 185: 151 - 160.

[26] Ness N F, Behannon K W, Lepping R P, et al. Magnetic Field of Mercury Confirmed [J]. Nature, 1975, 255: 204 - 205.

[27] Ness N F, Behannon K W, Lepping R P, et al. Observations of Mercury's Magnetic Field [J]. Icarus, 1976, 28: 479 - 488.

[28] Nimmo F. Energetics of the Core [C]. In Treatise on Geophysics, 2015, 8: 27 - 55.

[29] Russell C T, Vaisberg O. The interaction of the solar wind with Venus [C]. In: Hunten M, Colin L, Donahue T M, Moroz V I (eds.) Venus, 1983, pp. 873 - 940. Tucson, AZ: University of Arizona Press.

[30] Siegfried R W, Solomon S C. Mercury: Internal Structure and Thermal Evolution [J]. Icarus, 1974, 23: 192 - 205.

[31] Stanley S, Bloxham J, Hutchison W E, et al. Thin Shell Dynamo Models Consistent with Mercury's Weak Observed Magnetic Field [J]. Earth Planet Sci Lett, 2005, 234: 27 - 38. doi: 10.1016/j.epsl.2005.02.040.

[32] Stanley S, Glatzmaier G. Dynamo Models for Planets Other Than Earth [J]. Space Sci Rev, 2010, 152: 617 - 649. doi: 10.1007/ s11214 - 009 - 9573 - y.

[33] Stephenson A. Crustal Remanence and the Magnetic Moment of Mercury [J]. Earth Planet Sci Lett, 1976, 28: 454 - 458. doi: 10.1016/0012 - 821X (76) 90206 - 5.

[34] Stevenson D J. Mercury's Magnetic Field: A Thermoelectric Dynamo? [J]. Earth Planet Sci Lett, 1987, 82: 114 - 120. doi: 10.1016/0012 - 821X (87) 90111 - 7.

[35] Stevenson D J. Planetary Magnetic Fields [J]. Earth and Planetary Science Letters, 2003, 208 (1-2): 1-11.

[36] Srnka L J. Magnetic Dipole Moment of a Spherical Shell with TRM Acquired in a Field of Internal Origin [J]. Phys Earth Planet Inter, 1976, 11: 184-190. doi: 10.1016/0031-9201 (76) 90062-5.

[37] Takahashi F, Shimizu H, Tsunakawa H. Mercury's anomalous magnetic field caused by a symmetry-breaking self-regulating dynamo [J]. Nature Communications, 2019, 10 (1): 208. https://doi.org/10.1038/s41467-018-08213-7

[38] Takahashi F, Matsushima M. Dipolar and Non-dipolar Dynamos in a Thin Shell Geometry with Implications for the Magnetic Field of Mercury [J]. Geophys Res Lett, 2006, 33. doi: 10.1029/2006GL025792.

[39] Tian Z, Zuber M T, Stanley S. Magnetic Field Modeling for Mercury Using Dynamo Models with a Stable Layer and Laterally Variable Heat Flux [J]. Icarus, 2015, 260: 263-268. doi: 10.1016/j.icarus.2015.07.019.

[40] Vilim R, Stanley S, Hauck S A. Iron Snow Zones as a Mechanism for Generating Mercury's Weak Observed Magnetic Field [J]. Journal of Geophysical Research: Planets, 2010, 115 (11): 1-11.

第6章　重力场与分层结构

6.1　引言

行星重力场作为行星的四大基本物理场之一，同时具备静态和时变部分，表征了行星内部质量（或密度）分布、运动和变化状态。由于开展行星震测量的限制，重力成为研究行星内部结构与动力学过程、起源与演化和发电机历史的重要数据来源。行星重力场模型依据观测数据空间分辨率主要分为低阶和高阶模型。根据低阶重力场模型，结合行星自转、行星潮汐观测，利用矿物物理化学、动力学模拟等手段，我们可以有效约束行星内部分层结构，例如核的大小、密度（是否包含轻元素）和状态（液态或者固态），幔的厚度和密度，壳层的厚度和密度等。高阶重力场模型因其较高的空间分辨率，可以用来研究行星岩石圈、行星壳层等浅层结构，了解行星的地质过程以及表面特征的解释（Mocquet，et al.，2011）。

本章将从行星重力场的数学建模与实际测量出发，分别介绍水星重力场的探测历史，基于重力测量参数约束的圈层结构，以及岩石圈和壳层的密度结构。最后，简要介绍水星重力场探测与科学研究中面临的问题以及未来的发展方向。

6.2　重力场模型与观测

6.2.1　数学建模

如果假定行星的外部没有任何质量，则行星外部的引力场满足拉普拉斯方程。在球坐标系，行星外部引力位通常利用球谐系数展开进行表达（Chao，Gross，1987）

$$U(r,\theta,\lambda)=\frac{GM}{R}\sum_{l=0}^{\infty}\sum_{m=0}^{l}\left(\frac{R}{r}\right)^{l+1}(C_{lm}\cos m\lambda+S_{lm}\sin m\lambda)P_{lm}(\cos\theta) \tag{6-1}$$

式中，r 为观测点到坐标原点的距离，一般称为向径；θ 为余纬（90°－纬度）；λ 为经度；GM 为行星标准重力参数，是行星的质量 M 与万有引力常数 G 的乘积；R 为行星平均半径；l 和 m 分别为球谐展开的阶数和次数；C_{lm} 和 S_{lm} 为完全正则化的 l 阶 m 次引力位球谐系数；$P_{lm}(\cos\theta)$ 是完全正则化的 l 阶 m 次缔合 Legendre 函数。

如果将球坐标的原点定义在行星的质心，则引力位的一阶系数全部为零。在实际情况下，任何行星的引力位球谐系数一般只能展开到有限阶数（$l_{\max}$），其与行星重力场的空间分辨率 D（半波长）具有以下经验关系（Ince，et al.，2019）

$$D=\frac{\pi R}{l_{\max}} \tag{6-2}$$

此外，以行星平均半径为参考的行星大地水准面高 N、重力 g 和重力异常 δg 也是行星重力场研究中非常重要的参数。重力 g 一般定义为引力位的垂向梯度，表达式为

$$g=\frac{GM}{R^2}\sum_{l=0}^{l_{\max}}\sum_{m=0}^{l}\left(\frac{R}{r}\right)^{l+2}(l+1)(C_{lm}\cos m\lambda+S_{lm}\sin m\lambda)P_{lm}(\cos\theta) \tag{6-3}$$

重力异常 δg 定义为大地水准面上的实测重力值与正常重力的差值，一般表达式为

$$\delta g=\frac{GM}{R^2}\sum_{l=2}^{l_{\max}}\sum_{m=0}^{l}\left(\frac{R}{r}\right)^{l}(l-1)(C_{lm}\cos m\lambda+S_{lm}\sin m\lambda)P_{lm}(\cos\theta) \tag{6-4}$$

行星大地水准面的概念来自于地球上的重力研究，定义为静止的海平面并延伸至大陆底部的一个重力等位面，是一个理想的闭合曲面，其数学表达式为

$$N=R\sum_{l=2}^{l_{\max}}\sum_{m=0}^{l}(C_{lm}\cos m\lambda+S_{lm}\sin m\lambda)P_{lm}(\cos\theta) \tag{6-5}$$

6.2.2 探测方法

地球作为我们居住的星球，其自身重力场的探测方式多种多样：我们既可以在地表进行相对或者绝对重力测量，也可以利用一系列重力卫星进行探测。重力卫星对地球进行高精度重力场探测的手段主要是利用卫星跟踪卫星的方式，例如 GRACE（Gravity Recovery and Climate Experiment）和 GRACE - FO（GRACE Follow - On），以及月球重力场探测卫星 GRAIL（Gravity Recovery and Interior Laboratory）。相对于地球重力场的探测，行星距离遥远且无法进行表面测量，其重力场的探测主要是通过测量轨道器或者航天器的轨道摄动来进行，即测量轨道器或航天器的轨道位置参数（可转化为轨道六根数或开普勒元素）。测量轨道位置参数主要是利用深空网（Deep Space Network，DSN）进行轨道追踪，获取深空网与轨道器或航天器的时移和时移率（李斐，等，2007）。在理想状态下，轨道器或航天器的轨道摄动通常可以利用二体问题来描述。但是实际情况下，轨道器或航天器会受到目标行星形状不规则、内部密度分布不均匀的影响，还会受到其他保守力（例如太阳和其他行星引力）和非保守力（如太阳辐射光压、卫星本体热辐射、大气阻力等）的影响。因此，依据牛顿第二定律，轨道摄动方程可描述为

$$\ddot{\vec{r}}=\vec{f}_{TB}+\vec{f}_{NS}+\vec{f}_{NB}+\vec{f}_{TD}+\vec{f}_{RL}+\vec{f}_{DG}+\vec{f}_{SR}+\vec{f}_{AL}+\vec{f}_{TH} \tag{6-6}$$

式中，$\ddot{\vec{r}}$ 为卫星加速度矢量；$\vec{f}_{TB}$ 为二体作用力，即目标行星对轨道器的引力；$\vec{f}_{NS}$ 为目标行星非球形部分对卫星的引力；$\vec{f}_{NB}$ 为 N 体对轨道器的引力，主要来自太阳、目标行星的卫星、其他行星等；$\vec{f}_{TD}$ 为目标行星的潮汐引力，主要来自固体潮、大气潮以及由于目标行星自转形成的极潮；$\vec{f}_{RL}$ 为相对论效应对轨道器产生的影响；$\vec{f}_{DG}$ 为目标行星大气产生的阻力；$\vec{f}_{SR}$ 为太阳辐射对轨道器造成的光压；$\vec{f}_{AL}$ 为目标行星的反照辐射压；$\vec{f}_{TH}$ 为作用于轨道器上的其他力，例如控制轨道器姿态的控制力。

求解上述方程的方法主要有天体力学法、加速度法、短弧法、能量积分法以及动力法，但在求解行星重力场的时候，主要采用动力法。动力法（Kaula，1966）是将重力场表示为球谐函数，采用动力法精密定轨技术，构建轨道摄动观测量与球谐系数的函数关系，

利用最小二乘法求解重力场的球谐系数。该方法主要考虑轨道器或航天器的受力模型，求解二阶微分方程（牛顿方程）。动力法自 19 世纪以来经历较大的发展，其中之一便是利用变分原理，将二阶微分方程转换成一组关于轨道根数变化率的一阶常微分方程（Kaula，1966）。由于解析形式的复杂性，动力法一般只考虑一阶小量，即线性摄动量，由此限制了动力法的精度。随着跟踪技术的发展以及计算机计算能力的提升，非保守力的建模精度也得到了提升，基于动力法确定行星重力场的方法成了主流（图 6-1）。

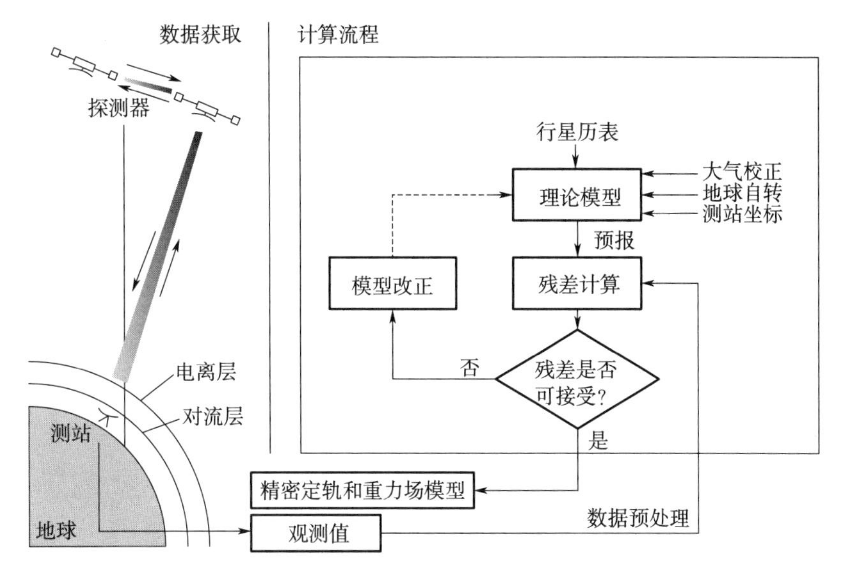

图 6-1　动力法确定行星重力场的基本原理图

卫星跟踪卫星的重力测量模式又称为低低跟踪模式，除此之外，行星重力观测的卫星跟踪模式还有地面跟踪模式和高低跟踪模式。低低跟踪模式是当前精度最高的一种观测模式，例如地球上的 GRACE 和 GRACE-FO 卫星、月球上的 GRAIL 卫星。在深空探测任务中，由于技术和任务限制，高低跟踪或者低低跟踪几乎无法实现，通常采用地面跟踪技术。地面跟踪技术是指地球上的跟踪站向航天器发射无线电信号，通过航天器上的转发设备，将信号返回地面跟踪站，根据多普勒效应测量航天器的速度和位置信息。如果发射站和接收站相同，为双程测量；如果发射站和接收站不同，为三程测量；更复杂的测量还有四程测量。测量的对象一般是距离和多普勒值，通常称为时移和时移率。参考目标行星的时间系统和坐标系统，便可以确定目标行星的重力场。由于测量方式的限制，任何目标行星的重力场精度都有待进一步提高。

6.2.3　地形建模与测量

在重力场的建模、内部密度和圈层厚度研究中，地形涉及卫星的轨道摄动、布格重力改正、行星岩石圈弹性厚度以及与行星内部动力学过程关联性的研究。类似于重力场的球谐展开，地形一般也可以展开为

$$H(\theta,\lambda)=R\sum_{n=0}^{\infty}\sum_{m=0}^{n}(C_{nm}^{T}\cos m\lambda+S_{nm}^{T}\sin m\lambda)P_{nm}(\cos\theta) \tag{6-7}$$

式中，C^T 和 S^T 是地形相对于平均参考半径展开的球谐系数，实际的测量中先通过轨道器的激光测高雷达或相机数据获取高程值，然后将其转换为球谐系数。在没有海洋的行星地形探测中，测高数据中一般很难见到双峰信号，因此不会出现海陆这样的典型二分特征，几乎都是单峰分布，因此在描述行星地形的术语中，一般称高地和低地（或盆地）。

水星表面地形的测量起始于水手 10 号，但当时的测量只覆盖了水星大约 45%的面积。全球地形（图 6－2）的测量数据主要来源于信使号上的激光高度计（Cavanaugh，et al.，2007），目前已经绘制出水星约 98%的表面地形且精度约为 20 m（Zuber，et al.，2012）。但受限于信使号的轨道特性，北半球的地形精度要高于南半球。水星的地形数据保存在由美国 NASA 主导建立的行星数据系统的地球科学节点（https：//pds－geosciences.wustl.edu/messenger/mess－e_v_h－mla－3_4－cdr_rdr－data v2/messmla_2101/）中。

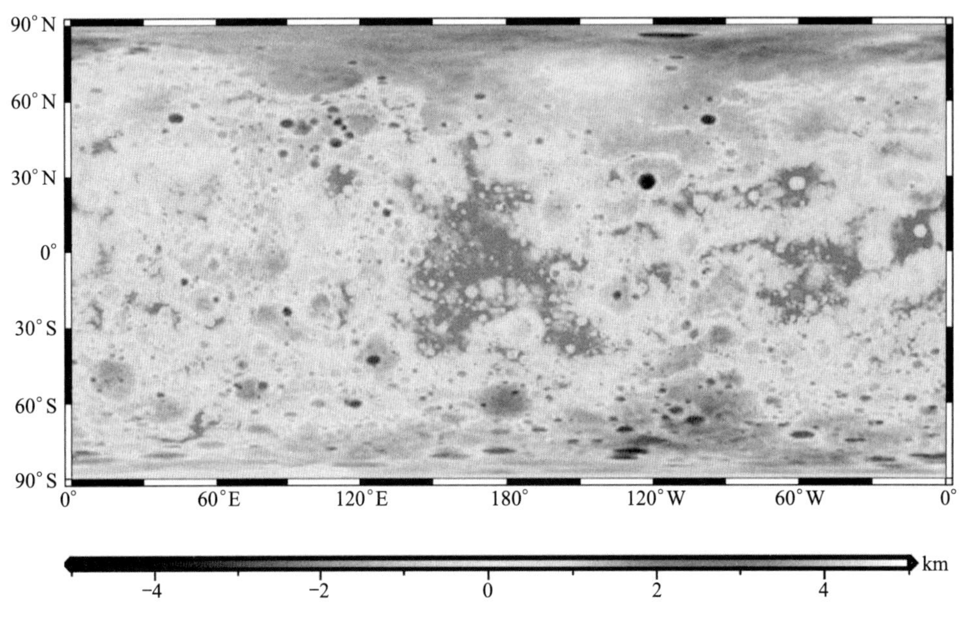

图 6－2 基于信使号搭载的激光高度计获取的水星地形

（Zuber，et al.，2012；Preusker，et al.，2017）（见彩插）

6.3 水星重力场

6.3.1 模型发展历史

在低阶重力场方面，利用水手 10 号飞掠水星时 S 波段的轨道跟踪数据，Anderson 等人（1987）解算了水星的质量以及重力场二阶位系数 C_{20} 和 C_{22}，并且结合艾里均衡（Airy Isostasy）模型给出了（203±101）km 水星壳层厚度估计值（Anderson，et al.，

1996）。

2004 年，NASA 发射了信使号探测器，对水星开展了全面的探测。在经历了 1 次地球飞掠、2 次金星飞掠以及 3 次水星飞掠（Flyby）后，信使号于 2011 年 3 月成功入轨水星，地面测控系统成功获取了信使号的轨道跟踪数据。利用轨道跟踪数据，信使号的射电科学团队相继解算了 20 阶次、50 阶次以及一系列 100 阶次以上的重力场模型（表 6 - 1）。

在入轨水星之前，信使号分别在 2008 年 1 月 14 日与 10 月 6 日两次飞掠水星，轨道高度约为 200 km。利用飞掠的数据，Smith 等人（2010）解算了 4 阶水星重力场位系数（HgM001 & HgM001A），同时基于该重力场模型修正了艾里均衡假设下的水星壳层厚度估计值上限（≈100 km）。入轨水星后，Smith 等人（2012）利用约 6 个月时长的轨道跟踪数据，解算了 20 阶水星重力场模型 HgM002，这一阶段的卫星轨道高度为 200～15 200 km。该重力场模型不仅揭示了水星表面数个大尺度的重力异常信号，还提高了水星惯性矩的估计精度，进一步约束了水星内部分层结构状态。利用相同的数据源，Genova 等人（2013）同样将水星重力场解算至了 20 阶次，结果与 HgM002 基本一致。

随着信使号探测任务的实施，轨道跟踪数据也在持续收集。利用信使号环绕水星两年左右的跟踪数据，Mazarico 等人（2014）解算了 50 阶次的水星重力场模型，新的重力场模型不仅阶次得到了提升，低阶项的不确定性也进一步减小。基于 HgM005 重力场，使用不同的艾里均衡补偿模型估计出的水星平均壳层厚度分别为（35 ± 18）km（Padovan, et al.，2015）和（26 ± 11）km（Sori，2018）。通过对水星重力-地形相关性的分析，Sori（2018）还指出，普拉特均衡模型不太适用于水星。这些初步结果揭示了水星表面地形的补偿模式和均衡状态。James 等人（2015）则对水星北半球卡路里盆地与北部隆起区域之下的均衡状态与补偿模式进行了更进一步分析，重力和地形的导纳计算结果显示这些大尺度地形之下存在不同深度的补偿机制，最深可至水星核幔边界。

在信使号的最后任务阶段，轨道机动使探测器以超低轨道高度绕飞水星，在 2014 年 8—10 月之间，轨道高度降至约 25 km，特别是在任务的最后一年里，信使号的轨道高度低至平均 5 km。极低轨探测提升了水星重力场的空间分辨率。Mazarico 等人（2016）解算了 100 阶次的水星重力场模型 HgM007，该重力场模型是首个包含了信使号全部任务阶段数据的重力场模型。HgM007 模型的发布表明信使号获取的轨道跟踪数据具有解析高阶次水星重力场信息的能力，但值得注意的是，此时解算的重力场模型仍然还依赖于考拉（Kaula）约束，其采用的考拉常数为：3×10^{-5}。2016 年信使号任务结束后，其轨道跟踪数据也停止了更新，但针对重力场解算策略的优化仍然使水星重力场模型的阶次逐渐提升。由于信使号采用了大偏心率椭圆轨道，南半球轨道数据质量差，因此水星重力场模型的高精度建模仅限定于北半球高纬度地区。Mazarico 等人（2018）与 Goossens 等人（2018）分别解算了 100 阶次（HgM008）与 120 阶次的水星重力场模型，其中，HgM008 模型采用的是解算多普勒数据残差反演重力场的方法，而 Goossens 等人（2018）采用的是利用视向加速度（Line of Sight，LOS）数据解算重力场模型的方法，这一方法可以提升重力场模型对小尺度重力特征的敏感性。此后，Goossens 等人（2019）精化了水星

LOS局部重力场模型，James 等人（2019）利用该 LOS 重力场模型对水星壳层密度进行了初步估计，但估计结果具有较大的不确定性。

利用不同的位系数约束方式，水星重力场模型最高阶次也逐渐提高。Konopliv 等人（2020）利用了三种约束方法来解算水星重力场模型位系数，分别是传统的考拉约束方法、基于协方差阵的有效阶次约束以及地形变化先验约束，将水星重力场解算至了 160 阶次，并且北半球大部分地区的有效阶次得到了显著提升。截至目前，阶次最高的水星重力场模型来自 Goossens 等人（2022）研究成果，采用的解算方法为 LOS 法，最高阶次为 180 阶。

表 6-1　水星重力场模型的发展历程

名称	阶次	参考文献
飞掠重力场	C_{20} 和 C_{22}	Anderson, et al.（1987）
HgM002	20	Smith, et al.（2012）
HgM005	50	Mazarico, et al.（2014）
HgM007	100	Mazarico, et al.（2016）
HgM008	100	Genova, et al.（2019）
视向加速度(LOS)模型	120	Goossens, et al.（2019）
MESS160A	160	Konopliv, et al.（2020）
视向加速度(LOS)模型	180	Goossens, et al.（2022）

6.3.2　分层结构

我们对水星内部结构认识是随着水星重力场模型的不断精化而逐渐提升的。目前对于水星内部结构的认识主要来自水手 10 号的 3 次飞掠、信使号的 3 次飞掠以及信使号对水星的环绕探测。这些探测任务获取了关于水星重力场、地形以及自转的相关信息，为我们探究水星内部提供了契机。

（1）水星的质量与平均密度

基于地基观测获取的水星星历，Ash 等人（1971）对水星的质量和半径进行了估计，估算的水星质量为 $M=(3.300\pm0.008)\times10^{23}$ kg，半径为 $R=(2\,439\pm1)$ km，水星平均密度为 $(5\,430\pm15)$ kg/m^3。这些结果与后期通过轨道跟踪数据估计的结果相似。水星较大的平均密度表明水星是一个金属元素占比较大的星球。利用轨道跟踪数据对水星质量的估计比利用星历的估计结果精度提升了大约 50 倍。

随着对轨道跟踪数据的分析，水星的标准重力参数（质量与引力常数的乘积）的估计精度也越来越高。Howard 等人（1974）与 Anderson 等人（1987）利用水手 10 号的飞掠数据对水星引力质量进行了估计，不确定度分别为 2×10^{-4} 与 9.1×10^{-5}。在信使号探测时期，引力质量估计值的精度进一步提升，达到了 10^{-8} 的量级（Mazarico, et al., 2014; Verma, Margot, 2016）。考虑到引力常数不确定度（5×10^{-5}）的影响，当前对水星质量的最佳估计值为 $M=(3.301\,110\pm0.000\,15)\times10^{23}$ kg，结合地形观测得到的平均半径 $R=(2\,439.36\pm0.02)$ km（Perry, et al., 2015），水星平均密度估计值为（5 429.30±

0.28) kg/m^3。

(2) 二阶重力位系数 C_{20} 与 C_{22}

二阶重力场位系数与行星的惯性矩相关，惯性矩是用于确定行星内部密度分布的重要参数，而内部密度分布则是划分行星内部圈层结构的重要依据。最初对水星重力场二阶位系数的估计结果来自对水手 10 号轨道数据的分析，Anderson 等人（1987）给出了水星 C_{20} 与 C_{22} 的估计结果，分别为（-6.0 ± 2.0）$\times10^{-5}$ 和（1.0 ± 0.5）$\times10^{-5}$。这一估计结果具有较大的不确定性，当前已经不被科学界采用。

信使号绕飞水星阶段，获取的轨道跟踪数据相比于飞掠数据更适用于解算重力场低阶位系数。Smith 等人（2012）分析了信使号 6 个月的绕飞阶段任务数据，解算了二阶重力位系数 C_{20} 与 C_{22}，结合自转观测，对水星内部结构进行分析，推测水星核外可能存在一个固态 Fe - S 层以及液态外核之内存在固态内核。50 阶次的水星重力场模型 HgM005 中（Mazarico，et al.，2014），正规化的二阶重力位系数 $C_{20}=$（-2.2505 ± 0.001）$\times10^{-5}$；$C_{22}=$（1.2454 ± 0.001）$\times10^{-5}$。基于这一结果计算出的水星 J_2 与 C_{22} 的比值为 6.26，这与流体静力平衡假设下的比值（7.86）存在较大差异，表明水星处于非流体静力平衡状态。利用 HgM008 模型中的二阶位系数，Genova 等人（2019）给出了最新的水星极惯性矩估计结果（0.333 ± 0.005），基于这一结果推测的水星内部结构模型支持水星具有固态内核的假说。

(3) 二阶潮汐勒夫数 k_2

在利用轨道跟踪数据解算行星重力场位系数时，还可以一并解算水星的潮汐响应参数（勒夫数 h、k 和志田数 l），二阶勒夫数 k_2 表征了太阳对水星施加的引潮力位与形变引起的附加位之间的比例，而理论的二阶勒夫数 k_2 取决于自转周期以及水星内部的密度、刚度和黏度结构。因此，k_2 也是用于研究水星内部分层结构的重要参数。Mazarico 等人（2014）估计了水星的 $k_2=0.451\pm0.014$，而 Verma 和 Margot (2016) 给出的 k_2 估计值为 0.464 ± 0.023。以 Mazarico 等人（2014）估计的 k_2 作为约束反演的水星内部模型结果表明，水星应当具有一个温度较低且坚固的幔层，而 Verma 和 Margot (2016) 的 k_2 估计结果更大，暗示了更多可能的内部结构模型（如核幔之间的 Fe - S 层）。

6.3.3　壳层密度与厚度

随着水星重力场模型阶次的提升，对其内部结构的认知也逐渐向小尺度与浅层发展。高阶次重力场模型表征了水星内部质量分布情况，基于高阶次重力场模型开展的行星物理分析与反演将提升我们对水星最外层的壳层物理属性的认识。

水星的壳幔分异过程开始于早期的岩浆洋时期（Brown，Elkins - Tanton，2009）。在行星形成初期，吸积的热量和金属元素的沉淀过程很有可能形成覆盖整个水星的岩浆洋。随着温度的降低，岩浆洋内部的不同矿物分别结晶（鲍温反应系列），一部分较轻的矿物受到浮力作用浮到了岩浆洋表面并固结，形成初始壳（也称为悬浮壳）。岩浆洋模型的提出最开始被用于解释月球斜长质月壳的成因（Shearer，et al.，2006）。在初始壳形成之后，其他物质的加入会形成二次壳（Secondary Crust），例如幔层的物质发生部分熔融以及随后上升迁移，熔体混入初始壳中，从而形成二次壳。熔体的迁移机理有多种成因解释，一种观点认为，在幔层顶部结晶的物质（如 钛铁矿）由于重力不稳定而下沉（幔层倒转），下部幔层熔体上升迁移至壳层底部，沿着壳层薄弱带迁移至表面（Brown，Elkins-Tanton，2009）；另一种观点则认为是幔层内部的对流携带深部熔体至壳层底部并进一步迁移至表面（Tosi，et al.，2013）。水星表面的地球化学观测结果表明，形成水星二次壳的岩浆至少存在两个源区（Charlier，et al.，2013）。

作为岩浆洋结晶的产物，壳层的成分与厚度与行星内部的热演化过程密切相关。不相容元素在壳幔的富集情况（Vander Kaaden，McCubbin，2015，2016；Vander Kaaden，et al.，2017）、挥发成分的逃逸状态（Kerber，et al.，2009；Blewett，et al.，2011；McCubbin，et al.，2012）以及内部温度结构的改变（Tosi，et al.，2013；Michel，et al.，2013；Hauck，et al.，2004）均会对壳的形成过程产生影响。

（1）矿物学约束的水星壳密度

对壳层矿物组分进行分析得到的通常是不考虑孔隙度的真密度（Grain Density），但实际情况中，孔隙会对壳层密度估计产生显著的影响。考虑了壳层内部孔隙度的密度称为体密度（Bulk Density），而体密度的估计则需要借助重力和地形数据。信使号搭载的 X 射线探测仪 XRS、伽马射线谱仪 GRS 和中子谱仪 NS 可以用来获取水星表面物质的元素构成（Weider，et al.，2012；Nittler，et al.，2011；Peplowski，et al.，2011，2012）。根据元素丰度数据和矿物学约束获得的表面物质真密度可以近似作为整个水星壳的真密度。

Padovan 等人（2015）利用元素丰度数据对除了水星北部火山平原（Northern Volcanic Plain，NVP）以外区域的真密度进行了估计，结果为 3 014 kg/m^3，而坑间平原（Inter-crater Plains，IcP）和严重轰击区域（Heavily Cratering Terrains，HCT）的密度为 3 082 kg/m^3。根据这一结果，Padovan 等人（2015）在假设水星和月球具有相似孔隙结构的前提下，采用 2 700～3 100 kg/m^3 的壳层真密度值估计了水星的壳层厚度。Sori（2018）根据 XRS 的 205 个观测数据，辅助 GRS 与 NS 观测结果，估计了水星壳层的真密度为（2 945 ± 64）kg/m^3，并且根据其横向不均匀性划分为 4 个区域：IcP-HCT 区域（2 976 kg/m^3）、NVP 区域（2 886 kg/m^3）、这两者的混合区域（2 939 kg/m^3）以及卡路里盆地区域（2 970 kg/m^3）。

Sori（2018）的计算结果初步揭示了水星表面物质密度分布的不均匀性，而在计算布格重力异常的过程中，考虑壳层密度的横向不均匀性可以获取更为准确的结果。Weider 等人（2015）根据 Al/Si 和 Mg/Si 将水星表面划分成 6 个主要的地球化学单元：高 Mg 区域位于西半球中纬度地区，约占水星 11％的表面面积；NVP 区域由中-低 Mg 含量物质组成，约占水星 7％的表面面积；拉赫尼诺夫和卡路里盆地则占据了水星约 2 ％的表面面积。除此之外还有小区域的平原由高 Al 物质组成（图 6-3）。这些地质单元总面积不超过水星北半球面积的一半，而北半球其他区域以及南半球大部分区域都没有被纳入特定的地球化学单元中。

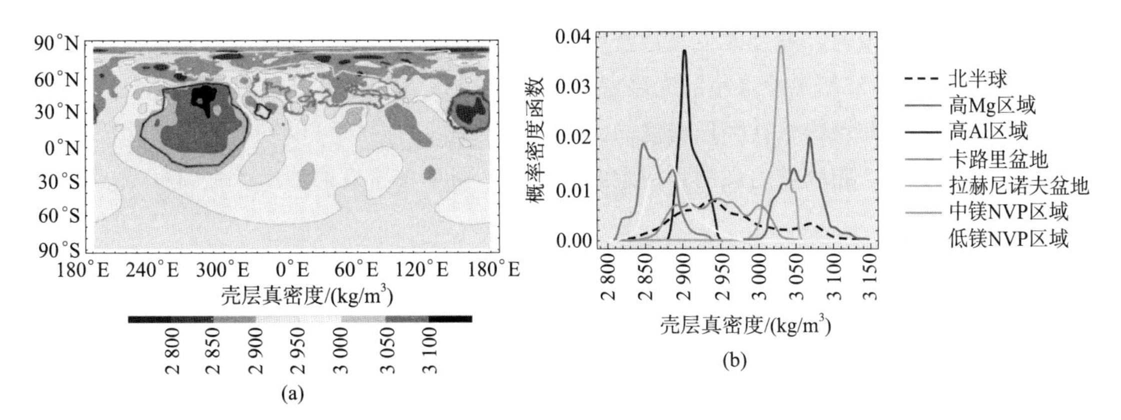

图 6-3　利用信使号 XRS 设备的观测数据得到的水星表面各地质单元真密度的空间分布与概率分布直方图（修改自 Beuthe, et al., 2020）（见彩插）

图 6-3 中红色实线围成的区域即水星的高镁区域，这一区域的壳层密度也是最高的。这些地球化学单元在成分上的差异反映的是地表岩石的不同矿物组合，而不同矿物组合可以通过结晶实验和质量平衡计算转换成壳层物质的真密度（孔隙度为 0）。Beuthe 等人（2020）计算出水星表面的物质密度变化范围在 2 785～3 149 kg/m³ 之间，平均密度为 2 957 kg/m³，其中密度最大的区域位于富橄榄岩且斜长岩含量较少的高镁地区，密度范围大致为 3 000～3 150 kg/m³。在 Al 含量较高、Mg 含量较低的区域，物质密度也较低（如 NVP）。这些区域的物质主要为斜长石，密度范围约为 2 800～2 950 kg/m³。在中等 Mg 含量的 NVP 区域，橄榄石和辉石含量比低 Mg 的 NVP 区域高，因此其密度也较高（2 850～3 050 kg/m³）。

（2）重力与地形数据估计的水星壳层密度

地形引起的重力会随着壳层密度的变化而变化，但根据前文论述，地底的密度界面起伏和横向不均匀性也会在重力场中有所体现。若要利用重力和地形对体密度进行估计，则需要排除后两种因素的影响。考虑到重力信号会随着观测点与场源之间距离的增加而快速衰减，我们可以认为重力场的短波部分（高阶项）主要是由地表引起的重力响应。通过带通滤波将重力场模型的低阶项（长波部分）进行截断，就可以估计壳层体密度（Wieczorek, et al., 2013）。

假设壳层的密度为 ρ_c，并假设短波部分的重力异常由测量噪声 g^{noise} 和地形引起重力 g^{BC} 组成。当选择正确的壳层密度时，从自由空气重力异常模型 g^{FA} 中扣除地形引起重力 g^{BC} 后，得到的应该就是测量噪声 g^{noise}。而扣除地形引起重力这一过程恰好等同于布格重力异常的计算，在此情形下，短波的布格重力异常 g^{BA} 就等于测量噪声

$$g^{BA}(\rho_c)=g^{FA}-g^{BC}(\rho_c)=g^{\text{noise}} \tag{6-8}$$

在上述计算中，测量噪声不会随着假设的壳层密度变化而变化，也就是说，测量噪声与壳层密度不相关。因此，我们可以通过以下方法估计壳层密度 ρ_c：正确的 ρ_c 假设会使短波布格异常 $g^{BA}(\rho_c)$ 和短波地形之间的相关性最小。在计算短波重力和短波地形相关性

时，通常会采用球冠（Spherical Cap）谐函数对重力和地形数据进行局部化处理。计算球面上某一点的重力值时，通过改变壳层密度的值，搜索到使该点周围区域（球冠谐函数半径范围内）重力-地形相关性最小的壳层密度 ρ_c ，就是该点的壳层密度无偏估计值。

除了上述在空间域内估计壳层密度的方法，在频率域内同样可以进行类似的相关性计算来估计壳层密度。频率域内观测到的重力异常 g_{lm}^{obs} 与单位密度的地形产生的重力 g_{lm}^{topo} 之间的关系为

$$g_{lm}^{\text{obs}} = \rho_c g_{lm}^{\text{topo}} + I_{lm} \tag{6-9}$$

式中，下标 l 和 m 分别为球谐系数的阶和次，表征了其频率域特性；ρ_c 是待估计的壳层密度；I_{lm} 为观测重力异常中除了地形引起的重力之外的误差项，类似于式（6－8）中的 g^{noise} 。假设 I_{lm} 是一种随机误差，并且与 g_{lm}^{topo} 无关，在式（6－9）左右两端同时乘以 g_{lm}^{topo} ，得到

$$g_{lm}^{\text{obs}} g_{lm}^{\text{topo}} = \rho_c g_{lm}^{\text{topo}} g_{lm}^{\text{topo}} + I_{lm} g_{lm}^{\text{topo}} \tag{6-10}$$

在对式（6－10）左右两边求期望值的过程中，由于 I_{lm} 是一种随机误差并且假设其与 g_{lm}^{topo} 无关，因此该项的期望值为零。于是可以得到频率（球谐）域内壳层密度 ρ_c 的无偏估计值为

$$\rho_c(l) = \frac{g^{\text{obs}} g^{\text{topo}}(l)}{g^{\text{topo}} g^{\text{topo}}(l)} \tag{6-11}$$

James 等人（2019）使用信使号的视向加速度数据对水星壳层密度的估计使用的就是频率域法。其研究表明，壳层密度的估计值受到球谐系数截断阶次 $l_{\text{cut-off}}$ 影响：当截断阶次分别为 70、85 和 100 时，ρ_c 的估计结果分别为 2 095 kg/m^3、2 358 kg/m^3 和 2 534 kg/m^3。James 等人（2019）对不同截断阶次的壳层密度估计结果偏差较大，可能是因为壳幔边界处密度界面起伏产生的重力对壳层密度的估计影响较大。而在考虑了艾里均衡模型后，截断阶次 $l_{\text{cut-off}}$ 对壳层密度估计的影响减弱了，最终得到的壳层密度估计值分别为 2 433 kg/m^3、2 575 kg/m^3 和 2 719 kg/m^3，分别对应于 70，85 和 100 阶截断，这也是迄今为止利用水星重力数据得到的壳层体密度的最可靠结果。

（3）平均壳层厚度

水星的壳层厚度对于我们构建盆地地底结构模型具有重要意义，同时也可以用于计算水星硅酸盐部分中壳和幔的体积比例，这一比例可用于估计壳的生长效率，从而估计水星幔层的熔融程度（Padovan，et al.，2015；Tosi，Padovan，2021）。

水星的平均壳层厚度是计算壳层厚度分布模型中一个重要的假设参数。由于水星没有实测的水星震数据且壳层厚度最低至 0，选取合适的平均壳层厚度是决定最终壳层厚度分布计算结果的关键因素。使用重力-地形导纳（Admittance）结合局部化的水准面-地形比例（Geoid－Topography Ratios，GTR）可以用来研究壳的补偿状态、厚度和密度。这一方法被广泛运用在月球、火星和金星等类地行星壳层厚度的估计研究中（Wieczorek，Phillips，1997）。

GTR 反映了重力和地形在局部区域的相关情况，当使用导纳分析方法来对 GTR 进

行解释时，某个区域的 GTR 可以表示各阶次导纳函数 Z_l 和地形加权函数 W_l 的求和形式为

$$\mathrm{GTR}=\sum_{l_{\min}}^{l_{\max}} W_l Z_l \tag{6-12}$$

式中，$l_{\min}$ 和 $l_{\max}$ 是参与计算的球谐阶次的最小值和最大值。地形加权函数 W_l 代表了该区域地形中来自第 l 阶地形的贡献

$$W_l=\frac{S_{hh}(l)}{\sum_{l_{\min}}^{l_{\max}} S_{hh}(l)} \tag{6-13}$$

式中，$S_{hh}(l)$ 为第 l 阶地形的功率谱强度。根据不同的补偿模型、壳层密度和厚度，导纳函数 Z_l 的表达式也不同。在常用的艾里均衡模型中，地形与壳层厚度之间的关系可以表示为（Lambeck，1988）

$$T=T_0+h\left[1+\frac{\rho_c}{\rho_m-\rho_c}\left(\frac{R}{R-T_0}\right)^2\right] \tag{6-14}$$

式中，T 为壳层厚度；T_0 为零高程位置的壳层厚度；h 为相对于水准面的表面高程；R 为水星半径；ρ_m 和 ρ_c 分别为幔层和壳层的密度。经典的艾里均衡模型（等质量模型）的导纳函数 Z_l 表达式为

$$Z_l=\frac{4\pi\rho_c R^3}{M(2l+1)}\left[1-\left(\frac{R-T}{R}\right)^l\right] \tag{6-15}$$

Hemingway 和 Matsuyama（2017）在艾里均衡模型的基础上加入了等位面差应力最小的约束（等压力模型），此条件下 Z_l 的表达式为

$$Z_l=\frac{4\pi\rho_c R^3}{M(2l+1)}\left\{1-\frac{\left(\frac{R-T}{R}\right)^{l+4}}{1+\frac{\rho_c}{\rho_p}\left[\left(\frac{R-T}{R}\right)^3-1\right]}\right\} \tag{6-16}$$

相比之下，普拉特均衡模型在球谐域内没有显式的重力-地形导纳函数。在这种情况下，壳层密度和高程之间的关系为（Wieczorek，Phillips，1997）

$$\rho=\rho_0\frac{R^3-(R-T)^3}{(R+h)^3-(R-T)^3} \tag{6-17}$$

式中，ρ_0 为零高程基准面上的密度。由以上分析可知，导纳函数 Z_l 的构建过程包含了对补偿模型的假设以及壳层密度和厚度的选取。如果使用导纳函数 Z_l 结合地形加权函数 W_l 来对 GTR 进行解释，那也就意味着 GTR 包含了补偿模型、壳层密度和厚度等信息。因此，在一定补偿模型下，利用行星重力场模型和地形模型计算的 GTR 可以反演壳层的密度和厚度。

重力-地形导纳函数 Z_l 与球谐系数阶次相关，实际上也是一种频率域内的分析方法，可以获取关于波长的信息。但这种在频率域内计算导纳来对 GTR 进行解释的方法也存在缺点：当研究区域面积较小时，无法研究大尺度上的补偿机制；频率域的导纳函数无法处理区域内存在多种补偿机制的情况，因为导纳函数获取的是各种补偿机制的平均值。为了消除这一缺陷，在进行导纳分析时，常采用局部化（Localization）的处理方法，也就是在研究区域内对球冠谐函数施加局部化滤波的窗口。常用的方法为回归分析方法，该方法在

半径为 r 的球冠范围内构建水准面 N 和地形 h 之间的关系为

$$N = \mathrm{GTR} \cdot h + b_0 \tag{6-18}$$

式中，b_0 为残差项。当水准面异常仅受到壳层厚度影响，并且壳层密度为常数时，式（6－18）中 b_0 等于 0。b_0 不为 0，则表明会有其他因素影响对 GTR 的准确估计，例如壳层密度横向不均匀和幔层内部质量异常等。

根据 HgM005 重力场模型计算的全球 GTR（Padovan，et al.，2015），在潜在的非艾里均衡区域（大型盆地以及 NVP），残差项 b_0 并没有随着 $l_{\min}$ 的增加显著消退；而在其他艾里均衡机制占主导的区域，b_0 在 $l_{\min}$ 大于 9 以后基本等于零，表明水星上大于 9 阶的 GTR 信号主要受艾里均衡模型主导（图 6－4）。Padovan 等人（2015）在计算水星 GTR 时，去除了南半球和不受艾里均衡主导的区域，得到的水星 GTR 在 $l_{\min}$ 为 9 ～ 15 时数值较为稳定（约为 9 m/km），表明艾里均衡主要存在于 9～15 阶的水星地形补偿中。根据该 GTR 值，使用等质量艾里模型［式（6－15）］计算的壳层厚度结果为（35±18）km（Padovan，et al.，2015），而使用等压力艾里模型［式（6－16）］计算的壳层厚度结果为（26±11）km（Sori，2018）。

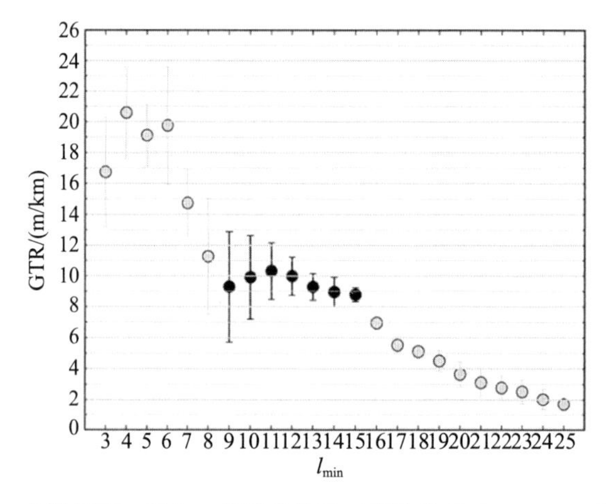

图 6－4　水星 GTRs 与 $l_{\min}$ 之间的关系（修改自 Padovan，et al.，2015）

利用 HgM005 重力场模型得到的水星壳层平均厚度［（35±18）km 和（26±11）km］显著小于先前利用同样方法得到的结果，但与利用逆冲断层侵入深度以及水星地形的松弛状态估计出的壳层厚度一致（Nimmo，2002；Nimmo，Watters，2004）。使用水手 10 号飞掠和地基雷达观测所获取的重力场位系数 C_{22} 解算的水星壳层厚度为（203±101）km（Anderson，et al.，1987），但这一结果一经提出就备受质疑：在当时的条件下，人们已经认识到水星的核所占比例较大，硅酸盐部分厚度受到限制，这种情况下，不太可能结晶出如此厚的壳层。信使号的观测数据确认了水星核的半径约为 2 000 km（Genova，et al.，2019），对水星幔层厚度的估计仅为 400 km 左右。如果幔层厚度为400 km，根据最新的壳层厚度估计结果［（35±18）km 和（26±11）km］，可以计算出水星壳占整个水星硅酸盐部分体积的 10%左右。这一比例显著高于地球和火星，表明水星壳的形成效率非常高，意味着其幔层可能经历了非常充分的分异和结晶。

(4) 壳层厚度分布模型

随着重力场分辨率的改进，水星壳层厚度的不均匀性也逐渐体现，这一不均匀性可能来自撞击以及岩浆分异过程（Namur，et al.，2016；Beuthe，et al.，2020）。盆地形成时，对壳层物质的挖掘过程会改变区域壳层厚度（Wieczorek，Phillips，1999）。后续章节将会利用盆地的壳层厚度比例来反映盆地的松弛状态，而盆地壳层厚度比例的计算则需要使用壳层厚度分布数据。

由于壳幔的密度差，壳层厚度变化引起的重力异常也会体现在重力场模型中。从水星重力场中分离出壳层厚度变化的重力响应，结合一定的地球化学假设，可以对壳层厚度的分布进行估计，获取全球壳层厚度模型。目前所有的水星壳层厚度分布模型均是采用 Wieczorek 和 Phillips（1998）提出的“有限功率法”计算的，该方法假设了地形改正后的布格重力异常信号 g^{BA} 是由壳幔密度分界面起伏引起的，并在假设了壳幔密度差为 $\Delta\rho$ 的条件下，使用布格重力异常 g^{BA} 可以反演该密度界面的起伏。壳幔密度分界面的抬升代表了壳层的变薄，下沉则代表了壳层的加厚，因此密度界面的起伏可以体现壳层厚度横向分布不均匀。

重力异常向下延拓的计算过程中会放大噪声信号，因此，需要在向下延拓过程中进行滤波处理。在反演过程中，可以对密度界面计算结果使用低通滤波来抑制延拓过程中的噪声信号。对反演结果通常采用不符值进行约束，也就是根据反演得到的壳层厚度变化引起的重力 g^D 和实际布格重力异常 g^{BA} 之间的不符值建立目标函数。考虑到在密度界面的起伏一般比较平缓，可以通过约束密度界面起伏的坡度和曲率来构建向下延拓的低通滤波器。在利用“有限功率法”反演密度界面起伏时，重力不符值约束和坡度、曲率约束是同时施加的，因此可以通过构建拉格朗日函数来控制最终反演结果的滤波程度为

$$\Phi=\left[C_{ilm}^{BA}-C_{ilm}^{D}\left(\frac{D}{R}\right)^{l}\right]^{2}+\lambda\ (h_{ilm})^{2} \tag{6-19}$$

式中，C_{ilm}^{BA} 是半径 R 上的实际布格重力异常（g^{BA}）；C_{ilm}^{D} 是半径为 D 的地底密度界面起伏所产生的重力（g^D）；$(D/R)^l$ 为向上延拓改正，在此 $D<R$；h_{ilm} 为地底的密度界面起伏；λ 为拉格朗日算子。

将 Wieczorek 和 Phillips（1998）给出的 C_{ilm} 表达式代入式（6-19）后，h_{ilm} 可以写成

$$h_{ilm}=w_l\left[(\frac{C_{ilm}^{BA}M(2l+1)}{4\pi\Delta\rho D^2}\left(\frac{R}{D}\right)^{l}-D\sum_{n=2}^{l+3}\frac{h_{ilm}^{n}}{D^n n!}\frac{\prod_{j=1}^{n}(l+4-j)}{l+3}\right] \tag{6-20}$$

式中，$\Delta\rho$ 为壳幔密度差；w_l 为向下延拓滤波器，包含了密度界面起伏的坡度和曲率信息。w_l 的表达式为

$$w_l=\left\{1+\lambda\left[\frac{M(2l+1)}{4\pi\Delta\rho D^2}\left(\frac{R}{D}\right)^{l}\right]^{2}\right\}^{-1} \tag{6-21}$$

将式（6-20）和式（6-21）互相迭代可以求解 h_{ilm}。当 $\lambda=0$ 时，w_l 在每一个阶次都等于 1，相当于不进行任何的滤波；λ 越大，更多的短波地形会被滤掉，也就是密度分界面

起伏的坡度和曲率更小。当 λ 确定以后，可以计算每个阶次 l 的滤波器 w_l 的值。在实际计算过程中，一般会根据重力场模型谱分析的结果假定某一阶次 l 的 $w_l=0.5$，从而获取各个阶次滤波器 w_l 的值（图 6－5）。另外，可以通过控制 l 的大小来控制滤波器的低通程度，l 越大，对高频噪声的滤波程度就越小。

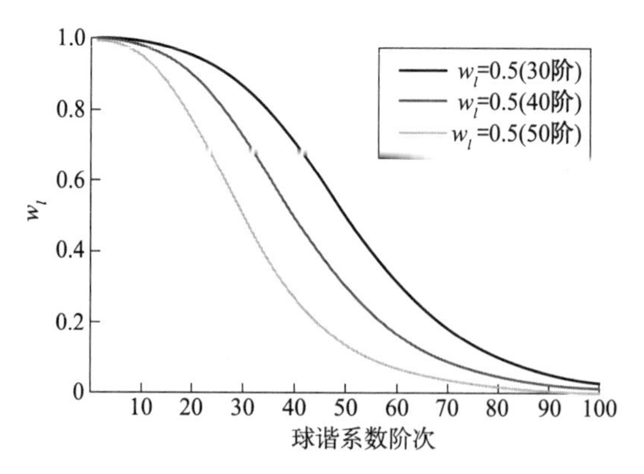

图 6－5　不同条件下滤波器 w_l 与球谐系数阶次的关系

运用该反演方法，Smith 等人（2012）使用 HgM002 重力场模型计算了首个水星全球壳层厚度分布图。XRS 获取的表面物质组分数据（Nittler，et al.，2011）揭示了水星壳的组分介于玄武岩和超铁镁质岩之间，因此这项研究假设的壳层密度为 3 100 kg/m^3，根据熔融试验假设的幔层密度为 3 300 kg/m^3，根据全球构造地貌建模得到的断层侵入深度估计的平均壳层厚度为 50 km。在这一壳层厚度模型中，赤道区域壳层比较厚（约 50～80 km），往北极区域壳层变薄（20～40 km），质量瘤区域（卡路里、Sobkou 和 Budh 盆地）也表现出薄壳层特征。

随着 HgM005 重力场模型的发布（Mazarico，et al.，2014），对水星壳层厚度分布的计算也有了新的结果。利用 HgM005 重力场模型得到的壳层厚度分布模型，其假设的壳层密度为 3 200 kg/m^3，幔层密度为 3 450 kg/m^3，平均壳层厚度仍然是 50 km，而不是 35 km（Padovan，et al.，2015）。由于 Mazarico 等人（2014）假设的壳幔密度差和 Smith 等人（2012）所假设的接近，并且他们使用的平均壳层厚度均为 50 km，所以他们得到的壳层厚度模型的空间分布特征基本一致。

利用 HgM008 模型进行壳层厚度反演时，Mazarico 等人（2018）考虑了水星表面物质的岩性以及孔隙度结构，使用的壳层密度为 2 800 kg/m^3。壳幔的密度差假设为 400 kg/m^3，平均壳层厚度为 35 km（Padovan，et al.，2015）。因为使用了阶次更高的重力场模型，这一壳层厚度分布模型也表现出了更加精细的结构。Beuthe 等人（2020）考虑了更多的地球化学约束，使用同样的 HgM008 重力场模型计算了水星的壳层厚度分布。由于不同地质单元的矿物成分不同，这一模型考虑了壳层密度的横向不均匀性，并且使用压实模型构建了更加精细的孔隙度垂向结构。此外，由于加入了更加全面的地球化学约束，这一模型揭示出了水星壳层厚度与幔层熔融程度之间的相关性，这也是该模型区别于其他壳层厚度模型的典型特点。

6.4 前沿科学问题及未来研究方向

在我国深空探测任务的顶层设计和实施过程中，行星的重力场和地形数据主要来自于开源数据，这限制了我们对行星内部圈层结构及其动力学过程的研究以及行星探测目标的实现。在此，我们就目前国内外在开展行星重力或行星内部结构探测方面遇到的一些问题以及可能使用的先进技术进行初步总结。

欧洲和美国在开展行星探测的时候，通常会在航天器或者轨道器上面搭载一个信号发射接收装置，以开展无线电科学实验。该无线电科学实验可以同时进行两方面的测量：目标行星的重力、自转测量和大气层、电离层结构。在历次针对金星、水星、火星的探测中，该载荷实现了对目标行星的地基测量任务，并累积了大量数据用于解算高精度的重力场模型（Milani，et al.，2002）。目标行星的大气层和电离层结构借此观测也得到了不断完善，这也会改善目标行星的重力场，因为只有清楚地了解大气层模型，才能够更加准确地模拟大气产生的轨道摄动问题。

近年来随着观测技术和空间观测多样化的发展，地球和月球重力场测量主要采用两个低轨卫星进行相互跟踪来实现，例如GRACE、GRACE-FO、GRAIL以及我国发射的天琴系列卫星。传统的无线电科学实验进行的多普勒追踪技术由于受到航天器高度、多普勒噪声、测量覆盖率、重力场先验模型以及非保守力（主要来自于太阳辐射光压和大气阻力）的影响，其反演出来的重力场在空间分辨率和数据精度上仍存在较大的不足，这也限制了利用重力数据研究目标行星的浅层（主要是壳层）的结构和物质组成、质量迁移现象（例如目标行星两极冰盖成分与变化），以及可能与浅层结构相关的地质过程或可能携带宜居信息的活动。

即使不采用双星形式进行探测，在航天器或者轨道器上搭载加速度计也可以很好地改善目标行星的重力场模型。当前，执行水星探测的贝皮·科伦坡双星中的低轨探测器上便搭载了意大利生产的加速度计，目标是为了准确地测量太阳辐射光压，替代以往采用的理论或者经验模型，这将极大地改善水星重力场的精度（Iafolla，et al.，2010）。此外，星载加速度计对于改善金星重力场也是十分重要的。与水星探测任务不同，加速度计还可以进一步测量金星大气阻力，这样可以较大地改善金星重力场的精度。因为在金星重力场的观测中，由于金星大气阻力对轨道摄动的影响，通常采用VGCMs（Venus General Circulation Models，VGCMs）模型或者金星标准大气模型（Venus International Reference Atmosphere，VIRA）来进行修正，显然会对高精度重力场的确定产生重要影响。

此外，发展重力梯度计载荷能够对行星重力场的观测产生革命性的影响。卫星重力梯度测量（Satellite Gravity Gradiometry，SGG）是利用低轨卫星上所携带的重力梯度仪直接测定卫星轨道高度处的重力位二阶导数（重力梯度张量），可以用来计算重力场。它有不同的技术模式，既可以利用卫星重力梯度仪直接测定重力梯度张量的所有分量，也可以测定部分分量或某些分量的组合。

卫星重力梯度测量有以下几个特点：

1）不受惯性加速度的影响。从重力梯度观测量中分离出重力梯度张量不仅在理论上是严格的，而且实际上是可行的，即利用重力梯度测量可以解决引力加速度与惯性加速度分离的问题。

2）测定全球重力场速度快、代价低、效率高。卫星重力梯度测量仅需一颗卫星，并且重力梯度卫星在低轨道上连续飞行一段时间即可获得全球覆盖的、均匀分布的重力梯度数据。

3）能以更高精度和分辨率恢复行星重力场。卫星重力梯度测量直接测量重力位的二阶导数即重力梯度张量，可以观测重力场较高阶的精细变化。

4）重力梯度观测信号对大气阻力的影响并不敏感。因重力梯度观测信号是通过各加速度计的输出量之差求得的，只要各加速度计的性能指标尽可能一致，则大气阻力对各加速度计的影响就基本相同，得到的重力梯度观测信号可以基本消除大气阻力的影响。

5）重力梯度仪灵敏度和稳定度高。静电悬浮技术和低温超导技术的应用，使重力梯度仪在灵敏度和稳定度方面有了极大的提高。

6）对卫星精密定轨的要求不是很严格。加速度计阵列本身就可以测定卫星运动姿态，而且重力梯度数据的后处理又可进一步改善卫星定轨的精度。

GOCE 卫星是世界第一颗采用重力梯度测量技术的卫星，具有典型代表意义。GOCE 的重力梯度仪对重力场的短波部分敏感，其主要目的是提供高分辨率的静态重力场信息。通过一定的算法，将它们获取的不同波长的重力场信息组合或单独计算，可推算出一定阶次的重力场模型。GOCE 的重力梯度仪在地球重力场的确定与应用中发挥了巨大的作用，并取得了丰富的成果，包括：

1）测定高精度和高空间分辨率静态重力场、大地水准面和重力异常。

2）为地球内部圈层结构的地球物理反演提供数据，使人们对地球内部的结构、物质组成和密度结构变化有更加深入的了解。

3）精确测定海洋的水准面，结合卫星测高定量确定海洋的洋流以及海洋内部热量的传递。

4）为地貌、地形等研究提供较好的用于数据链接的海拔参考系，以实现不同高程系统之间的链接，从而更好地确定地形的起伏变化，为大地测量服务。

5）通过与岩床地形学结合，精确估计两极冰盖的厚度，为研究冰盖变化提供依据。

现有的水星和金星重力场模型是根据地面深空网对探测器或轨道器的测速数据解算得到的，但这一传统方式很难进一步提升重力场的精度和阶次。目前我国已经具备卫星梯度仪的研制能力，参考梯度仪在地球重力场模型解算与应用中发挥的重要作用，可以展望在水星和金星探测中，卫星梯度计将会大幅提升现有的水星与金星重力场模型的精度和分辨率。获取水星和金星高精度、高分辨率的重力场数据将对水星与金星内部分层结构、表面与深部构造、表面典型地质特征、形成与演化等各方面的研究产生巨大的推动作用，使我国在国际上引领水星与金星内部结构方面的研究。

参考文献

[1] Anderson J D, Colombo G, Esposito P B, et al. The Mass, Gravity Field, and Ephemeris of Mercury [J]. Icarus, 1987, 71: 337 - 349.

[2] Anderson J D, Jurgens R F, Lau E L, et al. Shape and Orientation of Mercury from Radar Ranging Data [J]. Icarus, 1996, 124 (2): 690 - 697.

[3] Ash M E, Shapiro I I, Smith W B. The System of Planetary Masses [J]. Science, 1971, 174 (4009): 551 - 556.

[4] Beuthe M, Charlier B, Namur O, et al. Mercury's Crustal Thickness Correlates with Lateral Variations in Mantle Melt Production [J]. Geophysical Research Letters, 2020, 47 (9): e2020GL087261.

[5] Blewett D T, Chabot N L, Denevi B W, et al. Hollows on Mercury: MESSENGER evidence for geologically recent volatile - related activity [J]. Science, 2011, 333 (6051): 1856 - 1859.

[6] Brown S M, Elkins - Tanton L T. Compositions of Mercury's Earliest Crust from Magma Ocean Models [J]. Earth and Planetary Science Letters, 2009, 286 (3 - 4): 446 - 455.

[7] Cavanaugh J F, Smith J C, Sun X L, Bartels A E, et al. The Mercury Laser Altimeter Instrument for the MESSENGER Mission [J]. Space Science Reviews, 2007, 131: 451 - 479.

[8] Charlier B, Grove T L, Zuber M T. Phase Equilibria of Ultramafic Compositions on Mercury and the Origin of the Compositional Dichotomy [J]. Earth and Planetary Science Letters, 2013, 363: 50 - 60.

[9] Genova A, Iess L, Marabucci M. Mercury's gravity field from the first six months of MESSENGER data [J]. Planetary and Space Science, 2013, 81: 55 - 64.

[10] Genova A, Goossens S, Mazarico E, et al. Geodetic Evidence that Mercury Has a Solid Inner Core [J]. Geophysical Research Letters, 2019, 46 (7): 3625 - 3633.

[11] Genova A, Iess L, Marabucci M. Mercury's Gravity Field from the First Six Months of MESSENGER Data [J]. Planetary and Space Science, 2013, 81: 55 - 64.

[12] Chao B F, Gross R S. Change in the Earth's rotation and low - degree gravitational field induced by earthquakes [J]. Geophysical Journal of the Royal Astronomical Society banner, 1987, 91 (3): 569 - 596.

[13] Goossens S, Genova A, James P B, et al. Estimation of Crust and Lithospheric Properties for Mercury from High - resolution Gravity and Topography [J]. The Planetary Science Journal, 2022, 3 (6): 145.

[14] Goossens S, James P, Mazarico E, et al. Estimation of Crust and Lithospheric Properties for Mercury from High - resolution Gravity Field Models [C]. In Lunar and Planetary Science Conference, (No. 2132), 2019.

[15] Goossens S, Mazarico E, Genova A, et al. High - resolution Gravity Field Modeling for Mercury to Estimate Crust and Lithospheric Properties [C]. In Mercury: Current and Future Science, (No.

2047)，2018.

[16] Hauck Ⅱ S A，Dombard A J，Phillips R J，et al. Internal and Tectonic Evolution of Mercury [J]. Earth and Planetary Science Letters，2004，222 (3-4)：713-728.

[17] Hemingway D J，Matsuyama I. Isostatic Equilibrium in Spherical Coordinates and Implications for Crustal Thickness on the Moon，Mars，Enceladus，and Elsewhere [J]. Geophysical Research Letters，2017，44 (15)：7695-7705.

[18] Howard H T，Tyler G L，Esposito P B，et al. Mercury：Results on Mass，Radius，Ionosphere，and Atmosphere from Mariner 10 Dual-frequency Radio Signals [J]. Science，1974，185：179-180.

[19] Iafolla V，Fiorenza E，Lefevre C，et al. Italian Spring Accelerometer (ISA)：A fundamental support to BepiColombo Radio Science Experiments [J]. Planetary and Space Science，2010，58 (1-2)：300-308.

[20] Ince E S，Barthelmes F，Reißland S，et al. ICGEM-15 years of successful collection and distribution of global gravitational models，associated services，and future plans [J]. Earth System Science Data，2019，11 (2)：647-674.

[21] James P B，Goossens S，Mazarico E. Crustal Density Estimation from Line-of-sight Accelerations at Mercury [C]. In Lunar and Planetary Science Conference，(No. 2132)，2019.

[22] James P B，Zuber M T，Phillips R J，et al. Support of Long-wavelength Topography on Mercury Inferred from MESSENGER Measurements of Gravity and Topography [J]. Journal of Geophysical Research：Planets，2015，120 (2)：287-310.

[23] Kaula W M. Theory of Satellite Geodesy [M]. New York：Dover Publication Inc，1966.

[24] Kerber L，Head J W，Solomon S C，et al. Explosive volcanic eruptions on Mercury：eruption conditions，magma volatile content，and implications for interior volatile abundances [J]. Earth and Planetary Science Letters，2009，285：263-271.

[25] Konopliv A S，Park R S，Ermakov A I. The Mercury Gravity Field，Orientation，Love Number，and Ephemeris from the MESSENGER Radiometric Tracking Data [J]. Icarus，2020，335：113386.

[26] Lambeck K. The Slow Deformations of the Earth [M]. In Geophysical Geodesy，Clarendon Press，1988.

[27] Mazarico E，Genova A，Goossens S，et al. The Gravity Field，Orientation，and Ephemeris of Mercury from MESSENGER Observations After Three Years in Orbit [J]. Journal of Geophysical Research：Planets，2014，119 (12)：2417-2436.

[28] Mazarico E，Genova A，Goossens S，et al. The Crust of Mercury After the MESSENGER Gravity Investigation [C]. In Mercury：Current and Future Science，(No. 2047)，2018.

[29] Mazarico E，Genova A，Goossens S，et al. The Gravity Field of Mercury After MESSENGER [C]. In Lunar and Planetary Science Conference，(No. 1903)，2016.

[30] McCubbin F M，Riner M A，Vander Kaaden K E，et al. Is Mercury a Volatile-ich Planet? [J]. Geophysical Research Letters，2012，39 (9)：L09202.

[31] Michel N C，Hauck S A，Solomon S C，et al. Thermal Evolution of Mercury as Constrained by MESSENGER Observations [J]. Journal of Geophysical Research：Planets，2013，118 (5)：1033-1044.

[32] Milani A，Vokrouhlický D，Villani D，et al. Testing general relativity with the BepiColombo radio science experiment [J]. Physical Review D，2002，66：082001.

[33] Mocquet A，Rosenblatt P，Dehant V，et al. The deep interior of Venus，Mars，and the Earth：A brief review and the need for planetary surface - based measurements [J]. Planetary and Space Science，2011，59：1048 - 1061.

[34] Namur O，Collinet M，Charlier B，et al. Melting Processes and Mantle Sources of Lavas on Mercury [J]. Earth and Planetary Science Letters，2016，439：117 - 128.

[35] Nimmo F. Constraining the Crustal Thickness on Mercury from Viscous Topographic Relaxation [J]. Geophysical Research Letters，2002，29 (5)：1 - 7.

[36] Nimmo F，Watters T R. Depth of Faulting on Mercury：Implications for Heat Flux and Crustal and Effective Elastic Thickness [J]. Geophysical Research Letters，2004，31 (2)：L02701.

[37] Nittler L R，Starr R D，Weider S Z，et al. The Major - element Composition of Mercury's Surface from MESSENGER X - ray Spectrometry [J]. Science，2011，333 (6051)：1847 - 1850.

[38] Padovan S，Wieczorek M A，Margot J L，et al. Thickness of the Crust of Mercury From Geoid - to - topography Ratios [J]. Geophysical Research Letters，2015，42 (4)：1029 - 1038.

[39] Peplowski P N，Evans L G，Hauck S A，et al. Radioactive Elements on Mercury's Surface from MESSENGER：Implications for the Planet's Formation and Evolution [J]. Science，2011，333 (6051)：1850 - 1852.

[40] Peplowski P N，Lawrence D J，Rhodes E A，et al. Variations in the Abundances of Potassium and Thorium on the Surface of Mercury：Results From the MESSENGER Gamma - Ray Spectrometer [J]. Journal of Geophysical Research：Planets，2012，117 (E12)：E00L04.

[41] Perry M E，Neumann G A，Phillips R J，et al. The Low - degree Shape of Mercury [J]. Geophysical Research Letters，2015，42：6951 - 6958.

[42] Preusker F，Stark A，Oberst J，et al. Toward high - resolution global topography of Mercury from MESSENGER orbital stereo imaging：A prototype model for the H6 (Kuiper) quadrangle [J]. Planetary and Space Science，2017，142：26 - 37.

[43] Shearer C K，Hess P C，Wieczorek M A，et al. Thermal and Magmatic Evolution of the Moon [J]. Reviews in Mineralogy and Geochemistry，2006，60 (1)：365 - 518.

[44] Smith D E，Zuber M T，Phillips R J，et al. Gravity Field and Internal Structure of Mercury from MESSENGER [J]. Science，2012，336 (6078)：214 - 217.

[45] Smith D E，Zuber M T，Phillips R J，et al. The Equatorial Shape and Gravity Field of Mercury from MESSENGER Flybys 1 and 2 [J]. Icarus，2010，209 (1)：88 - 100.

[46] Sori M M. A Thin，Dense Crust for Mercury [J]. Earth and Planetary Science Letters，2018，489：92 - 99.

[47] Tosi N，Grott M，Plesa A C，et al. Thermochemical Evolution of Mercury's Interior [J]. Journal of Geophysical Research：Planets，2013，118 (12)：2474 - 2487.

[48] Tosi N，Padovan S. Mercury，Moon，Mars：Surface Expressions of Mantle Convection and Interior Evolution of Stagnant - lid Bodies [M]. In Mantle convection and surface expressions，2021：455 - 489.

[49] Vander Kaaden K E，McCubbin F M，Nittler L R，et al. Geochemistry，Mineralogy，and Petrology

of Boninitic and Komatiitic Rocks on the Mercurian Surface: Insights into the Mercurian Mantle [J]. Icarus, 2017, 285: 155 - 168.

[50] Vander Kaaden K E, McCubbin F M. Exotic crust formation on Mercury: consequences of a shallow, FeO - poor mantle [J]. Journal of Geophysical Research: Planets, 2015, 120 (2): 195 - 209.

[51] Vander Kaaden K E, McCubbin F M. The origin of boninites on Mercury: An experimental study of the northern volcanic plains lavas [J]. Geochimica et Cosmochimica Acta, 2016, 173 (15): 246 - 263.

[52] Verma A K, Margot J L. Mercury's Gravity, Tides, and Spin from MESSENGER Radio Science Data [J]. Journal of Geophysical Research: Planets, 2016, 121: 1627 - 1640.

[53] Weider S Z, Nittler L R, Starr R D, et al. Chemical Heterogeneity on Mercury's Surface Revealed by the MESSENGER X - Ray Spectrometer [J]. Journal of Geophysical Research: Planets, 2012, 117 (E12): E00L05.

[54] Weider S Z, Nittler L R, Starr R D, et al. Evidence for Geochemical Terranes on Mercury: Global Mapping of Major Elements with MESSENGER's X - Ray Spectrometer [J]. Earth and Planetary Science Letters, 2015, 416: 109 - 120.

[55] Wieczorek M A, Neumann G A, Nimmo F, et al. The Crust of the Moon as Seen by GRAIL [J]. Science, 2013, 339 (6120): 671 - 675.

[56] Wieczorek M A, Phillips R J. The Structure and Compensation of the Lunar Highland Crust [J]. Journal of Geophysical Research: Planets, 1997, 102 (E5): 10933 - 10943.

[57] Wieczorek M A, Phillips R J. Potential Anomalies on a Sphere: Applications to the Thickness of the Lunar Crust [J]. Journal of Geophysical Research, 1998, 103 (E1): 1715 - 1724.

[58] Wieczorek M A, Phillips R J. Lunar Multiring Basins and the Cratering Process [J]. Icarus, 1999, 139 (2): 246 - 259.

[59] Zuber M T, Smith D E, Phillips R J, et al. Topography of the northern hemisphere of Mercury from MESSENGER laser altimetry [J]. Science, 2012, 336: 217 - 220. https://doi.org/10.1126/science.1218805.

[60] 李斐，鄢建国. 月球重力场的确定及构建我国自主月球重力场模型的研究方案 [J]. 武汉大学学报(信息科学版), 2007, 32 (1): 6 - 10.

第 7 章　内部结构和动力学

7.1　引言

揭示行星的内部结构和物质成分是行星科学领域最重要的基本问题之一。首先，行星的内部结构和物质成分是研究行星形成和演化的基础，只有知道行星内部由什么物质组成以及处于状态，我们才能结合其他观测数据推断行星的形成和演化过程。其次，行星的内部结构和动力学过程与其表面地质构造活动、表面特征等密切相关，因此对于行星地质地貌等方面的研究具有重要意义。再次，行星磁场是在其内部的液态核中产生并维持，因此行星的内部结构和动力学过程是决定行星磁场演化的关键因素。最后，行星内部结构与行星的自转变化以及轨道演化密切相关。因此，探测和约束行星内部结构是许多行星探测任务的重要科学目标（Sohl，Schubert，2015；Margot，et al.，2018）。

行星内部结构探测是非常重要的科学问题，但探测行星内部非常困难。我们目前对地球内部结构的认知主要来自地震学的观测，地震波可以穿透整个地球，为我们带来地球内部结构的信息。根据地球内部结构研究的经验，地震学也是揭示其他行星内部结构最有效的手段，但是获取地外天体的地震观测非常困难（Lognonne，2005）。对于类地行星，行星震观测需要着陆器把地震仪安置在行星表面。目前尚未有水星的着陆器探测，我们目前对水星内部结构的约束主要依赖于重力测量和大地测量的观测。

关于水星内部结构和成分还存在不确定性，过去几十年对水星的探测也为我们提供了一些关于其内部结构的认知（Sohl，Schubert，2015；Margot，et al.，2018）。地球化学等方面观测表明类地行星应该在非常早期就发生了核幔分异（Kleine，et al.，2002），因此水星应该拥有包含壳、幔、核的圈层结构。水星的半径大约只有地球半径的 40%，但水星平均密度与地球平均密度接近，表明水星的金属核占比较大（约为 0.85 倍水星半径）。水星自转变化观测推断水星核应该至少处于部分熔融状态（Margot，et al.，2007），但水星核的具体大小以及是否存在固体内核目前仍然难以确定。这些尚未解决的科学问题对于理解类地行星的形成和演化过程、行星磁场的演变历史以及宜居性演化都具有重要意义。因此，今后的水星探测任务应该尽可能地尝试揭示其内部结构和成分以及动力学过程。

本章剩余部分将首先简单总结能够用于约束行星内部结构的探测手段，然后分别介绍我们目前对于水星的内部结构、成分以及动力学的认知，最后将总结和讨论目前水星内部结构探测方面取得的重要进展以及尚未解决的关键科学问题，并对今后的研究和探测进行展望。

7.2 内部结构的观测约束

研究行星内部结构需要结合多方面的观测约束。目前对于地球之外的其他行星内部结构，主要的观测约束来自重力场和大地测量。地震学是约束内部结构的有效手段，但目前观测非常有限，对于金星和水星尚无有效的地震观测数据。另外，磁场和电磁感应场也能为行星内部结构提供额外的约束。

约束行星内部结构首先需要获取行星的一些基本参数，比如质量、大小、形状、转动惯量和自转等参数。这些基本参数的获取主要是通过重力和大地测量的观测（Sohl，Schubert，2015）。行星的大小和形状主要通过地基或者探测器的雷达观测获取。行星的重力场分布反映了行星内部的密度分布，是约束行星内部结构的重要观测。行星重力场探测主要利用对探测器的多普勒射电跟踪，通过精密测定轨解算重力场。大地测量观测也包括行星的潮汐响应和自转变化等。行星的潮汐响应是由其内部结构决定的，而一般用潮汐勒夫数来定量地刻画潮汐响应。通过观测潮汐变形产生的重力场扰动可以获取行星的潮汐勒夫数，进而可以约束行星内部结构。行星自转变化可以反映行星的转动惯量和内部状态，例如利用地基雷达观测水星自转的变化幅度较大推断水星拥有液态核（Magrot，et al.，2007）。

重力和大地测量可以对行星内部结构提供非常重要约束，但重力和大地测量的观测都是行星整体的一个积分效应，具有内在的非唯一性，特别是难以精确地确定行星内部圈层结构的分界面。地球内部结构的研究说明了地震学是约束行星内部结构最有效的手段，但在其他行星上开展地震学观测非常困难。对于类地行星，行星地震学的研究需要通过探测器将地震仪安置到行星表面，并且记录到相应的地震事件或者其他能够激发地震波的事件(例如撞击等)。水星尚未有着陆探测任务，因此没有任何水星震观测。

最后，行星磁场探测也可以为行星内部结构提供一定的约束。目前普遍认为，行星的内禀磁场是通过磁流体发电机产生的，而发电机的运行需要行星内部的导电流体。因此如果一颗行星拥有全球性的内禀磁场，那么可以说明其内部仍然存在显著的导电流体层，例如水星内禀磁场的发现也是水星拥有液态核的观测证据之一（Wardinski，et al.，2021）。除此之外，随时间变化的行星电磁场会在行星内部发生电磁感应，进而产生感应电磁场，而感应电磁场与行星内部的电导率相关。因此，利用探测行星电磁场随时间的变化，通过地球上的大地电磁和磁测深的原理和方法探测行星内部的电导率分布，进而约束行星内部结构。

7.3 内部结构和成分

7.3.1 总体情况

水星在许多方面都是类地行星中独一无二的。就其密度和与太阳的距离而言，它代表了类地行星的端元，因此对内地行星的形成和演化提供了重要的约束（Balogh，Giampieri，2002）。

目前对水星的内部结构和成分的认识，主要来自转动惯量、潮汐变形和重力等观测数据的约束。从表 7-1 可以看出，水星的平均密度比月球和火星大得多，与地球和金星相当，但去除重力因素后其未压缩密度约为 5 300 kg/m^3，要远高于地球（约为 4 100 kg/m^3）、金星（约为 4 000 kg/m^3）和火星（约为 3 800 kg/m^3）。另外，水星的直径大约是地球的 1/3，体积只有地球的 6%，但它的表面引力却与较大的火星相当。这些表明，水星含有比其他类地行星更大比例的重元素，也意味着水星有着相对比例较大的核。如表 7-2、图 7-1 所示，Margot 等人（2018）综合水星的地球物理观测数据，结合物质成分与物性的状态方程，提出了水星初步参考模型（PRMM）。

表 7-1　水星内部结构观测数据

参数	符号	数值	不确定性	单位
质量	M	3.301110	0.00015	10^{23} kg
半径	R	2439.36	0.02	km
密度	ρ	5429.30	0.28	kg/m^3
重力球谐系数	C_{20}	−5.0323	0.002 2	10^{-5}
重力球谐系数	C_{22}	0.803 9	0.000 6	10^{-5}
潮汐勒夫数	k_2	0.455	0.012	
倾角	θ	2.036	0.058	arcminutes
经向天平动	ϕ_0	38.7	1.0	arcseconds
转动惯量系数	$C/(MR^2)$	0.346	0.009	
壳幔转动惯量	C_{m+cr}/C	0.425	0.016	
水星壳厚度	h_{cr}	≈35～53		km
水星壳密度	ρ_{cr}	≈2 700～3 100		kg/m^3

表 7-2 水星初步参考模型中关键物理参数（Margot, et al., 2018）

参数	最小值	一分位数	中值	三分位数	最大值	平均值	标准差	PRMM
C/MR^2	0.344 30	0.345 23	0.345 96	0.346 70	0.347 71	0.345 97	0.000 89	0.345 73
C_{m+cr}/C	0.422 94	0.424 18	0.424 96	0.425 78	0.427 12	0.424 97	0.001 02	0.424 82
R_{ic}	0.018 77	310.780	623.280	1 003.60	1 790.82	666.577	420	369.433
R_{oc}	2 009.31	2 016.69	2 021.30	2 029.62	2 062.56	2 023.66	9.09	2 015.48
R_m	2 369.37	2 385.60	2 401.37	2 419.32	2 439.35	2 402.61	19.9	2 401.20
ρ_{ic}	7 368.25	8 295.31	8 659.58	8 991.33	10 214.90	8 652.52	488	8 215.62
ρ_{oc}	5 937.29	6 775.76	7 010.49	7 087.14	7 187.97	6 909.98	237	7 109.73
ρ_m	3 206.19	3 288.90	3 333.75	3 388.10	3 593.18	3 343.35	71.8	3 278.98
ρ_{cr}	2 700.28	2 807.00	2 898.57	3 006.28	3 099.78	2 903.03	116	2 979.19
ρ_{ic+oc}	6 671.42	6 976.74	7 053.32	7 102.67	7 190.40	7 034.32	88.3	7 116.54
ρ_{m+cr}	3 198.01	3 255.43	3 286.49	3 327.32	3 531.21	3 295.84	53.0	3 247.21
ρ	5 428.34	5 429.11	5 429.30	5 429.52	5 430.53	5 429.32	0.31	5 429.66
M_{ic}	2.588×10^{8}	1.101×10^{21}	8.962×10^{21}	3.582×10^{22}	1.773×10^{23}	2.288×10^{22}	2.95×10^{22}	1.735×10^{21}
M_{oc}	6.728×10^{22}	2.084×10^{23}	2.351×10^{23}	2.428×10^{23}	2.446×10^{23}	2.213×10^{23}	2.93×10^{22}	2.423×10^{23}
M_m	6.964×10^{22}	7.464×10^{22}	7.789×10^{22}	8.152×10^{22}	8.631×10^{22}	7.813×10^{22}	4.15×10^{21}	7.771×10^{22}
M_{cr}	1.998×10^{18}	4.319×10^{21}	8.020×10^{21}	1.147×10^{22}	1.567×10^{22}	7.822×10^{21}	4.21×10^{21}	8.368×10^{21}
M_{ic+oc}	2.432×10^{23}	2.439×10^{23}	2.441×10^{23}	2.444×10^{23}	2.454×10^{23}	2.442×10^{23}	3.95×10^{20}	2.441×10^{23}
M_{m+cr}	8.484×10^{22}	8.583×10^{22}	8.611×10^{22}	8.639×10^{22}	8.702×10^{22}	8.609×10^{22}	3.92×10^{20}	8.622×10^{22}
M	3.301×10^{23}	3.301×10^{23}	3.301×10^{23}	3.301×10^{23}	3.302×10^{23}	3.301×10^{23}	1.93×10^{19}	3.301×10^{23}

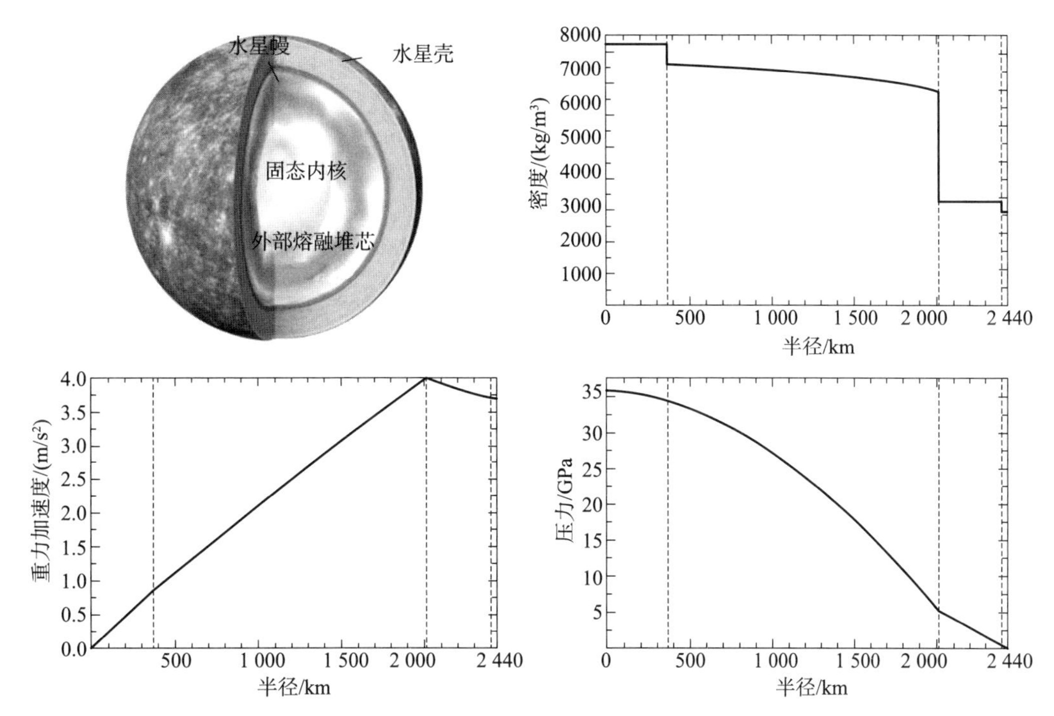

图 7-1　水星内部结构示意图与水星初步参考模型的密度、重力和压力剖面（Margot, et al., 2018）

7.3.2　水星壳、幔、核

（1）水星壳

水星壳的厚度约为 35 km（James, et al., 2015；Margot, et al., 2018）。Smith 等人（2012）将水星重力场和信使号激光高度计的地形相结合，提出了水星北半球壳厚度的模型。该模型假设壳幔密度差为 200 kg/m^3，平均壳厚度为 50 km。壳一般在赤道附近较厚（50～80 km），向北极地区较薄（20～40 km）；最薄的水星壳位于北部低地之下。卡路里盆地覆盖着一块局部薄水星壳。

人们对水星壳成分的认识，很大程度上是与表面探测到的成分信息相关联，同时也与水星幔的成分相联系（Nittler, et al., 2011）。信使号上的 X 射线探测仪测量了水星表面的主要元素组成，结果显示水星表面的成分与其他类地行星表面不同，具有相对较高的 Mg/Si 和较低的 Al/Si 与 Ca/Si 值，这表明水星壳与富含长石的月壳不同，其成分介于典型玄武岩成分和类似陆地科马提岩的超镁铁成分之间，与水星幔中低浓度的 FeO 是一致的（Nittler, et al., 2011）。

水星表面火山岩中铁的含量很低。平均表面铁丰度的上限为 4%（质量分数），这表明水星硅酸盐幔中的铁含量也很低，水星的大部分铁已经分离到它的核心。水星表面硫的丰度至少比地球或月球的硅酸盐部分高 10 倍，加上其表面铁的丰度较低，表明水星的前身是高度还原的（Nittler, et al., 2011）。低 Fe 丰度表明水星表面不可能主要以铁硫化物的形式存在。S更有可能出现在富含Mg、Ca的硫化物中，这些硫化物在还原条件下是稳定的，存在于高度还原的顽火辉石球粒陨石中。相对较低的Ti和Al表面丰度表明，水星幔含有有限数量的高密度矿物，如钛铁矿和石榴石（Nittler，et al.，2011）。

（2）水星幔

水星的幔层非常薄，厚度约为400 km。如此薄的水星幔表明水星很难发生大尺度的对流。水星幔某些区域是否存在非常缓慢的对流还存在争议（Hauck，et al.，2018）。如果发生对流，那么纵向上可能是小尺度的，即对流的尺度可能是水星幔厚度的量级（Tosi，et al.，2013）。这表明水星幔可能存在显著的异质性，因为在大的横向距离上很难发生充分混合。

如此薄的水星幔，可能是在其早期与其他天体的碰撞所造成的（Benz，et al.，1988；Benz，et al.，2007；Asphaug，Reufer，2014）。Helffrich等人（2019）采用天体撞击造成的岩浆洋核幔分异元素分配模型，结合水星表面的硅酸盐成分以及重力数据约束的水星核成分，推测早期水星的质量可以达到现今水星的1.4～2.5倍，甚至可能达到2～4倍，从而支持水星大部分的原始幔被撞击剥蚀掉的假说。

（3）水星核

长期以来，水星核都是人们关注和研究的焦点。因为在类地行星中，水星具有较大的核质量分数（Siegfried，Solomon，1974）。利用大地测量数据，基于水星核、幔和壳可能成分的内部结构模型的约束，水星核的半径可能在2 000 km左右，约占水星半径的80%（Hauck，et al.，2013；Knibbe，et al.，2021）。

水星有内禀磁场（Anderson，et al.，2012），并且能观测到长达88天的天平动（Peale，1976；Margot，et al.，2007），其潮汐勒夫数要比完全固态核的值大很多（Rivoldini，et al.，2009；Padovan，et al.，2014），这些都表明水星核有液态层。

Hauck等人（2013）根据水星的半径和密度以及行星及其硅酸盐外壳的惯性矩，构建了水星的径向密度结构模型，他们估计液核顶部的半径为（2 020±30）km。与此同时，Hauck等人（2013）发现该边界以上的平均密度为（3 380±200）kg/m^3，边界以下的密度为（6 980±280）kg/m^3。他们推断外层固体壳的厚度为（420±30）km。

目前，没有关于水星固体内核的存在或大小的直接观测数据。根据大地测量和地球化学数据来推断内核的存在和大小，在很大程度上需要取决于对内核成分和热状态的了解，而这些方面其实并没有得到很好的约束。利用极惯性矩的最低估计值的蒙特卡罗计算表明，水星固态内核可能占据水星核总半径的30%～70%（Genova，et al.，2019）。Steinbrügge等人（2021）进一步研究了Genova等人（2019）的较低极惯性矩值的意义，表明具有较大归一化惯性矩（0.346）的模型倾向于较小的内核，而具有较小值（0.333）的模型需要内核大于600 km；此外，较小的惯性矩将导致水星核的尺寸比前人的估计小约75 km。

水星早期分异和演化过程中的高温高压还原环境使硅更容易溶于铁，而硫一直被认为是水星核的可能轻元素（Malavergne，et al.，2010），因此Fe－S－Si体系可能代表着水星核的主要成分。高温高压实验表明，该体系的熔融曲线可能比较特殊，并在与水星核相关的温度和压力下可能经历不混溶相区，这两个方面都可能对水星磁场的发电机机制有重要影响（Chabot，et al.，2014）。除了 Si 和 S 以外，其他轻元素也可能存在于水星核中（例如 C 和 P 等），但这方面的高温高压研究还很不足（Knibbe，et al.，2021）。

值得一提的是，Fe－S－Si 合金在压力小于 15 GPa 和温度高于液相线温度时所表现出的不混溶性（Morard，Katsura，2010；Sanloup，Fei，2004），可能分离出 FeS 并在水星核的顶部集中，从而在硅酸盐水星幔的底部形成固体层（Hauck，et al.，2013；Malavergne，et al.，2010；Smith，et al.，2012）。如图 7－2 所示，在这种情况下，如果水星幔被定义为硅酸盐部分，核-幔边界就不是液-固界面，而是硅酸盐与 FeS 的固-固界面，这将对水星幔与水星核的热演化有着重要影响。

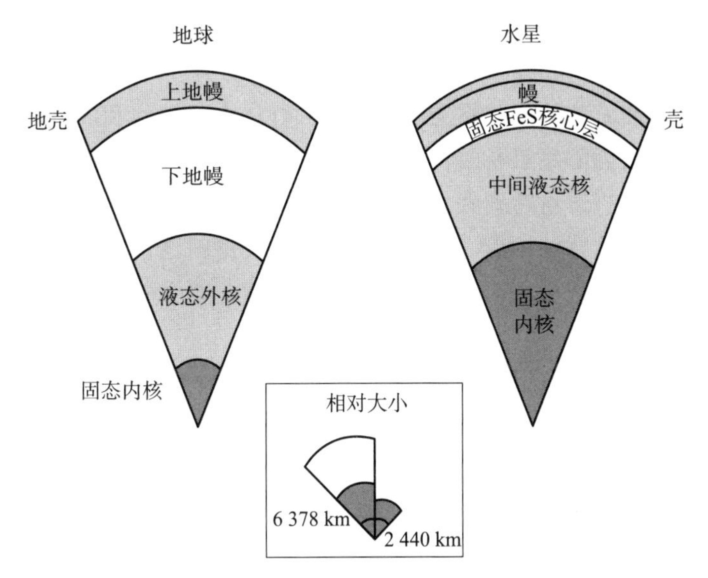

图 7－2　水星内部的可能结构示意图及其与地球内部结构的对比（图片修改自 NASA 网站：https：//www.nasa.gov/mission _ pages/messenger/multimedia/messenger _ orbit _ image20120322 _ 1.html）

7.4　内部动力学

水星的表面与月球很相似，呈现出广大平原和大量的撞击坑，表明水星在过去几十亿年来都处于非地质活跃状态。水星热演化模型普遍认为水星已经足够冷却，目前应该没有足够的内部能量驱动水星幔对流发生。另一方面，水星金属核的半径可能占到超过 85％的水星半径，水星幔厚度大约为 400 km，在如此薄的水星幔层里，一般认为难以发生大尺度的幔对流。虽然如此，水星是否有幔对流发生目前仍然存在争议（Steven，et al.，2019）。

水星表面的另外一大特征是有无数的窄脊，可以延伸到数百千米长，而这些地质特征一般认为都是在水星壳凝固后，由于水星核和幔的冷却而收缩造成的。行星整体收缩驱动是目前水星的一个重要的动力学特征。但水星收缩的速率以及在内部产生的动力学过程仍存在很大的不确定性（Hauck，et al.，2018）。

虽然水星地质特征和热演化模型推测水星内部处于相对“寂静”的状态，但同时水星测场观测表明，水星目前拥有一个比较弱的偶极子磁场（Johnson，et al.，2018）。目前，普遍认为水星的偶极磁场是在水星核中通过磁流体发电机产生并维持，而发电机的运行需要液态核中流体运动来维持。因此水星磁场观测表明水星内部并不是完全“寂静”的，水星内部仍然有复杂的动力学过程在发生。目前关于水星磁场发电机的运行机制仍不清楚，本书第5章（水星内禀磁场）总结了现有的水星磁场发电机模型和水星液核动力学过程，在此不再赘述。

7.5 前沿科学问题及未来研究方向

水星是太阳系内非常独特的一颗类地行星。从行星内部结构和成分的视角来看，水星的独特性表现在水星是太阳系最小的行星，但水星的核幔比是最大的，即水星金属核占整个行星的体积（和质量）比重特别大。信使号探测器为我们研究水星内部结构、成分以及动力学状态提供了非常重要的约束，但目前仍有一些关键问题尚未解决。关于水星的内部结构核动力学状态，我们认为主要有以下几个关键问题需要今后的水星探测和研究来进一步约束：

1）水星远高于其他类地行星的核幔比重的形成原因。目前关于水星特别高的核幔比重的成因可以归结为两大类：一是水星形成核幔分异之后水星幔由于各种原因产生的剥蚀；另一个观点即水星的高核幔比是在水星形成过程中就产生的。约束水星高核幔比的形成原因对于理解水星的形成，甚至对于所有类地行星的形成具有非常重要的意义。

2）水星金属核是否拥有固体内核以及固体内核的大小。目前的水星内部结构模型以及水星磁场观测推断水星金属核有一部分是液态的，但水星目前是否拥有类似于地球的固体内核仍不清楚。水星是否拥有固体内核对约束水星的热演化以及水星磁场起源具有非常重要的意义。已有的重力观测和大地测量观测难以给出水星固体内核存在的确切证据，要确定水星是否拥有固体内核以及内核的大小最终可能需要地震学观测。

3）水星目前是否有地幔对流发生。如果目前仍有地幔对流发生，其对流模式是哪种类型。水星幔现今的动力学状态对于理解水星的热演化具有重要意义，但水星目前是否有水星幔发生仍然存在争议。针对这一关键科学问题，需要结合地幔对流数值模拟、水星热演化模型以及大量观测的同时约束。

参考文献

[1] Anderson B J, Johnson C L, Korth H, et al. Low - degree Structure in Mercury's Planetary Magnetic field [J]. J Geophys Res, 2012, 117: E00L12.

[2] Asphaug E, Reufer A. Mercury and Other Iron - rich Planetary Bodies as Relics of Inefficient Accretion [J]. Nat Geosci, 2014, 7: 564 - 568.

[3] Balogh A, Giampieri G. Mercury: The Planet and its Orbit [J]. Reports on Progress in Physics, 2002, 65: 529 - 560.

[4] Benz W, Slattery W L, Cameron A G W. Collisional Stripping of Mercury's Mantle [J]. Icarus, 1988, 74: 516 - 528.

[5] Benz W, Anic A, Horner J, et al. The Origin of Mercury [J]. Space Sci Rev, 2007, 132: 189 - 202.

[6] Chabot N L, Wollack E A, Klima R L, et al. Experimental Constraints on Mercury's Core Composition [J/OL]. Earth Planet Sci Lett, 2014, 390: 199 - 208. https://doi.org/10.1016/j.EPSl.2014.01.004.

[7] Genova A, Goossens S, Mazarico E, et al. Geodetic Evidence That Mercury Has a Solid Inner Core [J]. Geophys Res Lett, 2019, 46: 3625 - 3633.

[8] Hauck S A Ⅱ, et al. The Curious Case of Mercury's Internal Structure [J]. J Geophys Res Planets, 2013, 118: 1204 - 1220.

[9] Hauck S A Ⅱ, Grott M, Byrne P K, et al. Mercury's Global Evolution. In: Solomon S C, Anderson B J, Nittler L R (eds) Mercury: The View After MESSENGER [M]. Cambridge: Cambridge University Press, 2018: 516 - 543.

[10] Helffrich G, Brasser R, Shahar A. The Chemical Case for Mercury Mantle Stripping [J]. Prog Earth Planet Sci, 2019, 6: 66.

[11] James P B, Zuber M T, Phillips R J, et al. Support of Long - wavelength Topography on Mercury Inferred from MESSENGER Measurements of Gravity and Topography [J]. J Geophys Res Planet, 2015, 120: 287 - 310.

[12] Johnson C L, Anderson B J, Korth H, et al. Mercury's Internal Magnetic Field. Mercury: The View After MESSENGER [M]. Cambridge: Cambridge University Press, 2018: 114 - 143.

[13] Kleine T, Munker C, Mezger K, et al. Rapid Accretion and Early Core Formation on Asteroids and the Terrestrial Planets from Hf - W Chronometry [J]. Nature, 2002, 418: 952 - 955.

[14] Knibbe J S, Rivoldini A, Luginbuhl S M, et al. Mercury's Interior Structure Constrained by Density and P - wave Velocity Measurements of Liquid Fe - Si - C Alloys [J]. J Geophys Res Planets, 2021, 126: e2020JE006651.

[15] Le Feuvre M, Wieczorek M A. Nonuniform Cratering of the Moon and a Revised Crater Chronology of the Inner Solar System [J]. Icarus, 2011, 214 (1): 1 - 20.

[16] Lognonne P. Planetary Seismology [J]. Annual Review of Earth and Planetary Sciences, 2005, 33: 571 - 604.

[17] Lourenço D L, Rozel A, Tackley P J. Melting - induced Crustal Production Helps Plate Tectonics on Earth - like Planets [J]. Earth and Planetary Science Letters, 2016, 439: 18 - 28.

[18] Lourenço D L, Rozel A B, Ballmer M D, et al. Plutonic - Squishy Lid: A New Global Tectonic Regime Generated by Intrusive Magmatism on Earth - Like Planets [J]. Geochemistry, Geophysics, Geosystems, 2020, 21 (4): e2019GC008756.

[19] Malavergne V, Toplis M J, Berthet S, et al. Highly Reducing Conditions During Core Formation on Mercury: Implications for Internal Structure and the Origin of a Magnetic Field [J]. Icarus, 2010, 206: 199 - 209.

[20] Margot J L J, Peale S J, Jurgens R F R, et al. Large Longitude Libration of Mercury Reveals a Molten Core [J]. Science, 2007, 316 (5825): 710 - 714. https://doi.org/10.1126/science.1140514.

[21] Margot J, Hauck S, Mazarico E, et al. Mercury's Internal Structure [C]. In S Solomon, L Nittler, B Anderson (eds.), Mercury: The View after MESSENGER (Cambridge Planetary Science, 2018, 85 - 113). Cambridge: Cambridge University Press. doi: 10.1017/9781316650684.005.

[22] Moore W B, Webb A A G. Heat - pipe Earth [J]. Nature, 2013, 501 (7468): 501 - 505.

[23] Morard G, Katsura T. Pressure - temperature Cartography of Fe - S - Si Immiscible System [J]. Geochimica et Cosmochimica Acta, 2010, 74: 3659 - 3667.

[24] Nittler L R, et al. The Major - element Composition of Mercury's Surface from MESSENGER X - ray Spectrometry [J]. Science, 2011, 333: 1847 - 1850.

[25] O'Reilly T C, Davies G F. Magma Transport of Heat on Io: A mechanism Allowing a Thick Lithosphere [J]. Geophysical Research Letters, 1981, 4: 313 - 316.

[26] Padovan S, Margot J - L, Hauck S A Ⅱ, et al. The Tides of Mercury and Possible Implications for its Interior Structure [J]. J Geophys Res Planets, 2014, 119: 850 - 866.

[27] Peale S J. Does Mercury Have a Molten Core? [J]. Nature, 1976, 262 (5571): 765 - 766.

[28] Rivoldini A, Van Hoolst T, Verhoeven O. The Interior Structure of Mercury and its Core Sulfur Content [J]. Icarus, 2009, 201 (1): 12 - 30.

[29] Sanloup C, Fei Y. Closure of the Fe - S - Si Liquid Miscibility Gap at High Pressure [J]. Physics of the Earth and Planetary Interiors, 2004, 147: 57 - 65.

[30] Siegfried R W Ⅱ, Solomon S C. Mercury: Internal Structure and Thermal Evolution [J]. Icarus, 1974, 23: 192 - 205.

[31] Smith D E, Zuber M T, Phillips R J, et al. Gravity Field and Internal Structure of Mercury from MESSENGER [J]. Science, 2012, 336: 214 - 217.

[32] Sohl F, Schubert G. Planetary Magnetism [C]. In Treatise on Geophysics (Second Edition). Elsevier B. V, 2015.

[33] Spohn T. Mantle Differentiation and Thermal Evolution of Mars, Mercury, and Venus [J]. Icarus, 1991, 2: 222 - 236.

[34] Stähler S C, Khan A, Banerdt W B, et al. Seismic Detection of the Martian Core [J]. Science, 2021, 373 (6553): 443 - 448. https://doi.org/10.1126/science.abi7730.

[35]　Steinbrügge G，Dumberry M，Rivoldini A，et al. Challenges on Mercury's Inteiror Structure Posed by the New Measurements of its Obliquity and Tides [J]. Geophys Res Lett，2021，48：e2020GL089895.

[36]　Stern R J，Gerya T，Tackley P J. Stagnant Lid Tectonics：Perspectives from Silicate Planets，Dwarf Planets，Large Moons，and Large Asteroids [J]. Geoscience Frontiers，2018，9（1）：103－119.

[37]　Steven A Hauck，Catherine L Johnson. Mercury：Inside the Iron Planet [J]. Elements，2019，15（1）：21－26. doi：https：//doi. org/10. 2138/gselements. 15. 1. 21.

[38]　Stevenson D J. Styles of Mantle Convection and Their Influence on Planetary Evolution [J]. Comptes Rendus Geoscience，2003，335（1）：99－111.

[39]　Tosi N，Grott M，Plesa A C，et al. Thermochemical Evolution of Mercury's Interior [J]. J Geophys Res Planets，2013，118（12）：2474－2487.

[40]　Van Thienen P，Vlaar N，Van den Berg. Assessment of the Cooling Capacity of Plate Tectonics and Flood Volcanism in the Evolution of Earth，Mars and Venus [J]. Physics of the Earth and Planetary Interiors，2005，150（4）：287－315.

[41]　Wardinski I，Amit H，Langlais B，et al. The Internal Structure of Mercury's Core Inferred from Magnetic Observations [J]. Journal of Geophysical Research：Planets，2021，126（12）：e2020JE006792.

[42]　Weber R C，Lin P－Y，Garnero E J，et al. Seismic Detection of the Lunar Core [J]. Science，2011，331：309－312.

附录　国外典型探测任务情况

（1）水手10号

水手10号是第一个进行水星探测的卫星计划。该飞行器于1974年和1975年三次近距离飞掠水星，其中两次穿越水星-太阳风相互作用区。探测器提供的数据极大地促进了人类对水星的认知：首次近距离对水星进行成像，绘制了水星表面45%的地形地貌，发现陨石坑、山脊和混乱的地质结构；测定了水星表面的温度范围；首次确认了水星具有一个全球性的偶极磁场。但由于仪器技术的限制，关于水星表面的化学成分、矿物组成、水星金属核的状态、磁场形态及分布特征、水星两极的低反射率物质成分等重要科学问题仍知之甚少。

水手10号同时创造了多个深空探测的纪录，包括：第一个探测水星的航天器；第一个完成两颗行星探测任务的航天器；第一次使用引力助推来改变飞行路径；第一个返回长周期彗星数据的航天器；第一个返回目标进行多次探测的航天器；第一个在飞行过程中利用太阳风定向的航天器等。

水手10号探测目标如下：

1）探测水星、金星环境、大气、表面及星体特征。

2）在行星际介质中进行实验，并获得双行星引力助推任务的经验。

探测仪器包括：

1）电视摄影系统（2个）——对行星表面成像。

2）红外辐射计——测量水星表面和金星大气层的温度。

3）紫外大气、掩星探测仪——探测水星周围可能的大气。

4）三轴磁通门磁强计——探测水星、金星周围磁场。

5）静电分析器。

6）电子能谱仪。

（2）信使号

信使号是第一个对水星进行绕轨探测的卫星计划。该卫星是美国NASA于2004年发射的，在经历三次飞掠水星（2008年1月、10月和2009年9月）后，于2011年3月正式入轨水星，探测持续至2015年4月。

信使号是极轨卫星，其轨道周期在前两年大约为12 h，后三年大约为8 h。整个探测过程共经历了16个水星年，累计4 000余轨道。此外，卫星的轨道随时间调整变化，使卫星穿越了向阳面、背阳面磁层顶等广大区域，为当前系统研究水星空间环境提供了充分的数据基础。

基于信使号探测，已获得多个重要新发现，如水星独特的地形、地貌；北极存在水冰证据；水星表面存在异常丰富的挥发性元素；水星空间的行星物质分布状况；北向偏置的偶极磁场和壳磁场；太阳风驱动的极端空间环境等。

信使号的科学目标包括：

1）研究行星内部结构与状态。

2）确定极地冰沉积物物质组成。

3）确定行星磁场结构及与太阳风相互作用：磁场、外逸层。

4）行星形成过程（解释金属和硅酸盐的高比率）。

5）水星的地质历史。

6）挥发性物质的种类及其起源与损失机制。

探测仪器包括：

1）水星双成像系统（MDIS）——绘制地形，跟踪水星表面光谱变化。

2）激光高度计（MLA）——精确测量水星地形高度。

3）γ射线/中子探测仪（GRNS）——绘制水星表面不同元素的相对丰度，有助于确定水星两极是否有冰。

4）X射线探测仪（XRS）——测量水星壳物质各种元素的丰度。

5）大气和表面成分探测仪（MASCS）——测量外逸层气体的丰度，探测表面的矿物质。

6）磁强计（MAG）——绘制水星磁场，在水星壳中寻找被磁化的岩石区域。

7）高能粒子/等离子体探测仪（EPPS）——测量磁层带电粒子（电子/离子）的组成、分布和能量。

（3）贝皮·科伦坡探测计划

贝皮·科伦坡号是由欧洲空间局和日本联合的水星探测计划。贝皮·科伦坡号于2018年10月发射，已于2021年10月和2022年6月两次飞掠水星，预计2025年正式入轨，将对水星进行全球性深入研究。主要科学目标包括：1）水星的起源和演化；2）水星的地貌，内部结构和组成；3）行星磁场起源；4）外逸层和极区物质组成、起源和动力学；5）磁层的结构和动力学；6）检验爱因斯坦广义相对论。

贝皮·科伦坡号是具有高质量、高精度、多仪器的双星联合探测。其中，水星行星轨道器（MPO）主要用于探测水星的表面和内部结构，水星磁层轨道器（Mio）主要用于探测水星磁场及其与太阳风的相互作用。双星轨道设计如图2-9所示。

MPO采用480 km×1 500 km、周期2.3 h的极轨道，其远地点位于水星近日点时的赤道日侧，以获得对水星的全高分辨率测绘覆盖。MPO携带11种科学探测仪器，见附表1。

附表1　MPO携带的11种科学探测仪器

MPO探测仪器	科学目标
• 意大利弹簧加速度计(ISA)—测试广义相对论和水星的内部构造 • 无线电科学实验设备(MORE)—测量重力场	研究行星内部： 内部构造、确定液态金属核大小

续表

MPO 探测仪器	科学目标
• 探测仪和成像仪综合观测系统(SIMBIO - SYS)(3 个)—对表面全方位的成像和光谱分析 • 激光高度计(BELA)—测量水星地形特征和表面形态 • 水星 X 射线成像探测仪(MIXS)—测绘水星表面的高分辨率成分地图 • 水星辐射计及热红外探测仪(MERTIS)—绘制全球高分辨率的光谱发射率,提供有关水星表面矿物组成的详细信息 • 水星伽马射线和中子探测仪(GRNS)—探测水星表面和表面下方的化学成分、阴影区挥发物的分布	研究行星表面: 地形、地貌、物质成分,地质构造
• 寻找外大气层填充和释放的自然丰度实验装置(SERENA): • 释放低能中性原子(ELENA)—中性粒子相机,覆盖了从水星表面释放的中性粒子的高能谱 • 从旋转场质谱仪开始(STROFIO)—中性粒子探测仪,原位测量中低能中性粒子的组成和密度 • 行星离子相机(PICAM)—离子质谱仪,一种全天候相机,测量低能行星离子 • 微型离子沉降分析仪(MIPA)—离子监视器,监测太阳风和磁层离子沉降 • 紫外光谱法探测外逸层装置(PHEBUS)—时空监测外逸层的组成、源的识别、动力学	研究外逸层: 物质成分、起源、动力学过程
• 磁强计(MPO - MAG)—探测行星磁场的起源和演化 • 太阳强度 X 射线和粒子谱仪(SIXS)—以高时间分辨率和宽视场对 X 射线、质子和电子光谱进行宽带测量	研究磁层: 磁层结构、动力学过程

Mio 是一个自旋稳定的航天器,在入轨水星后与 MPO 分离。Mio 采用 590 km×11 640 km、周期 9.3 h、与 MPO 轨道共平面的高偏心轨道,以便绘制磁场和研究磁层,包括弓激波、磁尾和磁层顶。Mio 针对水星轨道上的等离子体、电磁场以及波动等进行就位测量,携带了 10 种探测仪器,见附表 2。

附表 2　Mio 携带的 10 种科学探测仪器

Mio 探测仪器	观测目标
磁强计(Mio - MAG)	探测水星磁层,及其与行星磁场和太阳风的相互作用
水星等离子体粒子实验设备(MPPE)(6 种)	探测磁层低能和高能量粒子
等离子体波动仪器(PWI)	详细探测磁层结构和动力学
水星 Na 大气光谱成像仪(MSASI)	测量水星外逸层中钠的丰度、分布和动态
水星尘埃监测仪(MDM)	研究水星轨道上行星际尘埃的分布

若贝皮·科伦坡水星行星轨道器和水星磁层轨道器的首批数据返回地球,将极大地促进人们对水星的认识。未来,最终目标之一是在水星上进行着陆器探测,收集化学和矿物数据,甚至进行水星样品原位采集。

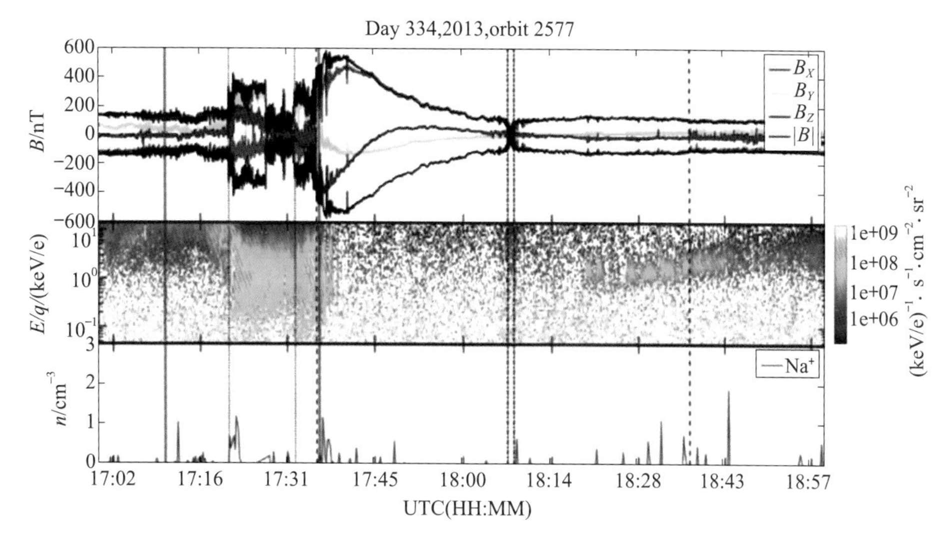

图 2-2 信使号在一个轨道期间对水星空间等离子体的典型探测结果
（自上及下分别为磁场、离子能谱、行星钠离子密度）（P18）

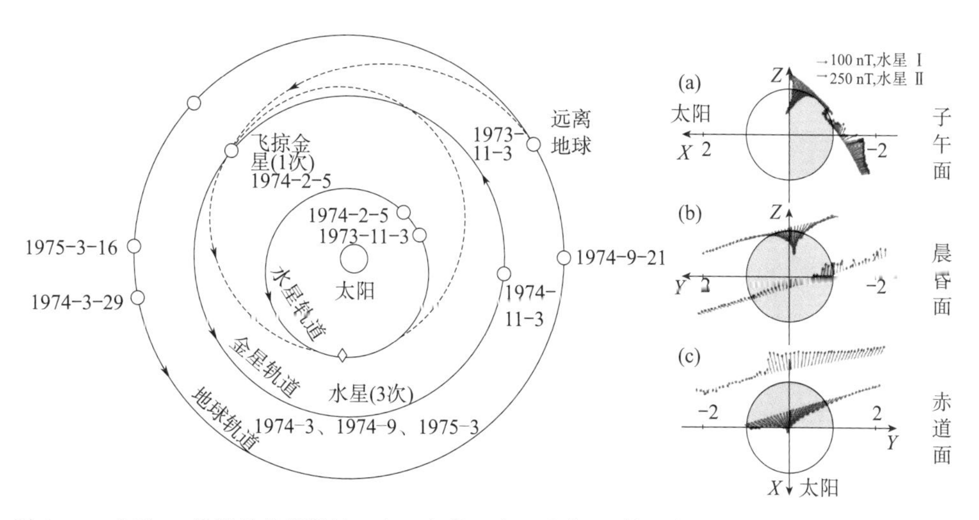

图 2-4 水手 10 号巡航轨道设计（左）和第一次（蓝色）、第三次（红色）飞掠期间观测到的
水星磁场（右）（P20）

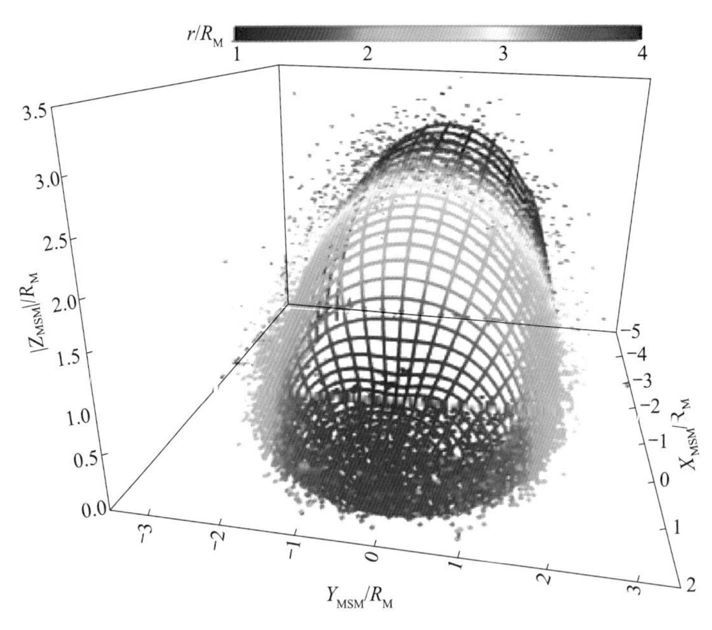

图 2-10　信使号观测近水星空间磁层顶位置的三维分布，其中网格线为三维模型结果，颜色表示距离偶极场中心距离（Zhong，et al.，2015a）（P26）

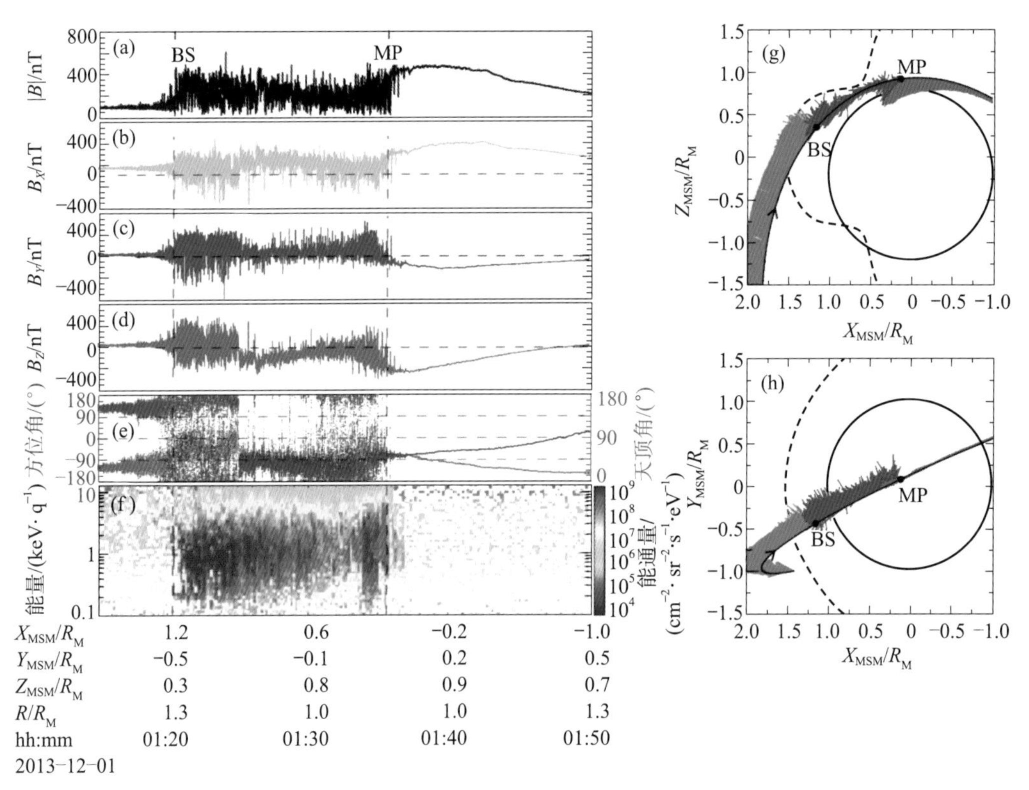

图 2-13　少数极端情况下卫星轨道未穿越向阳侧磁层事例。(a)～(d) 磁场强度及其三分量；(e) 磁场天顶角（红）和方位角（蓝）；(f) 质子能谱，磁场在 (g) $X-Z$ 平面和 (h) $X-Y$ 平面的投影，以及弓激波（BS）和磁层顶（MP）观测位置与平均磁层顶模型（虚曲线）的比较（Zhong，et al.，2015a）（P30）

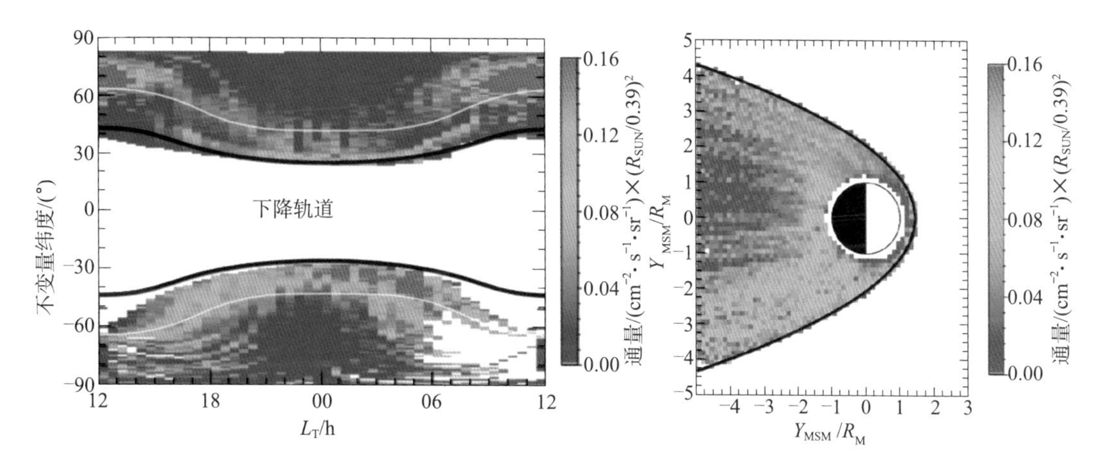

图 2-15　水星磁层平均质子通量的分布（2011 年 4 月 11 日—2012 年 2 月 12 日）

（左）映射到高度和地方时网格；（右）磁赤道平面，并归一化为 0.39 AU 的日心距

磁场模型的磁层顶由实心黑线表示（Korth, et al., 2014）（P32）

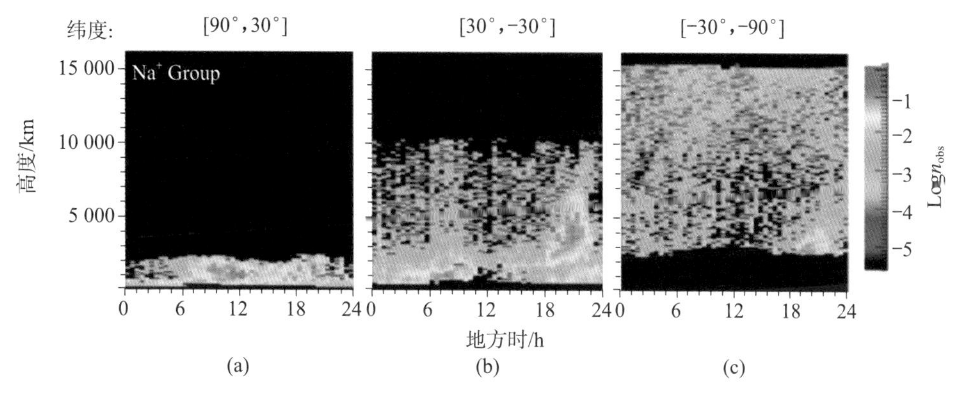

图 2-17　行星离子 Na_a^+ 在高度和地方时上的分布

（a）～（c）分别是纬度位于［90°，－30°］，［30°，－30°］，［－30°，－90°］

区间的数据（Raines, et al., 2013）（P34）

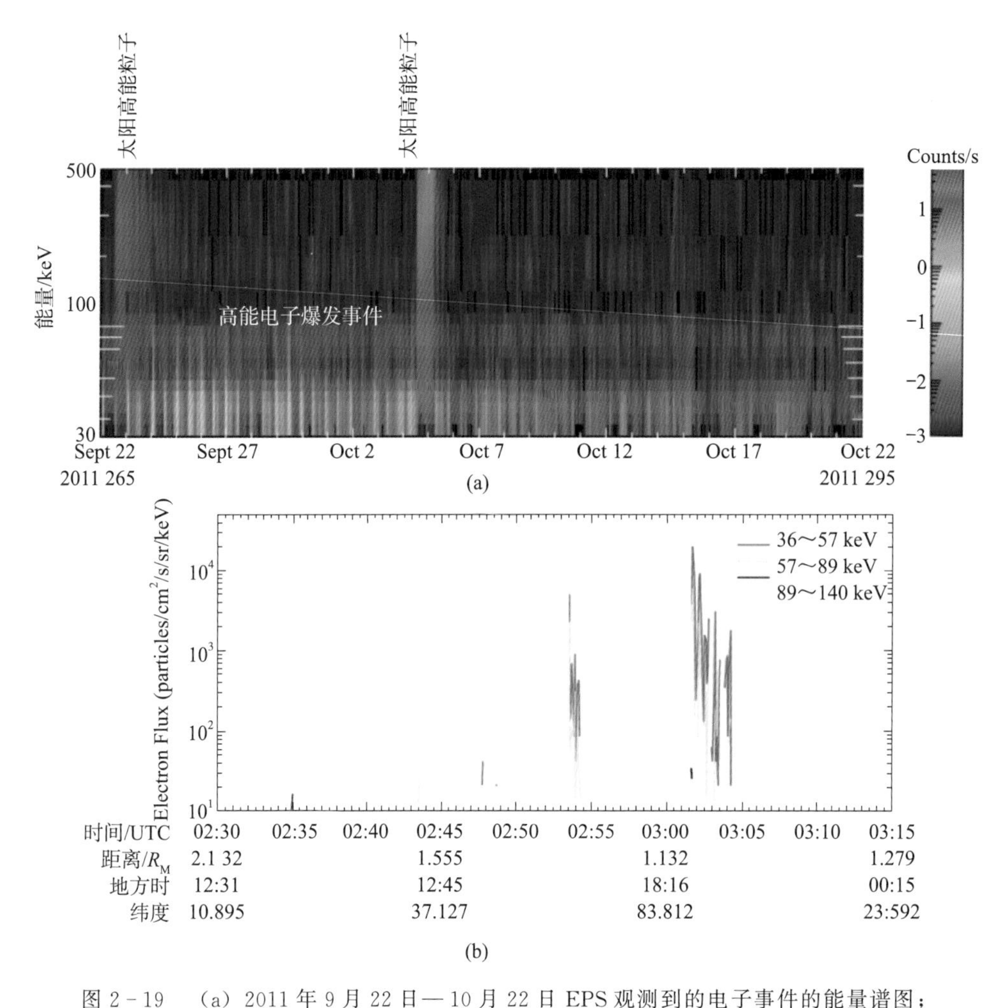

图 2-19　(a) 2011 年 9 月 22 日—10 月 22 日 EPS 观测到的电子事件的能量谱图；(b) 2011 年 12 月 22 日由 EPS 观测到的两个高能电子爆发的例子（Ho，et al.，2012）(P36)

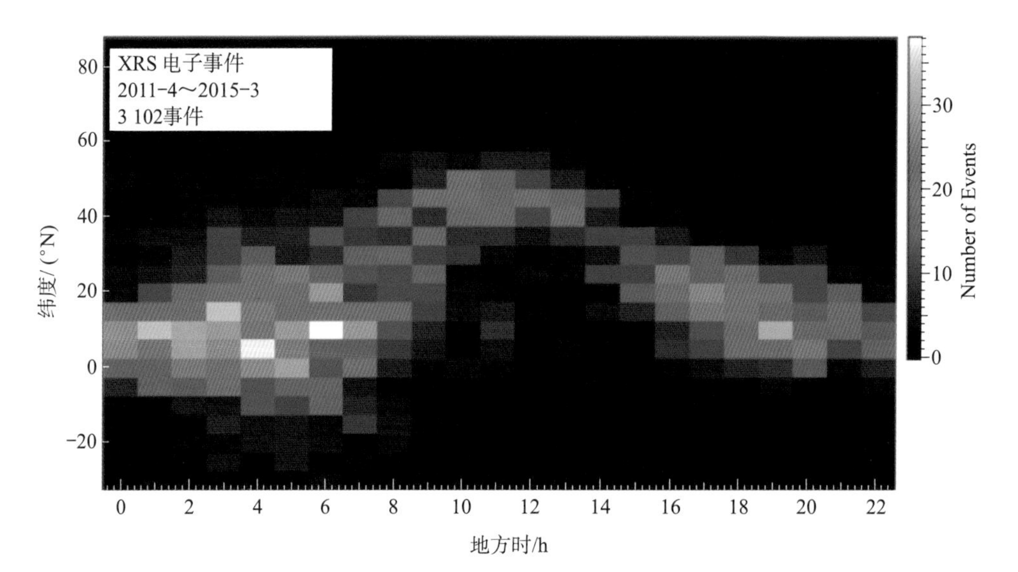

图 2-22　XRS 探测到的超热电子事件的纬度和地方时分布（Ho，et al.，2016）(P38)

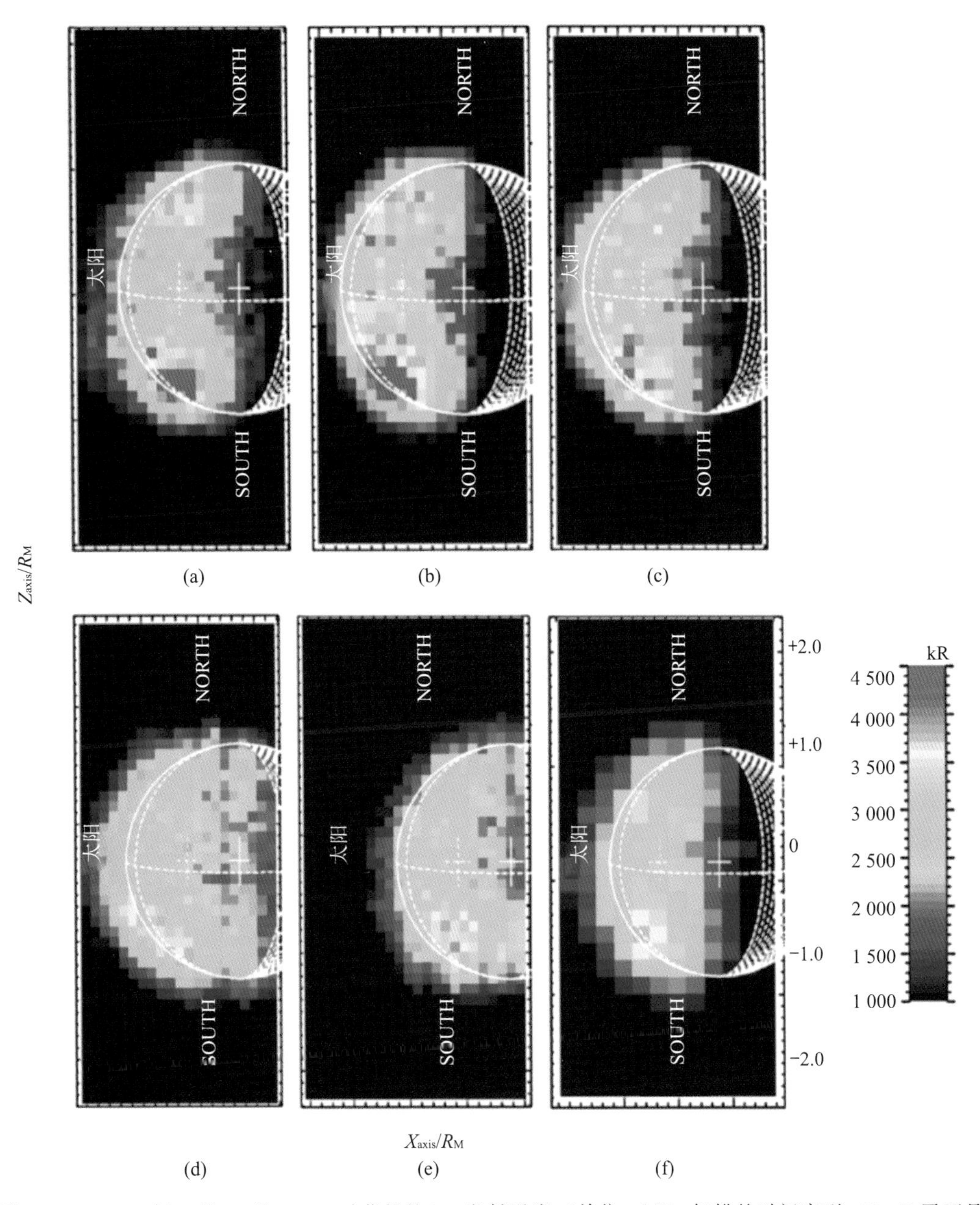

图 2-23　2008 年 7 月 13 日 7—17 时获得的 Na 发射强度（单位：kR）扫描的时间序列。X-Z 平面是投影平面，Z 轴指向北；Y 轴沿地球-水星方向。太阳位于左侧。实心白线表示行星的圆盘，十字表示圆盘的中心；在未被太阳照亮的圆盘的白色虚线区域，日下子午线和十字表示由于太阳反射表面而产生的发射亮度最高的点（Mangano，et al.，2013）（P40）

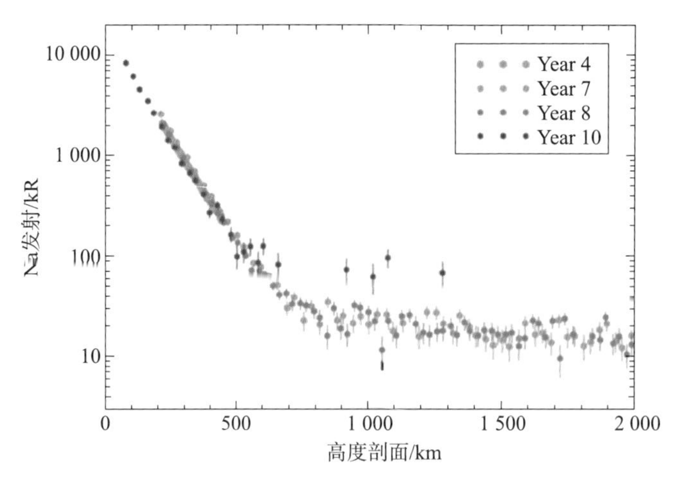

图 2-24　信使号 MASCS UVVS 仪器在水星日下点上方观测到的钠发射的高度剖面（P42）

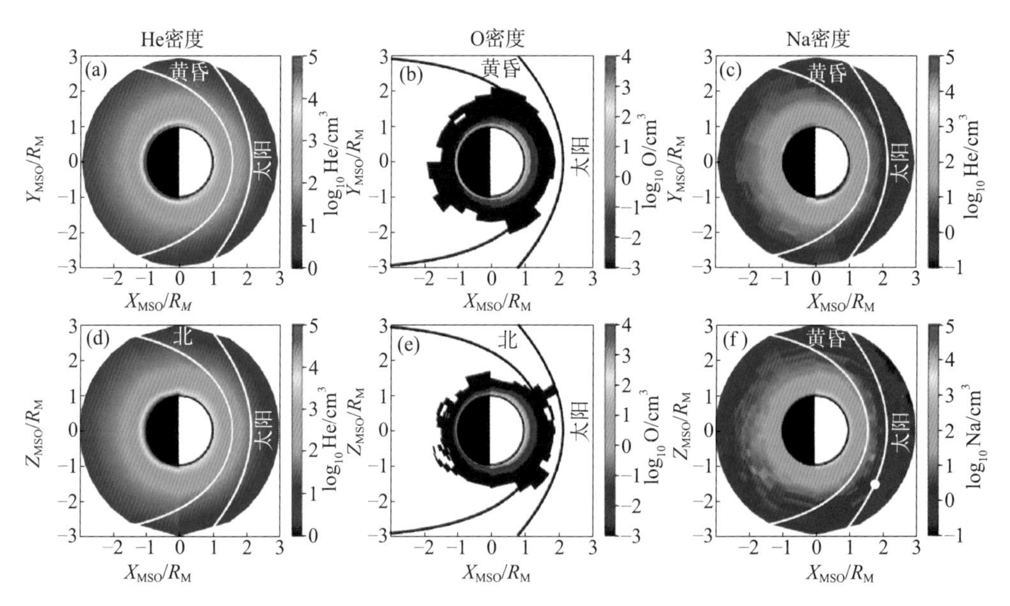

图 2-25　EGM 模型结果。从左至右分别为计算出的中性 He、O 和 Na 密度，上行表示水星赤道面上的密度，下行表示正午-午夜经向面上的密度。曲线显示磁层顶和弓激波边界的位置（Winslow，et al.，2013）（P43）

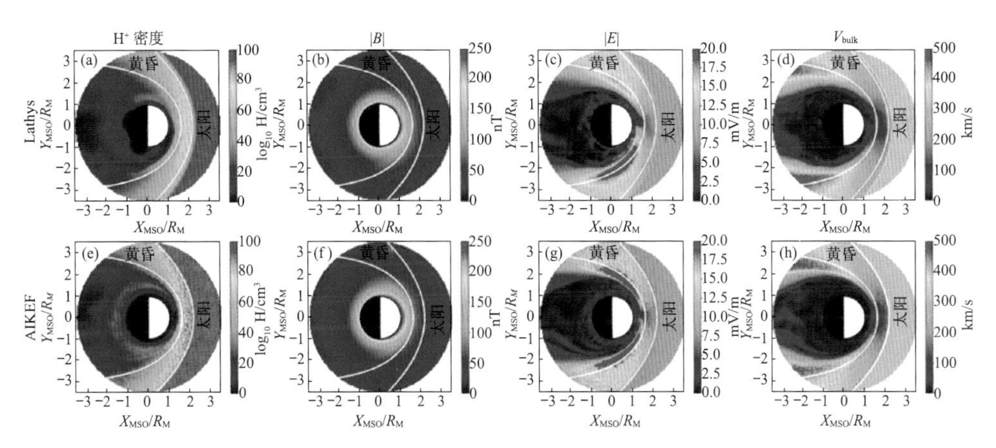

图 2-26　LatHyS 和 AIKEF 模拟结果

(a)、(e) 太阳风 H^+ 密度；(b)、(f) 总磁场；(c)、(g) 电场；(d)、(h) 来自 LatHyS（上行）和 AIKEF（下行）的赤道面体速度。图中的实白线表示磁层顶和弓激波边界的位置（P44）

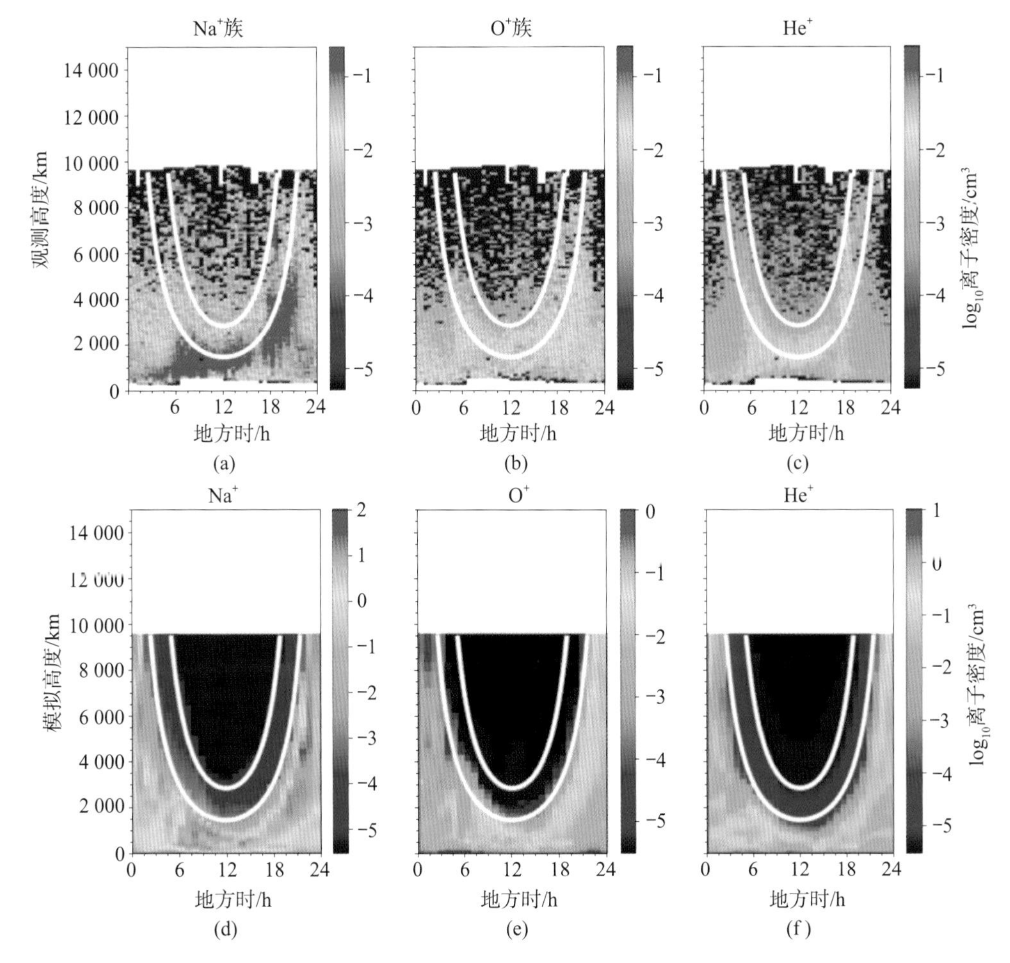

图 2-27　(a)～(c) Na^+、O^+ 和 He^+ 在纬度范围±30°中通过平均离子密度；(d)～(f) 使用 LatHyS 的静态磁场和电场描述的 Na^+、O^+ 和 He^+ 的模拟离子密度（P44）

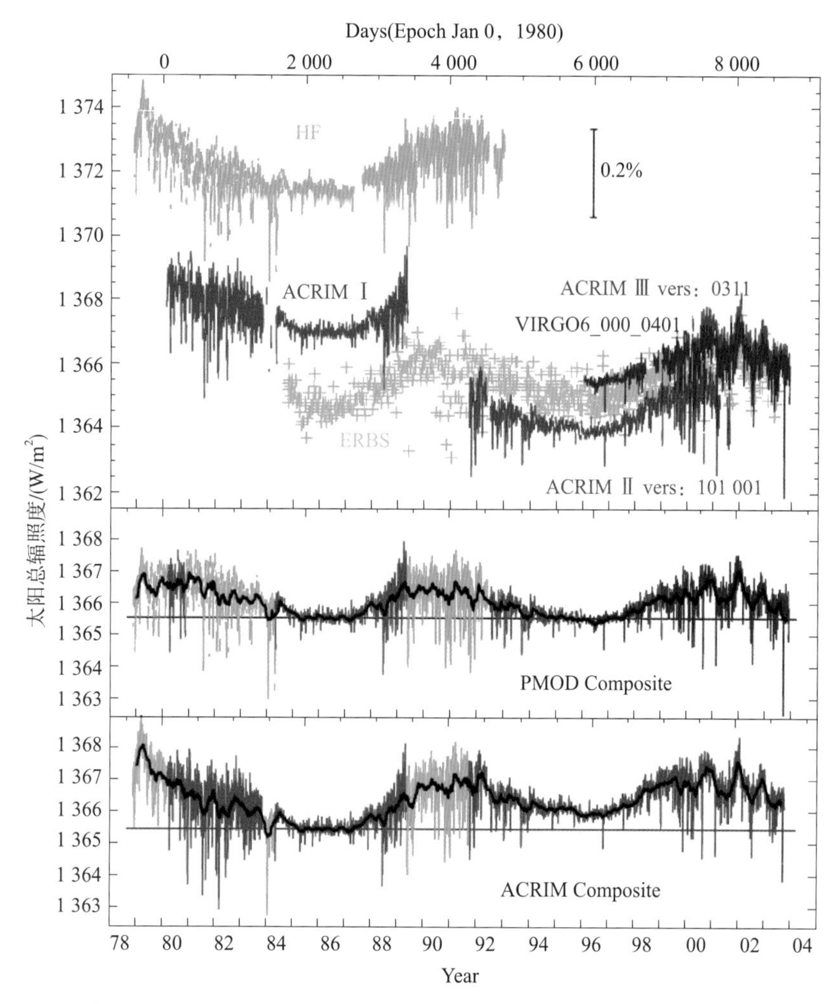

图 3-10 不同仪器的日平均太阳总辐照度时间序列（下面两幅子图中的阴影区域）和 81 天滑动平均值（下面两幅子图中的黑色实线）。由不同的学者从不同仪器数据（顶部子图）中得出，总辐射强度有微小的偏差（P62）

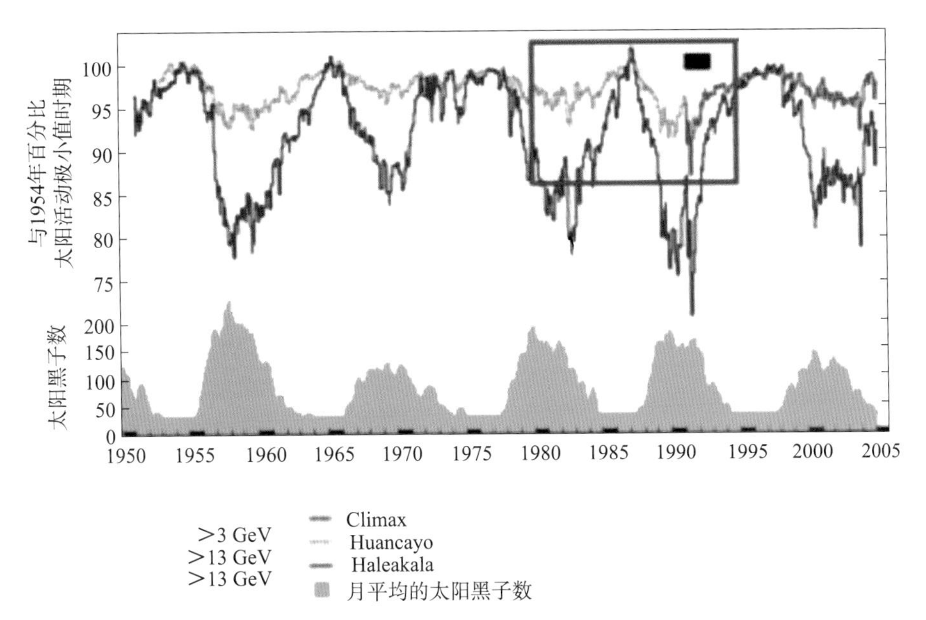

图 3-12 银河宇宙线与太阳活动性（太阳黑子表示）具有反相关关系。红色方框是 Marsch 和 Svensmark （2000）用于研究银河宇宙线与云形成所用的数据时间（P63）

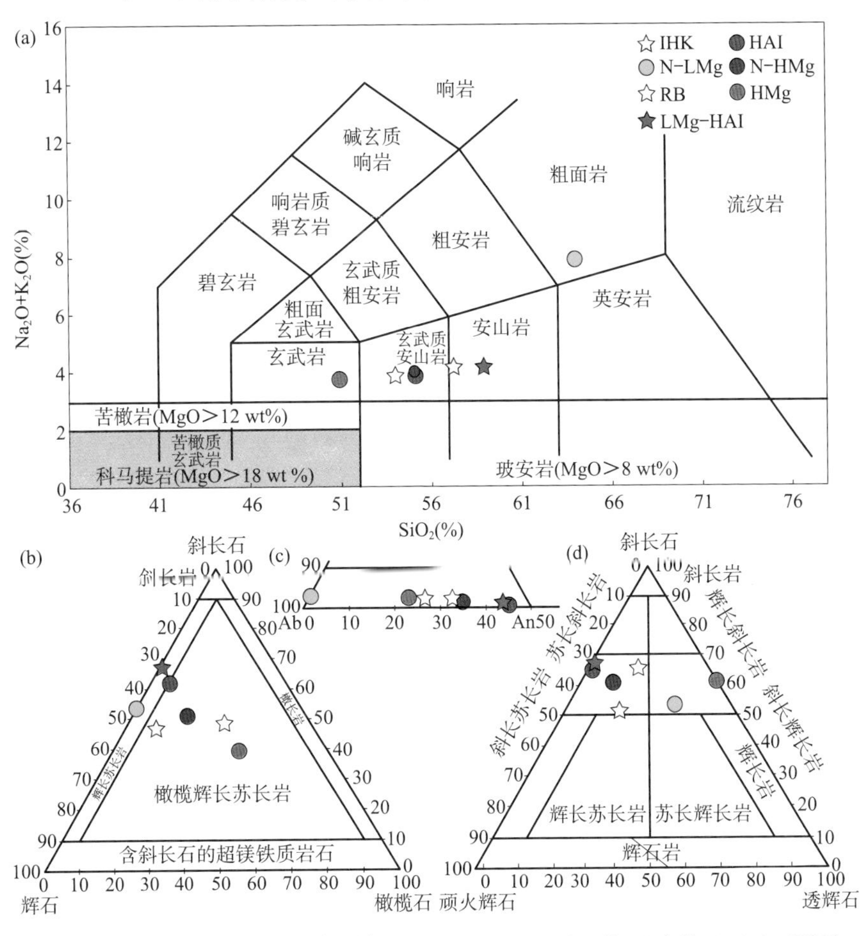

图 4-1 水星表面火成岩分类图解（Peplowski，Stockstill-Cahill，2019）（P88）

（a）水星表面 7 个地球化学单元的 TAS 图解，引自 Peplowski 和 Stockstill-Cahill（2019）；

（b）～（d）IUGS 岩石学分类图解；（c）显示不同地球化学单元间斜长石组分的变化

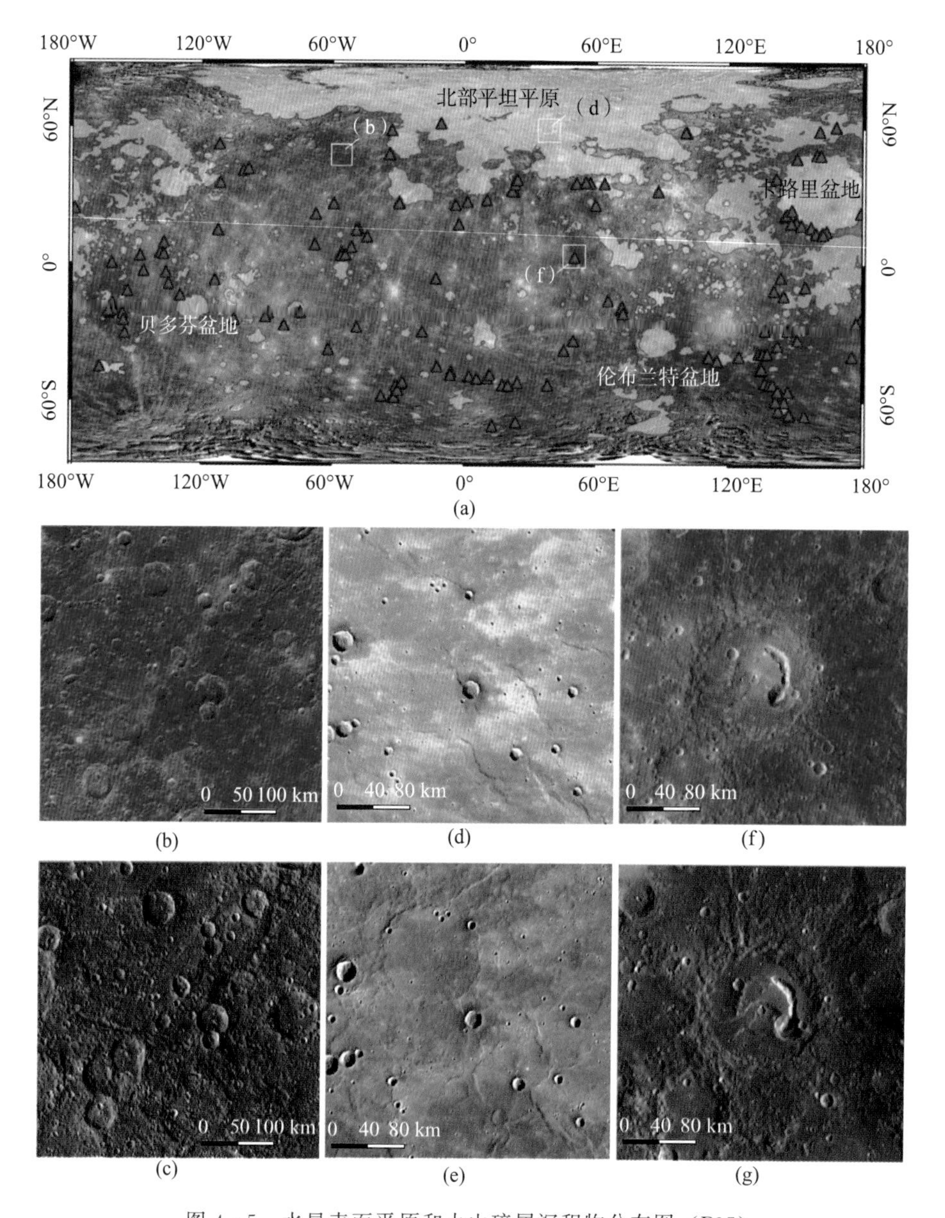

图 4-5　水星表面平原和火山碎屑沉积物分布图（P95）

(a) 蓝色边界内部粉色区域为火山成因的平坦平原，红色边界的黄色区域为无法明确火山成因的平坦平原，红色三角为火成碎屑沉积物。底图数据为水星主成分增强彩色镶嵌图；(b)、(c) 坑间平原；(d)、(e) 平坦平原；(f)、(g) 火山口与周围的火成碎屑沉积物

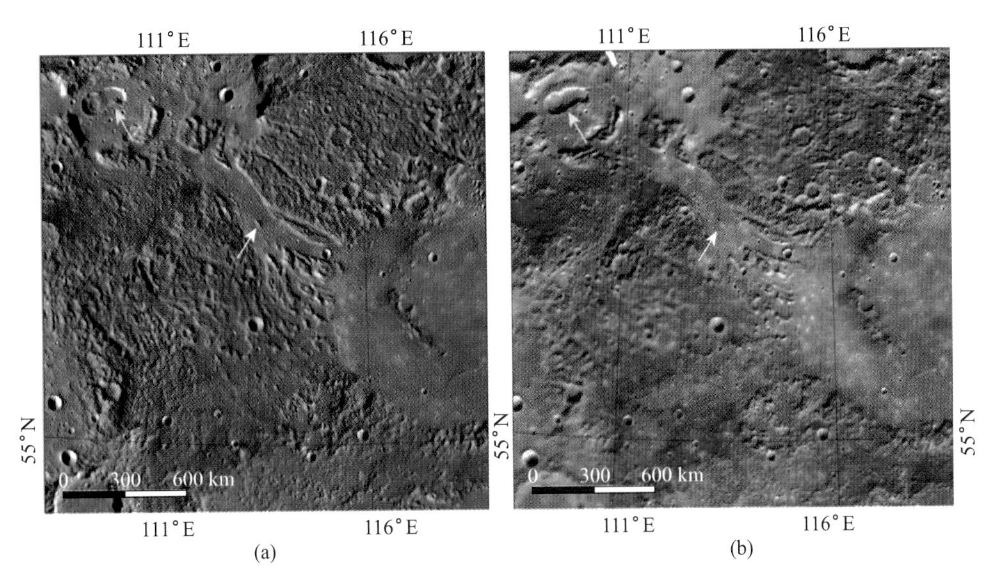

图 4-6　水星表面的熔岩渠道（P96）

（a）、（b）熔岩渠道首部的火山口（黄色箭头所示）以及熔岩渠道内部的泪滴状残丘（白色箭头所示），长轴方向指示熔岩流动方向

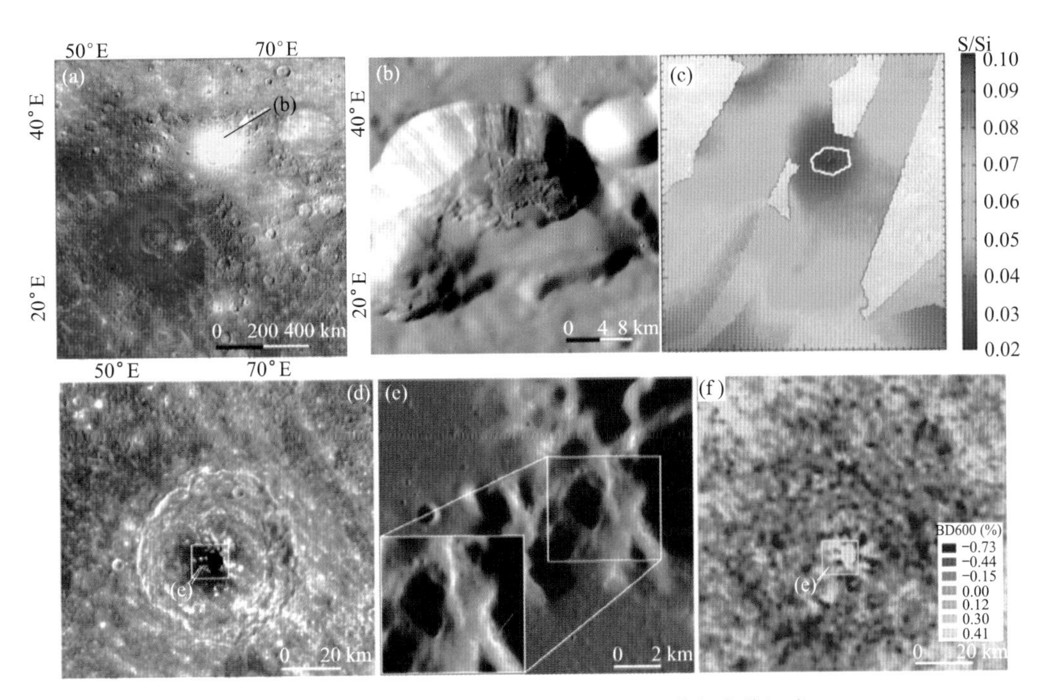

图 4-7　水星表面亮色与暗色火成碎屑沉积物及其挥发分组成（P97）

（a）箭头指示 Nathair Facula；（b）Nathair Facula 中央火山口；（c）S/Si 分布图显示火成碎屑沉积物贫 S；（d）一未命名撞击坑（155.8 °E，4.7 °N）内的暗色火成碎屑沉积物；（e）暗色火成碎屑沉积物内的火山口；（f）暗色火成碎屑沉积物具有微弱的 600 nm 波段 C 吸收特征

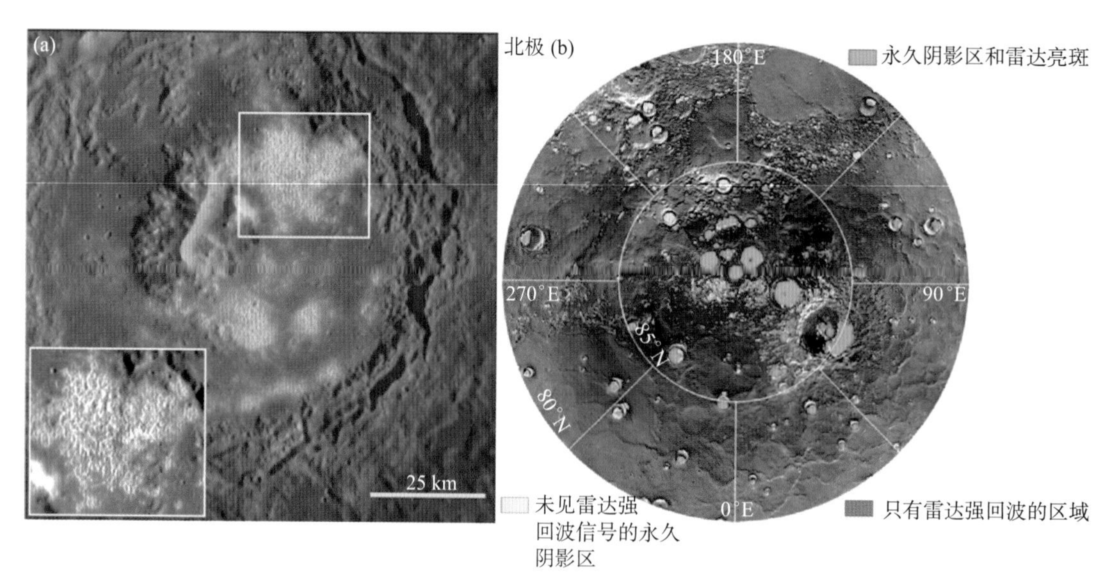

图 4－11　（a）水星表面白晕凹陷（Blewett，et al.，2018）；
（b）水星极区水冰分布（Deutsch，et al.，2016）（P101）

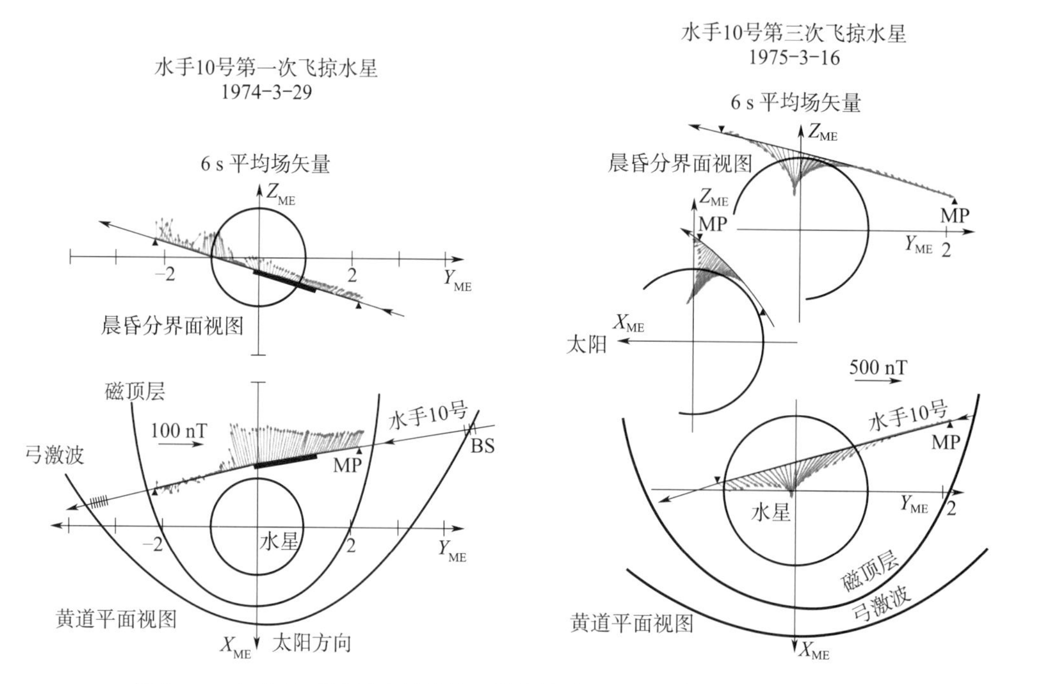

图 5－1　水手 10 号飞掠水星轨迹（黑色箭头）以及磁场观测（红色箭头）
（a）第一次飞掠；（b）第三次飞掠（Connerney，2015）（P114）

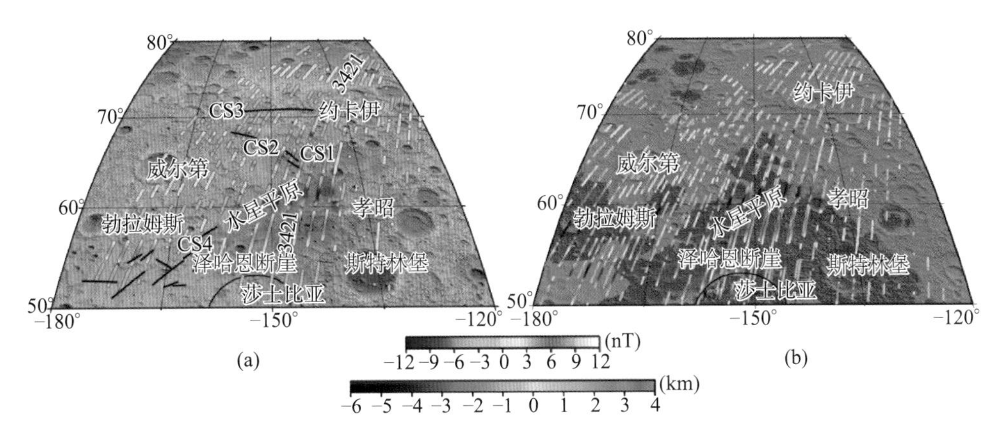

图 5-4　信使号在低轨运行期间观测的壳层剩磁（Johnson，et al.，2015）（P116）

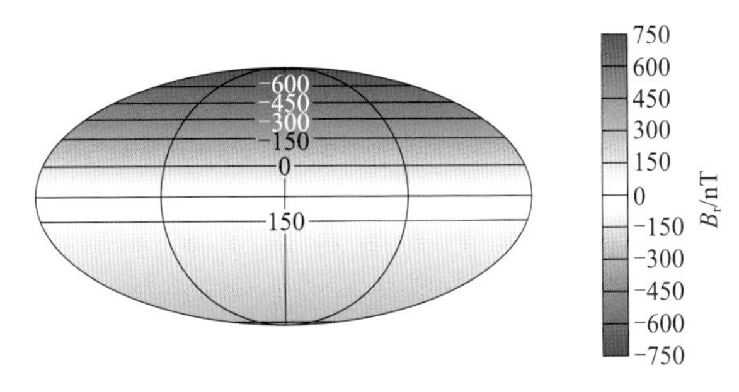

图 5-5　利用球谐函数展开建立水星内部主磁场模型。图中展示行星表面的磁场径向分量（Johnson，et al.，2018）（P117）

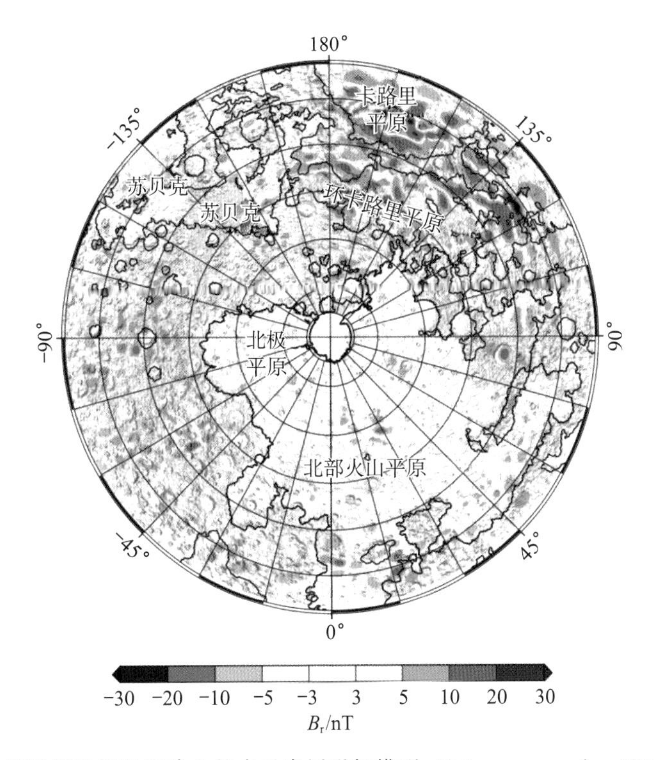

图 5-6　利用等效偶极源建立的水星壳层磁场模型（Johnson，et al.，2016）（P118）

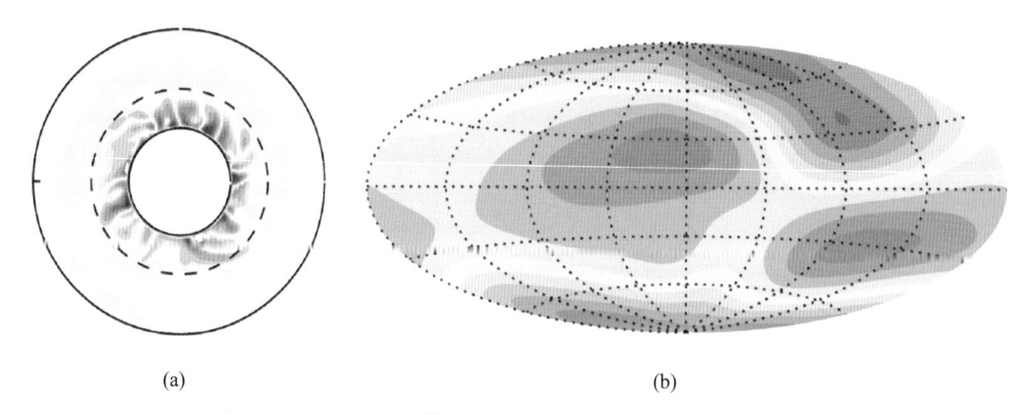

图 5-7　深部发电机数值模拟结果示例（Christensen，2006）
（a）赤道面内的轴向涡量云图；（b）水星表明径向磁场分布图（P119）

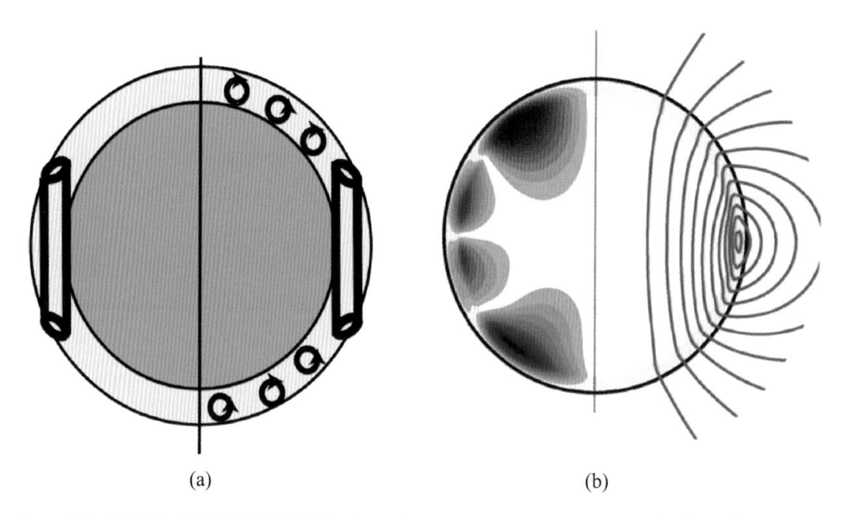

图 5-8　（a）薄壳发电机模型示意图（Stanley，Glatzmaier，2010），绿色区域表示固体内核，粉色区域表示液体外核，黑色线条和箭头示意对流运动。（b）薄壳发电机模型数值模拟结果示例（Stanley，et al.，2005），展示子午面内轴对称磁场。左半球表示环型磁场的等值线图，右半球红色线条表示极型磁场磁力线（P120）

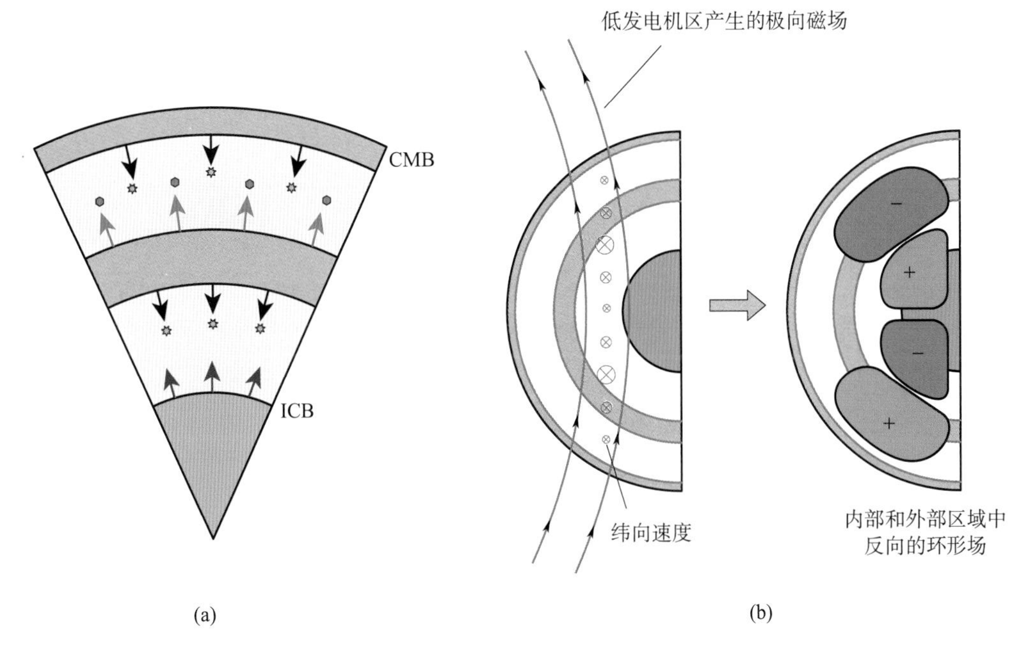

图 5-9 (a) 水星核双层对流结构示意图。灰色区域为液态外核中稳定分层区域，粉色区域以及箭头表示液态外核对流区域，最底部的黄绿色区域表示固体内核；(b) 双层对流发电机示意图 (Vilim, et al., 2010) (P121)

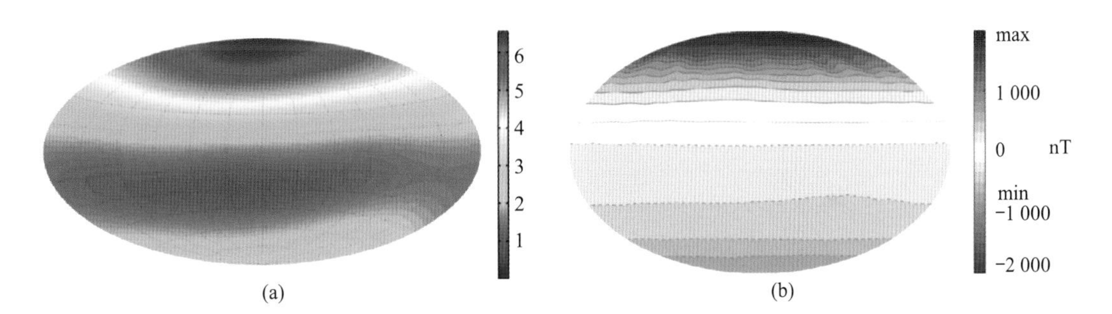

图 5-11 特殊热流边界条件发电机模型产生的磁场 (P123)
(a) 引自 Cao, et al. (2014); (b) 引自 Tian, et al. (2015)

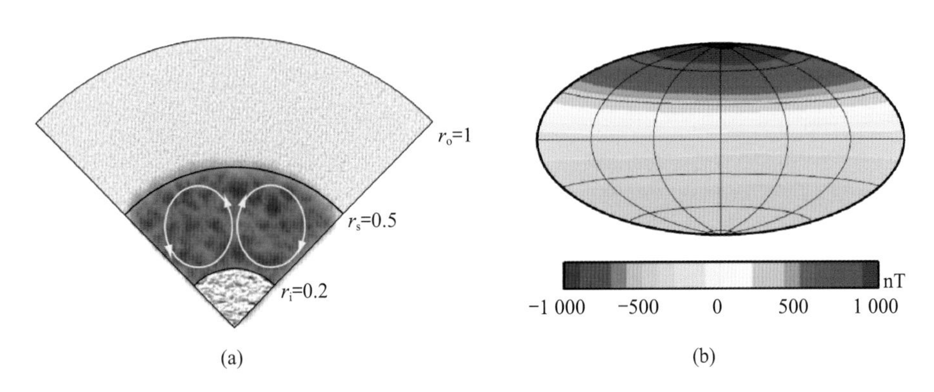

图 5-12 双扩散对流模型 (P124)
(a) 模型假设的水星内部结构示意图；(b) 发电机模拟产生的磁场径向分量 (引自 Takahashi, et al., 2019)

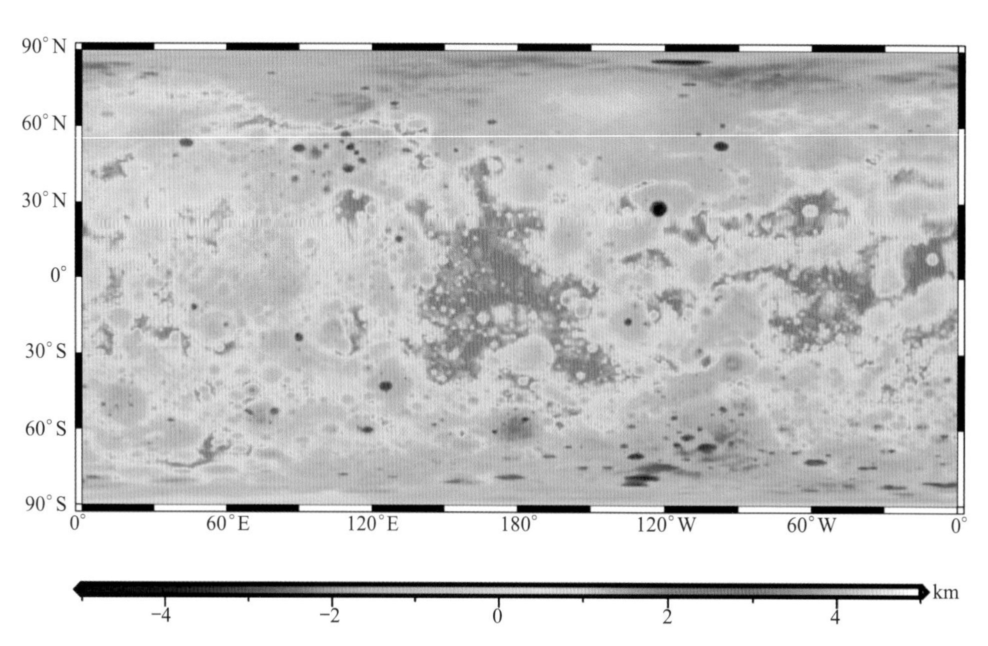

图 6-2　基于信使号搭载的激光高度计获取的水星地形

（Zuber，et al.，2012；Preusker，et al.，2017）（P132）

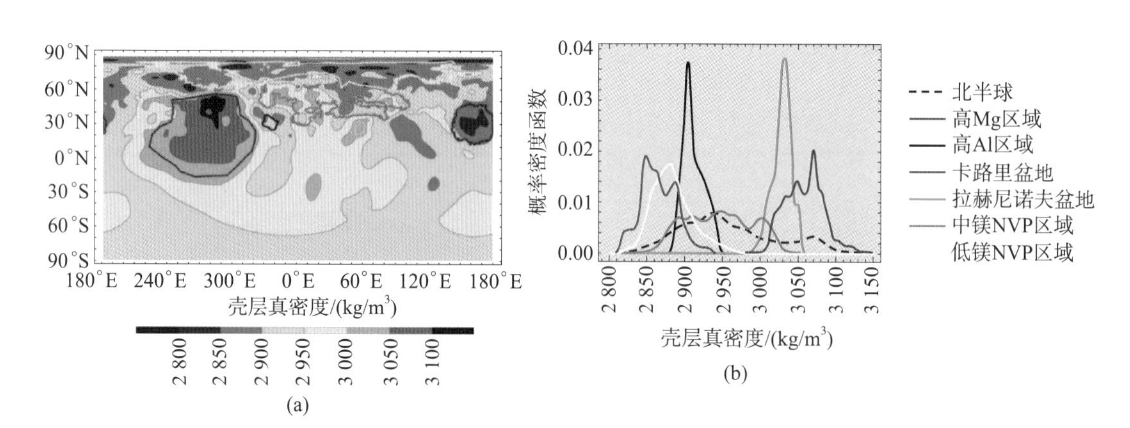

图 6-3　利用信使号 XRS 设备的观测数据得到的水星表面各地质单元真密度的空间分布与概率分布直方图（修改自 Beuthe，et al.，2020）（P137）